非线性动力学系统高性能计算方法

代洪华　岳晓奎　汪雪川　著

科学出版社
北　京

内 容 简 介

本书内容来自团队十余年来在非线性动力学系统计算方法方面的研究成果。全书共8章。第1章对非线性动力学系统计算方法进行了概述，以4个航空航天领域的典型问题作为全书的引导；第2~4章从经典Duffing方程、非线性气动弹性问题入手，介绍了全局法中的时域配点法、高维谐波平衡法的混淆机理、快速谐波平衡技术，并在第5章基于近地航天器的相对运动问题给出了时域配点法的应用实例；第6、7章讨论了局部法中的局部变分迭代法及局部变分迭代配点法，同样在第8章基于轨道递推与转移问题给出局部变分迭代法的应用实例供读者参考。

本书可供力学、航空、航天、机械、电子及相关专业的高年级本科生和研究生学习，也可供从事相关专业的科研人员阅读参考。

图书在版编目(CIP)数据

非线性动力学系统高性能计算方法 / 代洪华，岳晓奎，汪雪川著. —北京：科学出版社，2022.3
ISBN 978-7-03-071125-0

Ⅰ. ①非… Ⅱ. ①代… ②岳… ③汪… Ⅲ. ①非线性力学—动力学系统—计算方法 Ⅳ. ①TP27

中国版本图书馆CIP数据核字(2021)第269712号

责任编辑：徐杨峰 / 责任校对：谭宏宇
责任印制：黄晓鸣 / 封面设计：殷 靓

科学出版社 出版
北京东黄城根北街16号
邮政编码：100717
http://www.sciencep.com
南京展望文化发展有限公司排版
广东虎彩云印刷有限公司印刷
科学出版社发行 各地新华书店经销
*
2022年3月第 一 版 开本：B5(720×1000)
2023年8月第五次印刷 印张：13
字数：226 000

定价：110.00元

(如有印装质量问题，我社负责调换)

前　言

非线性动力学系统解算是由来已久的基础问题。300 多年前牛顿在旷世巨著《自然哲学的数学原理》中提出了万有引力定律和力学的三大定律，书中给出了 N 体问题（N 个可以看作质点的天体在只受到万有引力作用下如何运动）的第一个完整数学描述，该问题是一个典型非线性动力学问题。当 $N=3$ 时，便是著名的“三体问题”，用牛顿-莱布尼茨公式所建立的微积分语言描述，三体问题为一组由 9 个非线性方程组成的常微分方程组。

利用牛顿力学的基本原理可以轻而易举地建立二体、三体乃至 N 体问题的动力学方程。然而，获得动力学方程后，如何求解方程从而揭示系统运动规律是动力学研究的核心目标。不幸的是，非线性的存在使得线性系统特有的叠加特性不复成立，解析求解非线性动力学方程变得极其困难，此问题贯穿几百年并延续至今。例如，在 1900 年的国际数学家大会上，德国数学家希尔伯特提出了 23 个数学难题，在同一演讲中，希尔伯特也提出了他所认为的完美数学问题的准则：问题既能被简明清楚地表达出来，然而问题的解决又是如此的困难以至于必须要用全新的思想方法才能够实现。为了说明他的观点，希尔伯特举了两个最典型的例子，其中之一就是三体问题。实际上不局限于三体问题，工程中绝大多数非线性动力学系统无法解析求解甚至不存在闭合解，必须发展新理论、新方法。

20 世纪，现代计算机技术的兴起为非线性动力学系统数值计算打开了一扇崭新的大门，促进了数值计算方法的蓬勃发展。在导弹、飞机等实际问题牵引下，数值计算的热潮首先发生在固体力学领域，而后蔓延到整个力学界。以有限元法为代表的数值方法在固体力学、流体力学及航天动力学等领域获得巨大成功。后续发展的杂交元法、边界元法及无网格法相继引领了相关领域的发展。这股热潮一直延续至今。

然而,需要清醒地意识到,当前非线性计算方法领域的专著绝大多数针对固体力学、流体力学等连续介质偏微分动力学方程的空间域离散方法,如有限差分法、有限元法、无网格法等开展研究。但是对于质点系、刚体系等有限自由度常微分方程动力学系统,或对连续介质偏微分动力学系统空间坐标离散后得到的有限自由度常微分方程动力学系统,介绍相关求解方法的专著极其稀缺。当前的主流求解方法仍然是泰勒差分和欧拉积分法的演化改进。作者认为原因有两个,一是非线性动力学系统的数值算法已有固定范式,从事计算方法研究的学者在欧拉、泰勒差分原理的框架下进行方法改进和创新,经典方法早已形成,继续改进的收效甚微。二是发展了 Runge - Kutta 法为代表的数以百计的数值积分方法,相关算法已经内嵌到 MATLAB、ADAMS、ANSYS、Nastran 等各类编程及仿真软件,研究人员早已习惯不假思索地调用相关算法。那么,是否说明当前的非线性动力学方程求解方法已经满足各种工程需求了呢? 答案是否定的。以航天领域为例,在作者所从事的在轨操控任务中,主航天器对目标航天器进行逼近、测量、抓捕等复杂操作,其中涉及大量的非线性动力学解算问题,由于在轨操控任务具有强烈的实时解算需求,而传统计算方法在星载计算机资源受限的情况下很难胜任,这些需求对非线性动力学系统数值计算提出了挑战。

十余年前,本书第一作者在加利福尼亚大学尔湾分校访学,在计算力学著名学者 Satya N. Atluri 教授的启发下开始了非线性动力学系统计算方法的研究。研究历程分为两个阶段,第一阶段主要研究了高维谐波平衡法、时域配点法等非线性动力学系统全局求解方法,即求解时以整个时间域为对象进行求解,不进行子域分割,适用于求解具有周期解的问题。这一阶段的研究是在科学问题牵引下开展的基础理论研究。高维谐波平衡法是美国工程院院士 Kenneth Hall 和 Earl Dowell 提出的著名方法,克服了传统谐波平衡法的复杂符号计算负担,大大提高了计算效率。但是高维谐波平衡法在求解非线性动力学系统时出现了多余非物理解,即“假解”。假解产生机理困扰了学界十余年。本书蕴含了作者团队的核心成果,第 2 章和第 3 章通过严密的数学推导,证明“高维谐波平衡法本质上是配点法,而非谐波平衡法的变种”,在此基础上揭示高维谐波平衡法产生“假解”的本质机理。

第二阶段以变分迭代配点法、改进 Runge - Kutta 法等局部求解方法为研究对象。不同于全局法,局部法求解问题时时间域先被离散为有限个子域,然后离散求解。这一阶段的研究是在工程问题的牵引下开展的。本书第一作者自博士毕业后留西北工业大学任教。“春江水暖鸭先知”，在这所“三航”院校工作的几年里，切实感受到航天工程型号任务对计算方法的迫切需求。2010 年，美国国家航空航天局报告指出“当前计算能力已经落后型号任务需求 1~2 个数量级”。如何在星载计算资源受限的情况下大幅提高非线性动力学系统计算能力是当前所面临的重要工程问题。作者团队在全局法研究成果的基础上，开展了基于变分迭代原理的数值积分方法研究，突破了传统的基于差分原理的数值计算方法对小步长的依赖，在相同精度下，积分步长可以提高两个数量级，显著提高了数值计算效率。

本书主体内容可以划分为两部分。第一部分为 2~5 章，围绕高维谐波平衡法、时域配点法等全局法开展研究。第 6~8 章为第二部分，主要介绍变分迭代积分法、改进 Runge－Kutta 法等局部法。每一部分的最后一章为算例章，主要对方法进行算例验证和性能分析。从研究对象上讲，本书主要围绕四个典型问题进行计算方法的理论研究和应用分析。这四个问题分别为经典 Duffing 方程、非线性气动弹性问题、轨道递推及转移问题、近地航天器的相对运动。其中轨道转移问题是非线性常微分方程两点边值问题，其他均为初值问题。

本书主要面向航空宇航、力学及相关专业的高年级本科生、研究生，以及相关领域和部门的科技工作者及工程技术人员。希望本书能够为相关领域学生及研究人员学习计算方法提供帮助。最后向参与书稿整理的研究生严子朴、张哲表示感谢，向科学出版社表示感谢。

由于作者水平有限，书中难免存在不当之处，请广大读者给予批评指正，作者将不胜感激。

作　者

2021 年 10 月

目　录

第1章　绪　　论

第2章　时域配点法

第 3 章 高维谐波平衡法的混淆机理

第 4 章 快速谐波平衡技术

第 5 章　全局法及其典型应用

第 6 章　变分迭代法：全局估计到局部估计

第7章 局部变分迭代配点法

127

第8章 局部法及其典型应用

149

第 1 章

绪　　论

1.1　非线性动力学系统计算方法概述

工程中几乎所有的问题本质上都是非线性的，线性系统是在一定假设条件下对非线性系统的理想化近似。对于非线性动力学系统而言，一般由以时间为自变量的非线性微分方程描述。根据研究对象的自由度划分，非线性动力学系统可分为有限自由度系统（或集中质量系统），由一个或者一组非线性常微分方程所描述；无限自由度系统（或分布质量系统），由一个或一组非线性偏微分方程所描述。有限自由度系统只含有一个时间自变量，因此动力学方程表现为常微分方程的形式，研究对象一般用质点、质点系或刚体代替。例如，在轨道上运动的卫星与地球组成的系统，在不考虑其他星体引力作用时可以看成两个质点构成的质点系，此时卫星位置可用三个坐标完全确定，如果考虑卫星姿态，此时卫星看成具有六个自由度的刚体。但是不论将卫星看成质点还是刚体，本质上都是由非线性常微分方程所描述的有限自由度系统。无限自由度系统除了时间自变量之外还有其他自变量，对于力学系统来说，通常以空间坐标为其他自变量，因此动力学方程表现为偏微分方程的形式，研究对象表现为弹性板、壳、梁，或者流体等连续介质。例如，研究柔性航天器、飞机气动弹性变形等问题时，所面临的就是这类无限自由度系统。通常情况下，无限自由度系统可以通过空间离散的方法（如假设模态法）退化为有限自由度系统，得到退化后的只有一个时间自变量的微分方程，因此，只需要处理非线性微分方程即可。

本书主要讨论非线性常微分方程动力学系统的高性能解算方法。在实际问题中，很多动力学系统用以时间为自变量的常微分方程组 $\dot{\boldsymbol{x}}=f(\boldsymbol{x},\ t)$ 描述。其中，$\boldsymbol{x}$ 是 N 维状态矢量，它是关于时间 t 的函数。根据系统中是否显含时间 t，可分为自治系统和非自治系统。工程中绝大多数问题都是非线性的，即 f 是 $\boldsymbol{x}$ 的非线性函数。由于非线性的存在破坏了线性系统叠加性，方程组 $\dot{\boldsymbol{x}}=f(\boldsymbol{x}, t)$ 精确解析解一般不可得。所以非线性动力学系统的研究主要依赖近似解法或数值解法。

对非线性动力学系统的求解需求由来已久，最早可以追溯到 300 多年前牛顿时代。1687 年，牛顿发表了其最重要的著作《自然哲学的数学原理》，总结了近代天体力学和地面力学的成就，提出了力学的三大定律和万有引力定律，使经典力学成为一个完整的理论体系。牛顿在这本著作中提出了一个基础的天体力学问题：如果两个物体以连心力互相作用，力的大小与它们的距离平方呈反比，那么两个物体会如何运动？这就是天体力学领域的“二体问题”。17 世纪下半叶，牛顿和莱布尼茨发明了微积分，为动力学的数学化描述奠定了基础。二体问题的动力学方程可用经典牛顿定律得出，如图 1－1 所示，其中 G 为万有引力常数，r 为两质点的距离。

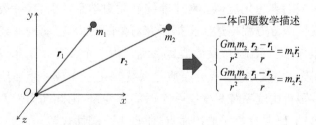

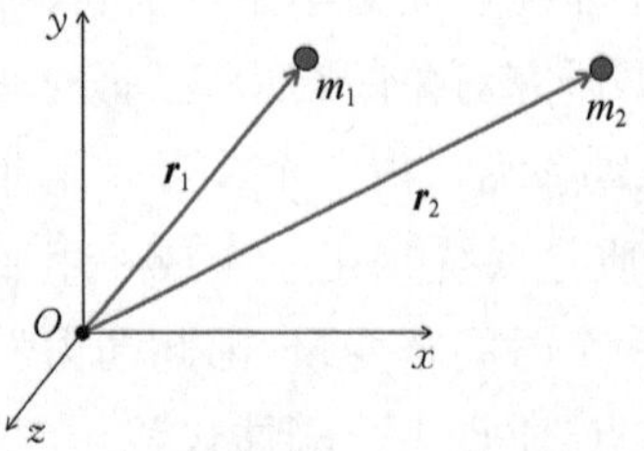

二体问题数学描述

$$\begin{cases}\dfrac{Gm_1m_2}{r^2}\dfrac{\boldsymbol{r}_2-\boldsymbol{r}_1}{r}=m_1\ddot{\boldsymbol{r}}_1\\ \dfrac{Gm_1m_2}{r^2}\dfrac{\boldsymbol{r}_1-\boldsymbol{r}_2}{r}=m_2\ddot{\boldsymbol{r}}_2\end{cases}$$

图 1－1　二体问题及其数学描述

1710 年，瑞士数学家约翰·伯努利首先解出了二体问题的解析解，得到了问题的答案“如果在一个质点上观察另一个质点，那么另一个质点的轨道一定是一条直线，或一条抛物线，或一个椭圆，或双曲线的一支”。二体问题也是极少数可以精确解析求解的非线性动力学方程的经典案例。

从历史发展的脉络来看，非线性动力学系统的求解方法经历了解析法、早期数值法、近似解析法、计算机辅助数值法四个时期。17 世纪末，以严格的微分方程形式对动力学系统进行描述后，如何对微分方程进行求解是直接面临的难题，以牛顿、伯努利为代表的科学家利用变换与积分等手段对特殊类别的方程进行了解析求解。然而，绝大多数的非线性方程无法求解甚至不存在闭合解析解，这种情况下，18 世纪上半叶，泰勒、欧拉等开展了早期的数值求解方法研究，如欧拉积分法就是建立在差分原理上逐步递推的数值方法，沿着这条思路发展出了 Runge－Kutta 法等耳熟能详的经典方法。受限于手推计算，早期数值计算的精度不高，解算过程极其烦琐。近似解析法出现在19世纪。众所周知，二体问题早在牛顿时代已被解决，根据牛顿的万有引力定律，学过高中物理的学生都不难列出三体问题的动力学方程，它是含有九个方程的微分方程组。但是，求解这个方程则是难上加难。在著名的三体问题牵引下，Poincare 提出了摄动法等近似解析法。摄动法又称小参数展开法，利用小参数展开求解非线性方程的渐近近似解析解。近似解析法使用过程中需要大量的公式推导，往往只能进行前几阶计算，且对强非线性问题求解效果不佳。20世纪中叶，现代计算机技术的出现为非线性动力学系统的求解打开了一扇窗户，依托计算机辅助计算，数值计算方法得到了前所未有的蓬勃发展。

在飞机、导弹等国防工业需求牵引下，计算机辅助数值计算的研究热潮首先出现在固体、流体等连续介质力学领域，求解对象在数学本质上为偏微分方程。求解思路是通过有限差分法、有限元法等将空间坐标离散，得到相应的代数方程组（静力学问题）或者常微分方程组（动力学问题）。有限差分法是最早发展的空间离散算法，基于广义加权残余法的思想，通过离散化空间域中残差为零的不同处理形式，发展了一系列数值算法，其中主要包括：① Galerkin 法（Galerkin method），试函数与权函数可以相同也可以不同，但二者均为任意阶连续的全局函数，当试函数与权函数不同时，即为 Petrov - Galerkin 法（Petrov-Galerkin method）；② 配点法（collocation method），试函数采用任意阶连续的局部或全局函数，权函数采用狄拉克 δ 函数；③ 有限体积法（finite volume method），试函数采用任意阶连续的局部或全局函数，权函数采用局部 Heaviside 阶跃函数；④ 初等 Galerkin 有限元法（primal Galerkin finite element method），试函数与权函数均为相同的全局任意阶连续函数；⑤ 无网格局部 Petrov - Galerkin 方法（meshless local Petrov Galerkin method），Satya N. Atluri 与合作者自1998年以来发展了一系列此类方法，其中试函数采用单位划分、移动最小二乘或径向基函数等无网格函数，权函数则采用狄拉克 δ 函数、Heaviside 函数、径向基函数等。将偏微分方程通过上述任何一种方法进行空间坐标离散，可以得到非线性常微分方程，即非线性动力学系统，即本书主要研究内容。

本书中前5章所涉及的时域配点法、谐波平衡法和高维谐波平衡法均为全局法，即求解动力学方程时，以整个时间域为对象进行求解，不进行子域分割。全局法适用于求解具有周期特性的非线性动力学系统。当非线性动力学系统的解具有周期性时，传统求解方法是摄动法和谐波平衡法。摄动法受限于复杂符号推导和弱非线性，不利于高精度计算。谐波平衡法本质上是时域的 Galerkin

法。谐波平衡法是求解非线性动力学系统周期解的强有力的工具。谐波平衡法的原理是,首先假设系统的近似解为 Fourier 级数形式,然后将其代入动力学方程令各次谐波自相平衡得到以 Fourier 系数为变量的非线性代数方程组。该方法不受非线性强弱的限制,且对于不太复杂的周期响应一般只需几个谐波即可得到高精度的解。但是,谐波平衡法在对非线性项进行 Fourier 级数展开过程中涉及烦冗的公式推导,并且随着谐波个数的增多会变得越来越复杂。为了克服这个缺点,2002 年美国杜克大学的 Hall 等[1]提出了高维谐波平衡法,该方法随后被广泛应用到各种动力学问题的求解中。高维谐波平衡法避免了传统谐波平衡法的复杂公式推导,但是产生了多余的非物理解。之后,Liu 等[2]指出,高维谐波平衡法的非物理"假解"源于高次谐波对低次谐波的混淆(即著名的混淆现象)。但是,高次谐波到底以何种规律混入低次谐波这一问题没有得到解答。本书将深入研究高维谐波平衡法、谐波平衡法等非线性动力学系统的半解析求解方法,在 2.3 节对高维谐波平衡法与谐波平衡法的关系进行证明,澄清了困扰学术界十余年的"高维谐波平衡法是谐波平衡法变种"的误解。在 3.4 节给出高维谐波平衡法产生混淆现象的机理,解释"假解"产生的本质原因(图 1-2)。

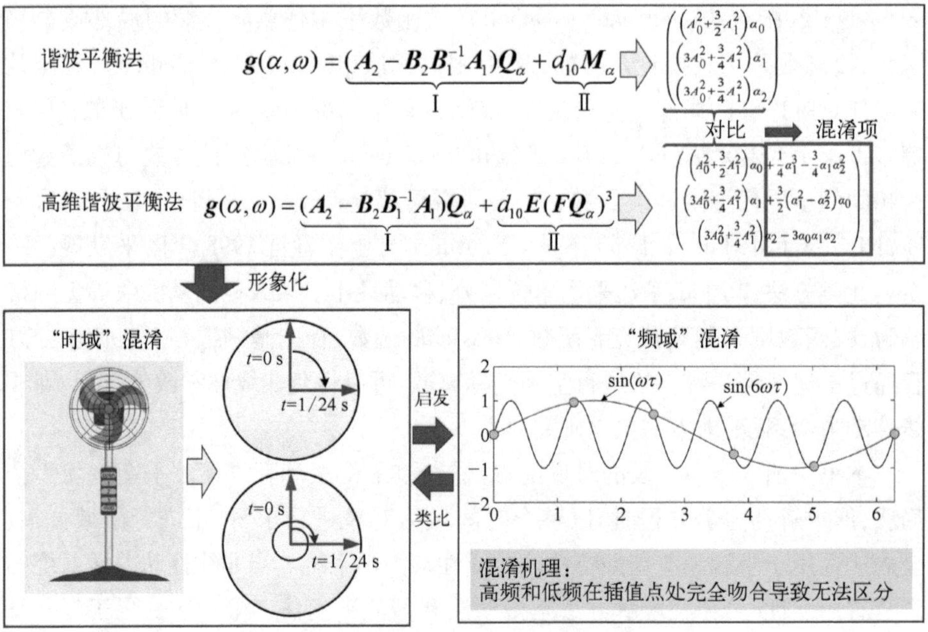

图 1-2 高维谐波平衡法的混淆机理示意图

本书第6~8章介绍的变分迭代积分法、改进 Runge - Kutta 法等数值积分法,均为局部法。局部法即求解问题时其时间域先被离散为有限个子域,然后求解;每个子域上又可以采用各种全局方法进行求解,例如,本书第7章提出的变分迭代配点法就利用变分迭代和时域配点的思想进行快速计算。可见,全局法和局部法是不可分割的,从其发展历程来看,二者是相互促进相互依存的关系(图1-3)。借助现代化计算机,数值积分法成为研究非线性动力系统响应最为直接的方法。在文献中存在着数以百计的数值积分法,其中大部分是有限差分法,如 Runge - Kutta 法、Hilbert - Hughes - Taylor 法及 Newmark 法。这些方法直接使用了微分的定义以及 Taylor 级数理论对原始的常微分方程离散化,并在时间间隔较小的离散点上给出数值估计。基于每个时间间隔中的估计方法是前向估计还是后向估计,一般可以将其分为显式方法和隐式方法。一般来说,隐式方法比显式方法更加稳定,但是前者一般需要求解相关的非线性代数方程组。

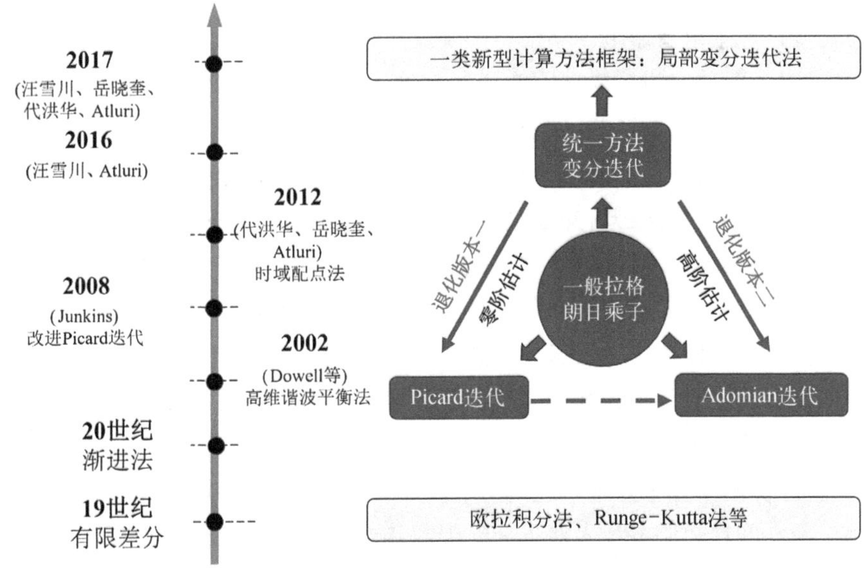

图1-3 非线性系统数值积分方法发展历程[3-8]

1.2 航空航天领域的典型问题

航空航天领域存在着大量非线性动力学问题,结合作者十余年的研究经历,本书主要围绕四个典型问题进行计算方法的理论研究和应用分析。这四个问题分别为经典 Duffing 方程、非线性气动弹性问题、轨道递推与转移问题、近地航天器的相对运动。其中轨道转移问题是两点边值问题，其他为初值问题。

Duffing 方程是工程中最常见的非线性方程之一。很多航空航天领域中的问题都可以直接用 Duffing 方程描述或者处理后退化为 Duffing 方程。例如，使用 Galerkin 法将超声速流中 von Kármán 板的颤振模型进行空间离散，得到的模态方程就是耦合 Duffing 方程组[9]。对于二元机翼模型，它经过积分变换后可以转化为含有三次非线性项的微分方程组，如果考虑二元机翼受简谐作用外力的话，该系统中的非线性方程将表现为 Duffing 方程形式，如果不考虑二元机翼系统的气动力，那么该模型振动问题将退化为两自由度耦合 Duffing 振子模型，鉴于 Duffing 方程在非线性动力学领域的广泛代表性，本书将其作为计算方法的验证原型反复使用。此外，非线性气动弹性问题也是航空航天领域重点关注的问题之一，由于机翼气动弹性引起的颤振、抖振等效应是飞行器设计过程中必须考虑的问题之一，对气动弹性问题的研究及高精度的气动弹性仿真计算结果将对飞行器设计产生重要影响。本书将围绕亚声速二元机翼动力学模型开展相关的计算方法研究，并对机翼颤振问题进行探究。卫星轨道递推与轨道转移问题是航天动力学与控制领域的基础问题。航天器正常工作的基础在于其始终保持在目标工作轨道位置，这需要通过轨道递推方程不断计算航天器在当前以及未来时刻所应到达的目标位置，并通过计算当前实际位置与目标位置的距离偏差进行调整。轨道转移计算可以看成一类受到两点边值约束轨道递推问题，在转移轨道过程中受到与轨道递推问题相同的二体运动方程约束，在诸如火星探测等远距离深空探测任务中，航天器轨道运算结果的精度对任务成败起到决定性作用。而星际探测航天器往往面临着星载计算机计算能力低下的硬件限制，因此，研究可在计算能力低下的星载计算机中实现的高精度轨道递推计算的数值算法，是星际探测任务中亟须解决的重要问题。此外，近年来兴起的空间卫星编队技术以及空间在轨服务技术对近地航天器相对运动问题的高效高精度求解提出了迫切需要，适用于星载计算机快速求解复杂近地航天器相对运动方程的高效高精度数值计算方法研究成为相关技术发展的核心问题之一。

1.2.1 经典 Duffing 方程

Duffing 方程是一种描述强迫振动的微分方程模型。该模型是非线性理论中常用的一种典型非线性振动系统模型，这一系统虽然形式简单，但却具有高度的代表性。事实上，工程实际中诸多非线性振动问题的数学模型都可以归结为

Duffing 方程的形式,如船的横摇运动[10]、结构振动[11]及转子动力学[12]等。因此,研究结果中规律性的成果可以推广到其他类似系统。从某种角度来说,对非线性 Duffing 系统的研究是研究许多复杂非线性动力学系统的基础,具有广泛的代表意义。本书将以 Duffing 方程为典型非线性动力学系统原型,开展谐波平衡法、高维谐波平衡法和时域配点法等全局方法的理论研究,分析各个方法的特点和内在联系,在此基础上揭示高维谐波平衡法产生非物理"假解"的本质机理。

经典 Duffing 方程的一般形式为

$$\ddot{x} + \xi\dot{x} + \alpha x + \beta x^3 = F\cos(\omega t)$$

不失一般性地将其看成弹簧质量系统,那么式中 ξ 为阻尼系数, ω 为外力频率, $\alpha x + \beta x^3$ 为弹簧恢复力,其中 α 为线性恢复力系数, β 为三次非线性项系数, F 为外部作用力, x 为运动位移, t 为时间。虽然 Duffing 方程形式简单,但却蕴含各种不同类型的周期解。此外,Duffing 方程精确解中包含了周期解与瞬时解两部分。由于在实际问题中,人们观测到系统的运动形式往往在短暂的瞬时响应结束后表现为周期响应形态,因此研究中,学者大都致力于求解其周期解。在本书前 5 章,主要阐述求解非线性动力学系统周期解的全局法,因此这里主要关注 Duffing 方程周期解的解算。

鉴于 Duffing 方程的普遍代表性,对该方程周期解的研究由来已久,各国学者取得了一系列研究成果。由于非线性系统往往难以求得精确解析解,人们往往转而投入大量研究工作用于研究求其近似解析解。19 世纪,法国数学家 Poincare 首先提出了摄动法求解非线性动力学方程的近似解析解,取得了巨大的成功。在此基础上相继发展了 Lindstedt - Poincare 法、平均法及多尺度法等摄动类方法,但是这些方法都要求方程具有小参数的特性并且使用过程中涉及大量的公式推导,限制了方法的应用。

谐波平衡法是另一类重要的近似解法,其本质上是时域 Galerkin 法。该方法基于加权残余思想,通过构造积分弱形式使系统的残差在整个时域内在"加权"的意义下为零,从而将非线性动力学方程转化为非线性代数方程组,然后求解代数方程即可。具体地,在使用谐波平衡法时首先假设动力学系统的近似解为 Fourier 级数形式,然后将近似解代入系统动力学方程并通过"谐波平衡"获得以 Fourier 级数系数为变量的非线性代数方程组。对于非线性代数方程组,一般采用经典牛顿迭代法等求解从而得到 Fourier 级数的系数,这样就得到了非线性动力学系统的近似周期解。Hayashi 等[13-15]使用二阶谐波来近似 Duffing 方程的解(即使用两项 Fourier 级数组合来近似),其后该方法被 Tseng 和 Dugundji[11]用于分析弹性梁振动问题。由于谐波平衡法在处理非线性项时需要进行大量符号运算,因此在实际使用时往往用于求解低次谐波问题,如常用的描述函数法(describing function method)即为一阶谐波平衡法。

为了克服谐波平衡法处理非线性项所涉及的大量符号运算的问题,2002 年美国工程院院士 Kenneth Hall 及 Earl Dowell 团队提出了高维谐波平衡(high dimensional harmonic balance, HDHB[16])法,显著提升了经典谐波平衡法的解算效率,该方法提出后受到了计算力学领域的广泛关注,十年来关于"高维谐波平衡法"的引用次数逾 2 000 次,成为非线性计算领域的核心方法,在气动弹性问题、时间延迟问题、Duffing 振荡、van der Pol 振荡等问题中得到了成功应用[3, 17, 18]。然而,高维谐波平衡法自提出以来便存在问题。Kenneth Hall 院士在 2002 年的论文中指出,高维谐波平衡法在高阶时不收敛,应该是方法不稳定性导致的[5],这是几年前私人信件中 Giles 提出的观点(注:Giles 为牛津大学计算研究所所长)。可见,Hall 等对高维谐波平衡法的计算不稳定性存在很大疑虑。2006 年,Hall 的论文中指出高维谐波平衡法不收敛归结于高次谐波的混淆现象,但是混淆的机理不明[3]。高维谐波平衡法的混淆机理是什么,为什么出现所谓的非物理"假解"? 这个问题困扰国内外学者十余年。本书研究指出,高维谐波平衡法并非谐波平衡方法的变体,其实质是将在后文提到的时域配点法,基于这个新发现揭示高维谐波平衡法的混淆机理,解释假解的产生原因。

1.2.2 非线性气动弹性问题

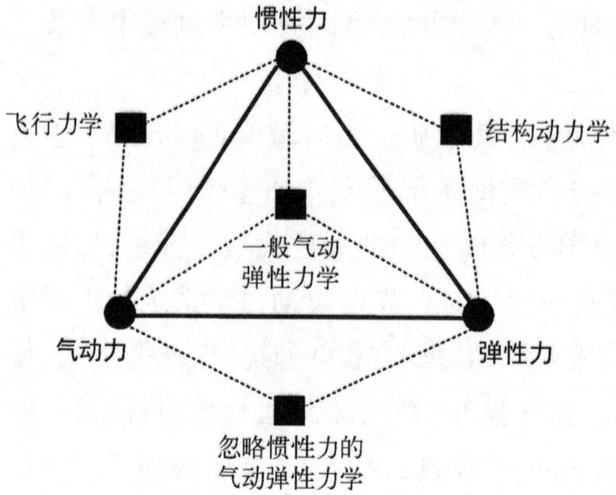

图 1-4 Collar 气动弹性力三角

气动弹性力学研究的是弹性体在气流中的力学行为,它涉及空气动力、弹性力及固体惯性力。对此,1946 年英国布里斯托大学 Collar 使用如图 1-4 所示的三角形来形象地描述三个力之间的耦合关系;该模型包含了考虑三个力同时作用的气动弹性问题,以及只考虑其中两个力的三种情况:飞行力学问题、结构动力学问题以及不考虑惯性力的气动弹性问题。后来,Garrick 和 Reed[19]在 Collar 力学三角形的基础上加入热应力,提出了四面体理论,Garrick 提出的四面体理论适用于高超声速飞行器考虑"气动加热"效应的情况[20]。

工程中遇到的机翼颤振[21-25]、飞机或火箭的壁板颤振[20, 26-30]、风桥耦合振动[31-33]等都是典型的气动弹性问题。其中机翼颤振及高超声速飞行器蒙皮壁板颤振问题是航空航天中的热点问题,也是飞行器设计中必不可少的环节。回顾航空航天发展史,发现气动弹性问题与航空航天工程的发展紧密相连,可以说从飞机诞生之日起气动弹性就与它形影不离了。早在 1903 年 Wright 兄弟动力载人飞行成功的前九天,史密森学院著名发明家 Lanley 在波托马克河边进行了"空中旅行者"号的动力试飞。遗憾的是,试飞失败了。事后研究表明这是典型的气动弹性问题引起机翼扭转发散所导致的。Collar[34]指出,如果 Lanley 在 1903 年的试飞中不存在气动弹性问题,那么他将有可能取代 Wright 兄弟在人类航空史上的地位。在此后的人类飞行史里,机翼颤振问题时有发生。据统计[35],1944~1960 年,英国的 54 种飞机上发生了 81 起颤振事故;差不多相同时间里,1947~1957 年美国民用和军用飞机共发生了 100 多起不同形式的颤振问题。机翼颤振问题而频发的航空事故促使航空力学界对机翼气动弹性问题展开了深入研究。

飞机机翼是一个连续弹性体(图 1-5),它具有无穷个自由度。但是由于机翼结构特性,沿弦向的弹性变形一般可用两个量进行较为精确的描述,即相对参考点的偏移和绕参考点的旋转角(图 1-6)。研究该两自由度模型能够得到关于飞机三维机翼的很多信息,如各种系统参数对机翼振动稳定性、振幅的影响等。美国麻省理工学院著名航空力学家 Bisplinghoff 和 Ashley 指出,机翼在实际飞行过程中的动力学行为可以选取机翼焦线上从根部到梢部 70%~75%位置的二元截面研究获得。这一结论适用于大展弦比、小后掠角且翼型截面沿展向平滑变化的情况。类似地,对于有操纵面的三自由度二元机翼,只需要在上述模型

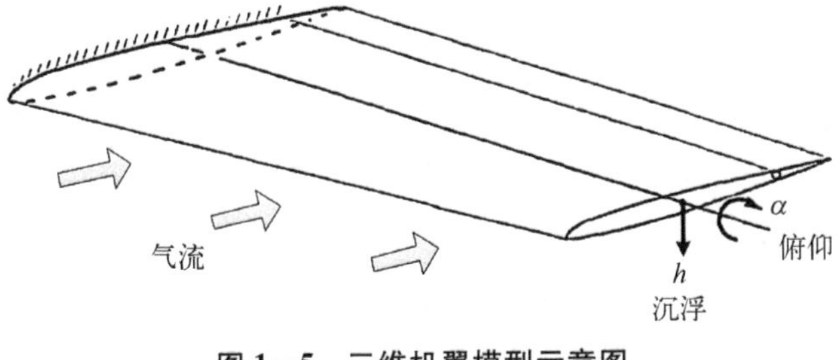

图 1-5 三维机翼模型示意图

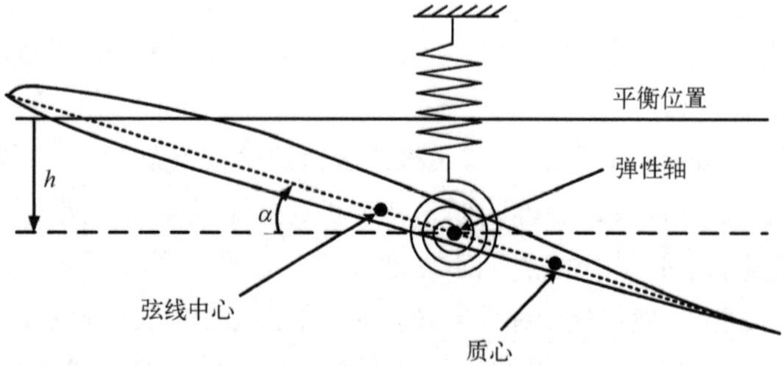

图 1-6 二元机翼模型示意图

上增加一个绕铰接转轴的自由度即可。

一般来说,颤振边界的预测只需要研究线性系统即可。研究认为,气动弹性系统动态失稳的初始状态是弹性体在平衡状态附近产生微小振动。因此,小变形理论用于判定颤振初值在理论上是可行的,也就是说只需要求解线性系统的特征值问题即可。另外,机翼发生动态失稳后的运动形式也是工程上非常关心的问题。对于失稳后的响应,线性系统会给出随时间呈指数发散的响应;而实际上由于非线性影响因素的存在,系统将会产生有限幅值振动(极限环、准周期或混沌运动等),因此必须考虑结构非线性动力学的影响。

本书在第 3 章使用时域配点法求解亚声速立方非线性二元机翼周期解,读者在了解时域配点法基本理论的基础上,可直接阅读 3.2 节与 3.3 节二元机翼振动的相关问题。

1.2.3 轨道递推与转移问题

轨道递推问题即利用数值方法求解轨道动力学方程得到航天器位置信息。轨道递推问题是航天工程的基本问题,尤其对于远距离空间探测任务,递推轨道的计算精度将对任务成败起到至关重要的影响。航天器在控制系统作用下使其轨道发生有意的改变称为轨道转移或轨道机动问题。轨道递推与转移问题在航天领域的地位十分重要。例如,2020 年我国发射的嫦娥五号(图 1-7),在月球轨道交会对接环节,上升器与轨道器在距离地球 38 万千米的月球轨道上实现了世界上首次自主交会对接。对接过程需要依靠探测器实现自主测量、位置解算、导航等过程,整个环节必须分毫不差,这对轨道递推与转移问题的计算提出了更高的要求。针对地月间三体转移轨道的精确数值计算问题,本书在 8.5 节使用高性能数值方法进行了详尽研究。

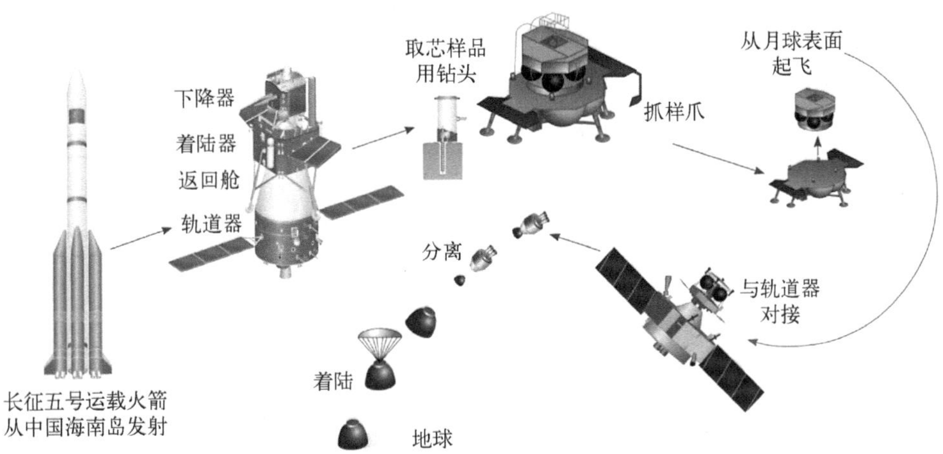

图1-7 嫦娥五号项目示意图

对于轨道递推和转移问题的解算核心指标有两个，即计算精度和计算效率。当前，几乎所有的数值求解方法均基于200多年前欧拉积分、泰勒差分原理演化而来。文献中有许多用于航天器轨道递推的数值方法，如高阶Runge-Kutta方法[36]、Gauss-Jackson方法均为此类方法。为了保证计算的高精度，数值积分的步长必须设置得非常小，严重影响了计算效率。

航天器的轨道转移问题是常微分动力学系统两点边值问题。常用方法是通过打靶法将两点边值问题转化为多个初值问题[37]。在打靶法中，需要首先构造末状态相对于初始速度的状态转移矩阵，然后通过牛顿法对初始速度进行迭代修正。这一方法由于简便性得到了广泛应用。但是该方法存在对初始估计敏感性和收敛区间小等缺陷。除了打靶法，有限差分法也能够用于求解两点边值问题[38]。然而，在有限差分法中，为了得到较为精确的解，需要构造大规模的代数矩阵方程，这在实际操作中往往难以实现。通过结合打靶法和有限差分法，可以得到一种折中的办法，即多步打靶法[39]。这一方法将一个大的时间区间分割成多个较小的子区间，从而得到多个边界值问题。之后通过引入额外的约束条件来保证各个子区间之间解的连续性。这一方法相对于简单打靶法具有更大的收敛区间和鲁棒性。Holsapple等[40]进一步提出了修正打靶法。在这一方法中，末状态沿着一条给定的路径变化，从而定义了一系列的两点边值问题。其中较为简单的两点边值问题的解可以作为下一步问题的初始估计。通过逐步求解这一系列两点边值问题，最终可得原始问题的解。这一方法被Yang等[41]用于求解长时间、大跨度、非共面的火星轨道转移问题。

除上述方法外，配点法也是求解轨道递推与轨道转移问题的重要工具。在配点法中，问题的解通过多项式、谐波函数或者其他基函数近似。相比于数值积分算法，配点法的优势在于能够在相对更大的时间尺度上得到半解析解，同时只需要存储较少的基函数系数，而不是大量的离散数据。在初值问题和边界值问题中，通过在时间域中选择合适的配点，可以将问题的动力学方程和边界条件转换为关于配点值的代数方程。配点法在轨道动力学方面有广泛的应用。Newton - Kantorovich/Chebyshev 伪谱法是一种使用 Chebyshev 多项式作为基函数的配点方法。Chen 等[42]将该方法用于求解摄动 Lambert 问题，相对轨道转移问题和航天器编队飞行的最优控制等两点边值问题。Elgohary 等[43]使用了径向基函数来求解二体问题。不论是基于径向基函数的配点方法还是 Newton - Kantorovich/Chebyshev 伪谱法，在传统的配点法中，待求解的常微分方程一般被首先转化为非线性代数方程组，然后使用如 Newton - Raphson 等的迭代方法进行求解。这样做的缺点是需要首先构造非线性代数方程组并计算雅可比矩阵的逆，而这一过程一般较为耗时。为了进一步提高性能，作者团队通过 Picard 迭代方法构造一系列修正公式，然后使用一组正交基函数对该问题的解进行估计，得到一个无须求矩阵逆的简单算法，称为修正 Chebyshev - Picard 迭代方法[44]。在本书第 7 章中，对修正 Chebyshev - Picard 迭代方法的迭代公式以及更一般形式进行了详细推导，对该算法感兴趣的读者可以直接阅读第 7 章。

1.2.4 近地航天器的相对运动

航天器的相对运动是指一个或一组航天器(通常称为追踪航天器或主动航天器)相对于另一个或一组航天器(通常称为目标航天器)的运动。相较于航天器的绝对运动，航天器相对运动的变化形式更加丰富，影响因素也更为复杂。拦截、交会、分布式卫星系统等航天任务都存在相对运动基础问题(图 1 - 8)。例如“深度撞击”计划是典型的远程拦截式交会，在距地球 1 亿多千米外，以 10.2 km/s的速度精确命中直径不到 6 km 的坦普尔 1 号彗星内核，远距离交会时采用自主导航技术，飞越器确定自身与彗星的相对运动的轨道。“轨道快车”计划是交会对接技术的典型成果，要完成高精度的自主交会对接，即从物理上完成两个航天器的双边动态相对接近、对接并连成一体，完成组合飞行和加注、更换等操作。这些任务对相对运动力学的分析与计算提出了较高的要求。

在航天器相对运动的研究中，最为著名的相对运动数学模型当属 Clohessy - Wiltshire (C - W)方程[45]。这一模型在近地航天器对接问题研究中十分有效。

(a) 深度撞击项目

(b) 轨道快车项目

图 1-8　航天器相对运动代表性任务

同时 C-W 方程也提供了求解近圆轨道卫星相对运动周期轨道(或慢漂移轨道)的一种方法。在 C-W 方程的基础上,Tschauner 和 Hempel[46] 在参考轨道中考虑了偏心率的影响,基于这一工作,得到了有关相对运动的解析表达式和周期性相对运动的封闭解析解。另外各种针对任意偏心率参考轨道的相对运动状态转移矩阵也被提出[47,48]。在 Inalhan 等[49] 的文章中,通过使用由 Lawden[50]、Carter 和 Humi[51]、Carter[52] 等研究得到的相对运动线性方程组的齐次解,得到了 T-H 方程的周期轨道初始条件,该结果能用于对参考轨道为椭圆轨道的大型航天器集群进行初始化。然而,当同时考虑重力场的非线性、地球 J_2 摄动和大偏心率参考轨道时,Inalhan 等提出的初始条件不再适用。

为了考虑上述摄动因素,许多研究致力于建立更加精确的相对运动动力学模型。Euler 和 Shulman[53] 首次提出了考虑非线性重力场的 T-H 方程。之后,又有许多针对各种非线性和摄动因素(如大气摄动、三体的影响等)进行研究,Xu 和 Wang[54] 提出了一种一般化的卫星相对运动动力学模型,其中考虑了 J_2 摄动项、重力场非线性项及参考轨道的偏心率。该模型在推导过程中没有线性化处理,因此能够精确地描述 J_2 摄动下航天器间的相对运动轨道。然而,上述各类改进的 T-H 方程均存在非线性因素,非线性项的存在使得相对运动动力学方程不具备线性系统的叠加性,因此无法解析求解,必须发展高性能计算方法进行快速、高精度的求解。本书第 5 章对如何使用时域配点法求解周期相对运动动力学方程进行了详细说明,读者可以在阅读完第 2 章的基础上阅读第 5 章。

1.3　本书的内容安排

本书旨在系统性介绍团队在非线性动力学系统计算方法方面的研究成果。

第1章中主要对非线性动力学系统计算方法进行了概述，介绍了几个航空航天领域的典型问题，这些问题在后续章节作为典型问题进行详细讨论。全书主体内容可分为全局法（第2~5章）和局部法（第6~8章）两部分。

第2章首先以经典Duffing振子为原始模型，对谐波平衡法和高维谐波平衡法的本质关系进行深入分析，在此基础上提出一种高效、高精度的非线性动力学系统半解析求解方法——时域配点法。然后以亚声速流场中二元机翼动力学系统为对象，系统地研究时域配点法、谐波平衡法及高维谐波平衡法三种方法的内在关系，澄清著名的高维谐波平衡法是谐波平衡法的误解，严格证明高维谐波平衡法和时域配点法的等价关系。

第3章使用时域配点法求解亚声速流场中俯仰立方非线性二元机翼模型的周期解。在本章中进一步研究时域配点法与谐波平衡法及高维谐波平衡法三者之间的关系。基于高维谐波平衡法本质上是配点法的新认识，从配点法的角度成功揭示高维谐波平衡法产生混淆现象的本质机理，并给出通用的混淆规则。

第4章中提出一种快速谐波平衡技术，并用它求解立方非线性机翼动力学方程周期解。推导二元机翼动力学系统的谐波平衡法代数方程组的显式雅可比矩阵。使用谱分析法对二元机翼动力学响应进行分析得到各次谐波分量对系统周期响应的贡献，从而给予谐波平衡法一个合理的建议谐波数。对于有调频的响应，给出因调频而产生误差的估计公式。

第5章介绍全局法及其典型应用。基于时域配点法求解摄动条件下相对运动周期轨道问题。求解对象考虑J_2摄动项的精确相对运动模型，得到周期轨道的初始条件。利用所得到的结果，提出了闭合投影轨道（projected closed orbit）的概念及其求解方法。该闭合投影轨道能够为周期性相对运动的保持控制提供良好参考。

第6章对几类重要的变分迭代算法进行介绍。通过将整个待解自变量区间分为多个子区间，并在每个子区间内分别使用变分迭代法，获得每个子区间内的估计函数，利用该估计函数形式不变的特点，在每个子区间上只需要更新初始状态即可获得局部解析解，因而能够通过较小的计算量获得整个解区间的数值解。根据该思路，本章提出了一种高性能的局部变分迭代算法。

第7章介绍局部变分迭代配点法。针对局部变分迭代法涉及烦琐符号运算的问题，利用配点法将变分迭代法中关于泛函的迭代计算公式转化为便于计算机计算的代数迭代公式，发展了局部变分迭代配点法。本章推导三型算法。算法一将变分迭代法的计算公式转化为微分形式，并成功消除拉格朗日乘子。算法二和算法三分别使用泰勒级数和指数级数对拉格朗日乘子进行估计，从而得到数值迭代计算公式。

第8章介绍局部法及其典型应用。首先，使用Runge - Kutta法和局部变分迭代法求解二元机翼问题，证明局部变分迭代算法能够克服传统算法的“小步长依赖”弊病；其次，针对实际求解复杂对象时可能存在的过度计算问题，介绍局部变分迭代配点法的变步长策略；再次，将拟线性化方法和局部变分迭代配点法结合求解了轨道转移两点边值问题；最后，给出二元机翼、轨道递推、Lambert转移轨道计算以及限制性三体轨道计算等诸多典型问题的求解实例，以期望通过实例帮助读者掌握方法的使用细节。

参考文献

[1] Hall K C, Thomas Jeffrey P, Clark W S. Computational of unsteady nonlinear flows in Cascades Using a Harmonic Balance Technique[J]. AIAA Journal, 2002, 40(5): 879 - 886.

[2] Liu L, Thomas J P, Dowell E H, et al. A comparison of classical and high dimensional harmonic balance approaches for a Duffing oscillator[J]. Journal of Computational Physics, 2006, 215(1): 298 - 320.

[3] Hayashi C. Stability investigation of the nonlinear periodic oscillations[J]. Journal of Applied Physics, 1953, 24(3): 344 - 348.

[4] Hayashi C. Subharmonic oscillations in nonlinear systems[J]. Journal of Applied Physics, 1953, 24(5): 521 - 529.

[5] Thomas J P, Dowell E H, Hall K C. Nonlinear inviscid aerodynamic effects on transonic divergence, flutter, and limit-cycle oscillations[J]. AIAA Journal, 2002, 40(4): 638 - 646.

[6] Thomas J P, Hall K C, Dowell E H. A harmonic balance approach for modeling nonlinear aeroelastic behavior of wings in transonic viscous flow[C]. The 44th AIAA/ASME/ASCE/AHS/ASC Structures, Structural Dynamics, and Materials Conference, Reston, 2003.

[7] Thomas J P, Dowell E H, Hall K C. Modeling viscous transonic limit-cycle oscillation behavior using a harmonic balance approach. Journal of aircraft[J]. Journal of Aircraft, 2004, 41(6): 1266 - 1274.

[8] Liu L, Thomas J P, Dowell E H, et al. A comparison of classical and high dimensional harmonic balance approaches for a Duffing oscillator[J]. Journal of Computational Physics, 2006, 215(1): 298 - 320.

[9] Xie D, Xu M, Dai H H, et al. Observation and evolution of chaos for a cantilever plate in supersonic flow[J]. Journal of Fluids and Structures, 2014, 50(1): 271 - 291.

[10] Nayfeh A H, Sanchez N E. Stability and complicated rolling responses of ships in regular beam seas[J]. International Shipbuilding Progress, 1990, 37(412): 331 - 352.

[11] Tseng W Y, Dugundji J. Nonlinear vibrations of a beam under harmonic excitation[J].

Journal of Applied Mechanics, 1970, 37(2): 292 - 297.

[12] 孟光,薛中擎.带定心弹簧的柔性转子-挤压油膜减振轴承系统的双稳态现象的非线性特性分析[J].西北工业大学学报,1985,3(3): 371 - 384.

[13] Hayashi C. Forced oscillations with nonlinear restoring force[J]. Journal of Applied Physics, 1953, 24(2): 198 - 207.

[14] Wang X C, Yue X K, Dai H H, et al. Feedback-accelerated picard iteration for orbit propagation and Lambert's problem[J]. Journal of Guidance, Control, and Dynamics, 2017, 40(10): 1 - 10.

[15] Wang X, Atluri S N. A unification of the concepts of the variational iteration, adomian decomposition and picard iteration methods; and a local variational iteration method[J]. Computer Modeling in Engineering and Sciences, 2016, 111(6): 567 - 585.

[16] Dai H, Schnoor M, Atluri S N. A simple collocation scheme for obtaining the periodic solutions of the Duffing equation, and its equivalence to the high dimensional harmonic balance method: Subharmonic oscillations[J]. Computer Modeling in Engineering and Sciences, 2012, 84(5): 459 - 497.

[17] Dai H H, Yue X K, Yuan J P. A time domain collocation method for obtaining the third superharmonic solutions to the Duffing oscillator[J]. Nonlinear Dynamics, 2013, 73(1 - 2): 593 - 609.

[18] Bai X L, Junkins J L. Solving initial value problems by the Picard-Chebyshev method with NVIDIA GPUS[C]. Proceedings of the AAS/AIAA Space Flight Mechanics Meeting, San Diego, 2010, 136: 1459 - 1476.

[19] Garrick I, Reed W H III. Historical development of aircraft flutter[J]. Journal of Aircraft, 1981, 18(11): 897 - 912.

[20] 杨智春,夏巍.壁板颤振的分析模型、数值求解方法和研究进展[J].力学进展,2010,40(1): 81 - 98.

[21] Woolston D S, Runyan H L, Byrdsong T A. Some effects of system nonlinearities in the problem of aircraft flutter[R]. NACA Technical Note No. 3539, 1955.

[22] Yang Z C, Zhao L C. Analysis of limit cycle flutter of an airfoil in incompressible flow[J]. Journal of Sound and Vibration, 1988, 123(1): 1 - 13.

[23] Price S J, Alighanbari H, Lee B H K. The aeroelastic response of a two-dimensional airfoil with bilinear and cubic structural nonlinearities[J]. Journal of Fluids and Structures, 1995, 9(2): 175 - 193.

[24] Lee B H K, Jiang L Y, Wong Y S. Flutter of an airfoil with a cubic restoring force[J]. Journal of Fluids and Structures, 1999, 13(1): 75 - 101.

[25] 丁千,陈予恕.机翼颤振的非线性动力学和控制研究[J].科技导报,2009,27(2): 53 - 61.

[26] Fung Y C. On two-dimensional panel flutter[J]. Journal of the Aerospace Sciences, 1958, 25(3): 145 - 160.

[27] Dugundji J, Dowell E H, Perkin B. Subsonic flutter of panels on a continuous elastic foundation[J]. AIAA Journal, 1963, 1(5): 1146 - 1154.

[28] Dowell E H. Nonlinear oscillations of a fluttering plate. I.[J]. AIAA Journal, 1966, 4(7): 1267－1275.

[29] Mei C, Abdel-Motagaly K, Chen R. Review of nonlinear panel flutter at supersonic and hypersonic speeds[J]. Applied Mechanics Reviews, 1999, 52(10): 321－332.

[30] 杨超,李国曙,万志强.气动热-气动弹性双向耦合的高超声速曲面壁板颤振分析方法[J].中国科学: 技术科学,2012,42(4): 369－377.

[31] Scanlan R. The action of flexible bridges under wind, I: flutter theory[J]. Journal of Sound and Vibration, 1978, 60(2): 187－199.

[32] 项海帆.21 世纪世界桥梁工程的展望[J].土木工程学报,2000,33(3): 1－6.

[33] 钟万勰,林家浩,吴志刚,等.大跨度桥梁分析方法的一些进展[J].大连理工大学学报,2000,40(2): 127－135.

[34] Collar A. The first fifty years of aeroelasticity[J]. Aerospace, 1978, 5(2): 12－20.

[35] 尹传家.飞行器的颤振[M].北京: 原子能出版社,2007.

[36] Dai H H, Yue X K, Yuan J P, et al. A comparison of classical Runge－Kutta and Henon's methods for capturing chaos and chaotic transients in an aeroelastic system with freeplay nonlinearity[J]. Nonlinear Dynamics, under Review, 2015, 81(1－2): 169－188.

[37] Roberts S M, Shipman J S. Two-Point Boundary Value Problems: Shooting Methods [M]. New York: Elsevier, 1972: 1－231.

[38] Spalding D B. A novel finite difference formulation for differential expressions involving both first and second derivatives [J]. International Journal for Numerical Methods in Engineering, 1972, 4 (4): 551－559.

[39] Morrison D D, Riley J D, Zancanaro J F. Multiple shooting method for two-point boundary value problems [J]. Communications of the ACM, 1962, 5 (12): 613－614.

[40] Holsapple R, Venkataraman R, Doman D. New, fast numerical method for solving two-point boundary -value problems [J]. Journal of Guidance, Control, and Dynamics, 2003, 27 (2): 301－304.

[41] Yang Z, Luo Y Z, Tang G J. Homotopic perturbed Lambert algorithm for long-duration rendezvous optimization [J]. Journal of Guidance, Control, and Dynamics, 2015, 38 (11): 2215－2223.

[42] Chen Q F, Zhang Y D, Liao S Y, et al. Newton-Kantorovich/pseudospectral solution to perturbed astrodynamic twopoint boundary-value problems [J]. Journal of Guidance, Control, and Dynamics, 2013, 36 (2): 485－498.

[43] Elgohary T A, Junkins J L, Atluri S N. An RBF-collocation algorithm for orbit propagation [C]. Advances in Astronautical Sciences: AAS/AIAA Space Flight Mechanics Meeting, Williamsburg, 2015.

[44] Bai X, Junkins J L. Modified Chebyshev-Picard iteration methods for solution of boundary value problems [J]. The Journal of Astronautical Sciences, 2011, 58 (4): 615－642.

[45] Clohessy W H, Wiltshire R S. Terminal guidance for satellite rendezvous[J]. Journal of Aerospace Science, 1960, 27: 653.

[46] Tschauner J, Hempel P. Optimale beschleunigeungs programme fur das Rendezvous-Manover

[J]. Astronautica Acta, 1964, 10: 296 - 307.
[47] Melton R G. Time-explicit representation of relative motion between elliptical orbits [J]. Journal of Guidance, Control, and Dynamics, 2000, 23(4): 604 - 610.
[48] Broucke R A. Solution of the elliptic rendezvous problem with the time as independent variable [J]. Journal of Guidance, Control, and Dynamics , 2003, 26(4): 615 - 621.
[49] Inalhan G, Tillerson M H, How J P. Relative dynamics and control of spacecraft formations in eccentric orbits [J]. Journal of Guidance, Control, and Dynamics, 2002, 25(1): 48 - 59.
[50] Lawden D F. Optimal Trajectories for Space Navigation [M]. London: Butterworths, 1963.
[51] Carter T E, Humi M. Fuel-optimal rendezvous near a point in general Keplerian orbit [J]. Journal of Guidance, Control, and Dynamics, 1987, 10(6): 567 - 573.
[52] Carter T E. New form for the optimal rendezvous equations near a Keplerian orbit [J]. Journal of Guidance, Control, and Dynamics, 1990, 13(1): 183 - 186.
[53] Euler E A, Shulman Y. Second-order solution to the elliptic rendezvous problem [J]. AIAA Journal, 1967, 5(5): 1033 - 1035.
[54] Xu G Y, Wang D W. Nonlinear dynamic equations of satellite relative motion around an oblate earth [J]. Journal of Guidance, Control, and Dynamics, 2008, 31(5): 1521 - 1524.

第 2 章

时 域 配 点 法

2.1 引言

本章以经典 Duffing 振子为基本模型介绍一种简单且半解析的非线性动力学系统求解方法——时域配点法，并研究时域配点法与谐波平衡法以及高维谐波平衡法之间的本质关系。之所以首先研究 Duffing 振子，是因为它是只有一个自由度的简单非线性系统，且广泛存在于各种工程问题中，因此研究起来方便且具有代表性。例如，Tseng 和 Dugundji[1] 使用谐波平衡法研究梁受简谐外激励振动问题时，原始偏微分方程组被转化为 Duffing 方程类型的常微分方程组。类似地，Dowell[2] 使用 Galerkin 法将超声速流中 von Kármán 板的颤振模型进行空间离散，得到的模态方程也是 Duffing 方程形式。对于二元机翼模型，它经过积分变换后可以转化为含有三次非线性项的微分方程组。如果考虑二元机翼受简谐作用外力，该系统中的非线性方程可写为 $\ddot{x}+a\dot{x}+bx+cx^3=F\sin(\omega t)$ 的形式，即 Duffing 方程。如果不考虑二元机翼系统的气动力，那么该模型振动问题将退化为两自由度耦合 Duffing 振子模型[3]。基于 Duffing 方程与二元机翼模型的密切关系，在研究二元机翼模型之前，本书首先对 Duffing 方程进行研究。以 Duffing 方程为基本模型，提出并研究时域配点法，然后在第 3 章推广到二元机翼模型求解中。

由于非线性项的存在，Duffing 方程①

$$\ddot{x}+\xi\dot{x}+x+\beta x^3=F\cos(\omega t) \tag{2-1}$$

① 方程中 ξ 为阻尼，$\sqrt{\alpha}$ 为线性系统固有频率，ω 是外力频率，β 是非线性项系数，F 是外力幅值，x 是响应幅值，t 是时间。

的闭合解一般不存在。这个简单方程蕴藏各类周期解[4-6]。1949 年，Levenson[7]指出当 Duffing 方程中阻尼 $\xi=0$ 时，它会有频率为 ω/n 的谐波分量，其中 n 为任意正整数。Moriguchi 和 Nakamura[8]通过数值方法验证了 Levenson 的观点，发现当阻尼 ξ 足够小时，系统响应包含任意次级谐波分量，并且随着 ξ 的增大或 β 趋近于零而逐渐消失。除了简谐周期解，本章中将研究 Duffing 振子的 1/3 次级谐波解和 3 次超谐波解。1/3 次级谐波解是指周期解中含有较强的 $\omega/3$ 谐波分量，并且它一般发生在外激励频率 $\omega \approx 3\sqrt{\alpha}$ 附近的区域。三次超谐波解是指响应中含有较强的①频率为 3ω 谐波分量的周期解。

由于闭合解很难获得，因此人们往往求助于各种近似解法来求解非线性方程。以摄动法为代表的小参数展开法是其中一类。直接摄动法最早由 Poincare 提出，但最初摄动法会产生久期项；在 Poincare 摄动法基础上发展的 Lindstedt – Poincare 法、平均法、KBM 法及多尺度法可以消除久期项。美国弗吉尼亚理工学院暨州立大学的 Nayfeh 和 Mook[9]使用各种摄动法研究了简单动力学系统的基本谐波解、次谐波解和超谐波解。但是这些方法一般要求系统含有小参数且为弱非线性，所以摄动法在处理强非线性问题时有它的局限性。另外，摄动法往往需要大量的手工推导，对于稍复杂系统，一般二阶摄动推导过程就相当烦琐了。

谐波平衡法是求解非线性动力学方程的常用方法[4, 10]。可以求解任意强非线性系统的周期解，并且对于系统响应不太复杂的情况，一般只需几个谐波就可以得到很高精度的解。谐波平衡法本质上是一种时域 Galerkin 法，即加权残余法的一种；谐波平衡法的试函数和权函数均取为三角函数。由于三角函数的正交性，谐波平衡法中的积分弱形式可以不做积分，而直接令各次谐波自相平衡便可以将常微分方程转化为代数方程组。使用谐波平衡法求解非线性动力学问题的典型代表有 Duffing 振子、van der Pol 方程[11-14]、简谐激励下的梁振动[15, 16]、二元机翼模型[17]。但是谐波平衡法在使用过程中会随着谐波个数的增多而变复杂[18]。

为了克服谐波平衡法的缺点，Hall 等[19]发展了一种高维谐波平衡法，该方法使用简单，效率和精度高，被广泛应用于气弹问题、延时系统、Duffing 振子、van der Pol 振子等研究[18, 20-25]。2006 年，Liu 等[18]研究指出，高维谐波平衡法在求解非线性问题时会产生多余的非物理解。这说明，在求解后得到的解必须经过判定、筛选才能确定其是否是真正解或假解；这个现象称为“混淆现象”。文献

① “较强的”可以理解为三次超谐波分量和基谐波分量同量级。

[18]对混淆现象的原因进行初步研究发现，该现象的发生是高次谐波对低次谐波的污染所导致。但是，具体的混淆机理没有合理的解释（将在第 3 章中给出合理解释）。本章将对高维谐波平衡法、谐波平衡法和时域配点法进行比较分析，严格证明高维谐波平衡法是隐藏的时域配点法而不是谐波平衡法的变种，从而揭示高维谐波平衡法的数学本质。由于时域配点法和高维谐波平衡法在数学意义上是完全等价的，所以时域配点法也会出现非物理解的现象。在研究中，希望得到 Duffing 振子的幅频响应曲线，在此使用参数扫描法可以避免非物理解。

另外，我们将时域配点法进行了拓展，通过增加配点个数得到了拓展时域配点法。本章将拓展时域配点法用于求解 Duffing 方程的三次超谐波周期解，数值算例表明拓展时域配点法能够减少甚至消除高维谐波平衡法/时域配点法中出现的非物理解。

2.2　时域配点法求解 Duffing 方程

时域配点法的原理是假设未知函数具有三角函数形式的周期解，将假设的试函数代入动力学系统方程得到残值函数，然后令残值函数在选取的有限个配点上为零。时域配点法的本质是加权残余法，它能将非线性微分方程转化为非线性代数方程组，然后用代数方程求解方法求解即可。这里以求解如下 Duffing 方程为例：

$$\ddot{x} + \xi\dot{x} + x + \beta x^3 = F\cos(\omega t) \tag{2-2}$$

方程的基本谐波解可以假设为如下 Fourier 级数形式：

$$x(t) = A_0 + \sum_{n=1}^{N} A_n\cos(n\omega t) + B_n\sin(n\omega t) \tag{2-3}$$

Hayashi[14]指出当非线性函数 $f(x)$ 为奇函数时，A_0 可以去掉；另外，Urabe[26]通过数值算例和理论分析的方法证明偶数谐波恒为零。基于上面两个先验知识，Fourier 近似解可以简化为

$$x(t) = \sum_{n=1}^{N} A_n\cos[(2n-1)\omega t] + B_n\sin[(2n-1)\omega t] \tag{2-4}$$

其中，N 是近似解中的谐波个数；$x(t)$ 称为方程的 N 阶近似解。

由近似解的假设形式可以看出,它可以捕获 $m = 2n - 1(n = 1, 2, \cdots, N)$ 次超谐波解。当响应 $x(t)$ 中的基波 $(m = 1)$ 起主导作用时,周期解称为基本谐波解;当某一超谐波 $(m \neq 1)$ 在 $x(t)$ 中占据较强分量时,此时的解称为 m 次超谐波解。

将 N 阶近似解 $x(t)$ 代入方程(2-2)并移项可以得到残余函数 $R(t)$:

$$R(t) = \ddot{x} + \xi\dot{x} + x + \beta x^3 - F\cos(\omega t) \neq 0 \tag{2-5}$$

时域配点法要求残余函数 $R(t)$ 在一个周期上所选取的 $2N$ 个等距时间点 t_j 上为零,可以得到 $2N$ 个代数方程构成的方程组。对于基本谐波解和超谐波解来说,它们的一个周期长度都是 $[0, 2\pi/\omega]$,所以在该周期上 $2N$ 个等距时间点 $t_i = (i - 1)\pi/(n\omega)$ 上配点即可得到

$$\begin{aligned} &R_i(A_1, A_2, \cdots, A_N; B_1, B_2, \cdots, B_N) \\ &= \ddot{x}(t_i) + \xi\dot{x}(t_i) + x(t_i) + \beta x^3(t_i) - F\cos(\omega t_i) = 0 \end{aligned} \tag{2-6}$$

其中,

$$x(t_i) = \sum_{n=1}^{N} A_n\cos[(2n-1)\omega t_i] + B_n\sin[(2n-1)\omega t_i] \tag{2-7a}$$

$$\dot{x}(t_i) = \sum_{n=1}^{N} -(2n-1)\omega A_n\sin[(2n-1)\omega t_i] + (2n-1)\omega B_n\cos[(2n-1)\omega t_i] \tag{2-7b}$$

$$\begin{aligned} \ddot{x}(t_i) = \sum_{n=1}^{N} & -(2n-1)^2\omega^2 A_n\cos[(2n-1)\omega t_i] \\ & -(2n-1)^2\omega^2 B_n\sin[(2n-1)\omega t_i] \end{aligned} \tag{2-7c}$$

其中,自由标 i 从 1 变到 $2N$。

方程(2-6)中的未知 Fourier 系数可以用牛顿迭代法(记为 NR 法)等代数方程求解方法求出。代数方程(2-6)的雅可比矩阵 $\boldsymbol{B}$ 可以通过 R_i 对待求变量 A_j、B_j 微分得到

$$\boldsymbol{B} = \left[\frac{\partial R_i}{\partial A_j}, \frac{\partial R_i}{\partial B_j}\right]_{2N\times 2N} \tag{2-8}$$

其中,

$$\frac{\partial R_i}{\partial A_j} = -(2j-1)^2\omega^2\cos[(2j-1)\omega t_i] - \xi(2j-1)\omega\sin[(2j-1)\omega t_i]$$

$$+\cos[(2j-1)\omega t_i] + 3\beta x^2(t_i)\cos[(2j-1)\omega t_i] \tag{2-9a}$$

$$\frac{\partial R_i}{\partial B_j} = -(2j-1)^2\omega^2\sin[(2j-1)\omega t_i] + \xi(2j-1)\omega\cos[(2j-1)\omega t_i]$$
$$+\sin[(2j-1)\omega t_i] + 3\beta x^2(t_i)\sin[(2j-1)\omega t_i] \tag{2-9b}$$

与基本谐波解和超谐波解不同，在求 1/3 次级谐波解时，需要将 N 阶 Fourier 近似解假设为如下形式：

$$x(t) = \sum_{n=1}^{N} a_n\cos\left[\frac{1}{3}(2n-1)\omega t\right] + b_n\sin\left[\frac{1}{3}(2n-1)\omega t\right] \tag{2-10}$$

才能捕获 1/3 次谐波分量。使用配点法，得到如下代数方程组：

$$\begin{aligned} &R_j(a_1, a_2, \cdots, a_N; b_1, b_2, \cdots, b_N) \\ &= \ddot{x}(t_j) + \xi\dot{x}(t_j) + x(t_j) + \beta x^3(t_j) - F\cos(\omega t_j) = 0_j \end{aligned} \tag{2-11}$$

其中，$j = 1, 2, \cdots, 2N$。

需要强调的是，求解 1/3 次级谐波解与基本/超谐波解的最大区别在于配点区域是不同的。求 1/3 次级谐波解时配点区域也是一个周期，但 1/3 次谐波解的周期是基本谐波解周期的 3 倍，即 $[0, 6\pi/\omega]$。基本谐波解、超谐波解及 1/3 次谐波解的代数方程组可用牛顿迭代法求解。求解过程需要给定迭代初值。一般非线性方程有多组解，不同的初值可能对应不同的解，因此需要给定确定性的初值使得迭代法从该初值出发得到想要的解。这里使用一阶或二阶谐波平衡法先求出问题较为粗略的解，然后将它们作为高阶时域配点法的初值，可以求得高精度的周期解。具体细节可参考文献[27]和[28]。

2.3　时域配点法和高维谐波平衡法的等价性分析

2006 年，Liu 等[18]研究了高维谐波平衡法与谐波平衡法的关系，并且发现了高维谐波平衡法的混淆现象，指出混淆现象的原因在于高次谐波分量对低次谐波的污染。但是具体以何种方式污染没有找到答案，这是因为包括文献[18]在内的研究者始终认为高维谐波平衡法是谐波平衡法的变种，基于这个思想高维谐波平衡法的数学本质被误解了。本节将深入研究时域配点法和高维谐波平衡法的关系，数学上严格证明高维谐波平衡法本质上是时域配点法而非谐波平衡法的一种,澄清国际学术界多年的误解。

为了与文献[18]中形式一致,研究如下形式的 Duffing 方程:

$$m\ddot{x} + d\dot{x} + kx + \alpha x^3 = F\sin(\omega t) \tag{2-12}$$

该方程保留了每一项系数,这样做可以根据系数来判定转化后的代数方程组中各项的来源,有利于对两种方法进行比较分析。

2.3.1 谐波平衡法

像文献[18]和[19]中介绍的那样,高维谐波平衡法是从谐波平衡法的基础上发展起来的。因此,在研究高维谐波平衡法与时域配点法之前,有必要对谐波平衡法进行介绍分析。

使用谐波平衡法时,首先假设 Duffing 方程的周期解为 Fourier 级数形式:

$$x(t) = x_0 + \sum_{n=1}^{N}[x_{2n-1}\cos(n\omega t) + x_{2n}\sin(n\omega t)] \tag{2-13}$$

其中, N 是截断 Fourier 级数中的谐波个数; $x_n(n = 0, 1, \cdots, 2N)$ 是谐波平衡法中的待求系数。

$x(t)$ 对时间 t 求导得

$$\dot{x}(t) = \sum_{n=1}^{N}[-n\omega x_{2n-1}\sin(n\omega t) + n\omega x_{2n}\cos(n\omega t)] \tag{2-14a}$$

$$\ddot{x}(t) = \sum_{n=1}^{N}[-(n\omega)^2 x_{2n-1}\cos(n\omega t) - (n\omega)^2 x_{2n}\sin(n\omega t)] \tag{2-14b}$$

谐波平衡法要求各次谐波自相平衡,其中最关键的是对非线性项进行 Fourier 级数展开,从而获取非线性项的各次谐波分量。方程(2-12)中的立方项一共有 $3N$ 次谐波分量:

$$x^3(t) = r_0 + \sum_{n=1}^{3N}[r_{2n-1}\cos(n\omega t) + r_{2n}\sin(n\omega t)] \tag{2-15}$$

其中,各次分量 r_0, r_1, $\cdots$, r_{6N} 为

$$r_0 = \frac{1}{2\pi}\int_0^{2\pi}\left\{x_0 + \sum_{k=1}^{N}[x_{2k-1}\cos(k\theta) + x_{2k}\sin(k\theta)]\right\}^3 d\theta \tag{2-16a}$$

$$r_{2n-1} = \frac{1}{\pi}\int_0^{2\pi} \left\{x_0 + \sum_{k=1}^{N}\left[x_{2k-1}\cos(k\theta) + x_{2k}\sin(k\theta)\right]\right\}^3 \cos(n\theta)\,\mathrm{d}\theta \tag{2-16b}$$

$$r_{2n} = \frac{1}{\pi}\int_0^{2\pi} \left\{x_0 + \sum_{k=1}^{N}\left[x_{2k-1}\cos(k\theta) + x_{2k}\sin(k\theta)\right]\right\}^3 \sin(n\theta)\,\mathrm{d}\theta \tag{2-16c}$$

其中，$n = 1, 2, \cdots, 3N$；$\theta = \omega t$。

令常数项及前 n 次谐波 1、$\cos(n\omega t)$、$\sin(n\omega t)$（$n = 1, 2, \cdots, N$）系数各自平衡，得到 $2N + 1$ 个三次联立代数方程。注意，谐波平衡法中由于非线性项而出现的高次谐波（$n \geqslant N + 1$）是不计入代数方程组的，因此只需展开前 N 次 Fourier 分量即可：

$$x_{\mathrm{HB}}^3(t) = r_0 + \sum_{n=1}^{N}\left[r_{2n-1}\cos(n\omega t) + r_{2n}\sin(n\omega t)\right] \tag{2-17}$$

也就是说立方项的各次谐波分量只需要 $r_0, r_1, \cdots, r_{2N}$。

然后，将方程(2-13)、方程(2-14a)、方程(2-14b)以及方程(2-17)代入方程(2-12)，并平衡各次谐波 1、$\cos(n\theta)$、$\sin(n\theta)$（$n = 1, 2, \cdots, N$）的系数，可以得到矩阵形式的代数方程组：

$$(m\omega^2\boldsymbol{A}^2 + d\omega\boldsymbol{A} + k\boldsymbol{I})\boldsymbol{Q}_x + \alpha\boldsymbol{R}_x = F\boldsymbol{H} \tag{2-18}$$

其中，$\boldsymbol{I}$ 是 $2N + 1$ 维的单位矩阵，

$$\boldsymbol{Q}_x = \begin{bmatrix} x_0 \\ x_1 \\ \vdots \\ x_{2N} \end{bmatrix},\quad \boldsymbol{R}_x = \begin{bmatrix} r_0 \\ r_1 \\ \vdots \\ r_{2N} \end{bmatrix},\quad \boldsymbol{H} = \begin{bmatrix} 0 \\ 0 \\ 1 \\ 0 \\ \vdots \\ 0 \end{bmatrix}$$

$$\boldsymbol{A} = \begin{bmatrix} 0 & 0 & 0 & \cdots & 0 \\ 0 & \boldsymbol{J}_1 & 0 & \cdots & 0 \\ 0 & 0 & \boldsymbol{J}_2 & \cdots & 0 \\ \vdots & \vdots & \vdots & & \vdots \\ 0 & 0 & 0 & \cdots & \boldsymbol{J}_N \end{bmatrix},\quad \boldsymbol{J}_n = n\begin{bmatrix} 0 & 1 \\ -1 & 0 \end{bmatrix}$$

注意，$\boldsymbol{R}_x$ 中的 $r_n(n=0,1,\cdots,2N)$ 是关于 $x_n(n=0,1,\cdots,2N)$ 的函数，必须从式(2－16a)得出，因此，谐波平衡法使用过程需要大量的公式推导工作，从而带来很多不便。随着近似解中谐波个数的增加，推导式(2－16)会变得越来越复杂。

2.3.2　高维谐波平衡法

为了避免谐波平衡法中的复杂代数推导过程，2002 年，Hall 等[19]提出了高维谐波平衡法。其核心思想是将谐波平衡法中的频域变量 x_n 投影到时域并存储在一个周期上 $2N+1$ 个等距的次级时间点 $x(t_i)$。具体到目前问题，就是要把谐波平衡法代数方程中关于 x_n 的频域量 $\boldsymbol{Q}_x$、$\boldsymbol{R}_x$ 用新的关于 $x(t_n)$ 的时域变量 $\tilde{\boldsymbol{Q}}_x$、$\tilde{\boldsymbol{R}}_x$ 表示。首先，引入一个转换矩阵 $\boldsymbol{E}$ 来建立频域与时域变量的关系：

$$\boldsymbol{Q}_x=\boldsymbol{E}\tilde{\boldsymbol{Q}}_x \tag{2-19}$$

其中，

$$\tilde{\boldsymbol{Q}}_x=\begin{bmatrix}x(t_0)\\x(t_1)\\x(t_2)\\\vdots\\x(t_{2N})\end{bmatrix},\ \boldsymbol{Q}_x=\begin{bmatrix}x_0\\x_1\\x_2\\\vdots\\x_{2N}\end{bmatrix} \tag{2-20}$$

其中，$t_i=\dfrac{2\pi i}{(2N+1)\omega}(i=0,1,2\cdots,2N)$，并有

$$\boldsymbol{E}=\frac{2}{2N+1}\begin{bmatrix}\frac{1}{2}&\frac{1}{2}&\cdots&\frac{1}{2}\\\cos\theta_0&\cos\theta_1&\cdots&\cos\theta_{2N}\\\sin\theta_0&\sin\theta_1&\cdots&\sin\theta_{2N}\\\cos(2\theta_0)&\cos(2\theta_1)&\cdots&\cos(2\theta_{2N})\\\sin(2\theta_0)&\sin(2\theta_1)&\cdots&\sin(2\theta_{2N})\\\vdots&\vdots&&\vdots\\\cos(N\theta_0)&\cos(N\theta_1)&\cdots&\cos(N\theta_{2N})\\\sin(N\theta_0)&\sin(N\theta_1)&\cdots&\sin(N\theta_{2N})\end{bmatrix} \tag{2-21}$$

其中，$\theta_i = \omega t_i = \dfrac{2\pi i}{2N+1}(i = 0,\ 1,\ 2\cdots,\ 2N)$。

通过逆变换，可以用频域变量 $\boldsymbol{Q}_x$ 表示时域变量 $\tilde{\boldsymbol{Q}}_x$：

$$\tilde{\boldsymbol{Q}}_x = \boldsymbol{E}^{-1}\boldsymbol{Q}_x \tag{2-22}$$

其中，

$$\boldsymbol{E}^{-1} = \begin{bmatrix} 1 & \cos\theta_0 & \sin\theta_0 & \cdots & \cos(N\theta_0) & \sin(N\theta_0) \\ 1 & \cos\theta_1 & \sin\theta_1 & \cdots & \cos(N\theta_1) & \sin(N\theta_1) \\ \vdots & \vdots & \vdots & & \vdots & \vdots \\ 1 & \cos\theta_{2N} & \sin\theta_{2N} & \cdots & \cos(N\theta_{2N}) & \sin(N\theta_{2N}) \end{bmatrix} \tag{2-23}$$

类似地，可以得到 $\boldsymbol{H} = \boldsymbol{E}\tilde{\boldsymbol{H}}$，其中，

$$\tilde{\boldsymbol{H}} = \begin{bmatrix} \sin\theta_0 \\ \sin\theta_1 \\ \vdots \\ \sin\theta_{2N} \end{bmatrix} \tag{2-24}$$

在转换完 $\boldsymbol{Q}_x$ 和 $\boldsymbol{H}$ 后，接下来最关键的是对非线性部分 $\boldsymbol{R}_x$ 进行处理。首先定义 $\boldsymbol{R}_x$ 的对应时域量 $\tilde{\boldsymbol{R}}_x$：

$$\tilde{\boldsymbol{R}}_x = \begin{bmatrix} x^3(t_0) \\ x^3(t_1) \\ \vdots \\ x^3(t_{2N}) \end{bmatrix} \tag{2-25}$$

文献[18]和[19]推导了 $\boldsymbol{R}_x$ 的时域表达式：$\boldsymbol{R}_x = \boldsymbol{E}\tilde{\boldsymbol{R}}_x$。但是发现 $\boldsymbol{R}_x$ 与 $\boldsymbol{E}\tilde{\boldsymbol{R}}_x$ 不是严格等价的，下面予以说明。

对 $\boldsymbol{R}_x = \boldsymbol{E}\tilde{\boldsymbol{R}}_x$ 两边左乘 $\boldsymbol{E}^{-1}$，原式变为 $\boldsymbol{E}^{-1}\boldsymbol{R}_x = \tilde{\boldsymbol{R}}_x$。下面探讨 $\boldsymbol{E}^{-1}\boldsymbol{R}_x$ 与 $\tilde{\boldsymbol{R}}_x$ 是否相等。

首先写出 $\boldsymbol{E}^{-1}\boldsymbol{R}_x$ 的显式表达式：

$$\boldsymbol{E}^{-1}\boldsymbol{R}_x = \begin{bmatrix} 1 & \cos\theta_0 & \sin\theta_0 & \cdots & \cos(N\theta_0) & \sin(N\theta_0) \\ 1 & \cos\theta_1 & \sin\theta_1 & \cdots & \cos(N\theta_1) & \sin(N\theta_1) \\ \vdots & \vdots & \vdots & & \vdots & \vdots \\ 1 & \cos\theta_{2N} & \sin\theta_{2N} & \cdots & \cos(N\theta_{2N}) & \sin(N\theta_{2N}) \end{bmatrix} \begin{bmatrix} r_0 \\ r_1 \\ \vdots \\ r_{2N} \end{bmatrix}$$

$$
= \begin{bmatrix} r_0 + \sum_{n=1}^{N}[r_{2n-1}\cos(n\theta_0) + r_{2n}\sin(n\theta_0)] \\ r_0 + \sum_{n=1}^{N}[r_{2n-1}\cos(n\theta_1) + r_{2n}\sin(n\theta_1)] \\ \vdots \\ r_0 + \sum_{n=1}^{N}[r_{2n-1}\cos(n\theta_{2N}) + r_{2n}\sin(n\theta_{2N})] \end{bmatrix} = \begin{bmatrix} x_{HB}^3(t_0) \\ x_{HB}^3(t_1) \\ \vdots \\ x_{HB}^3(t_{2N}) \end{bmatrix}
$$

根据方程(2－15)：

$$
\tilde{\boldsymbol{R}}_x = \begin{bmatrix} x^3(t_0) \\ x^3(t_1) \\ \vdots \\ x^3(t_{2N}) \end{bmatrix} = \begin{bmatrix} r_0 + \sum_{n=1}^{3N}[r_{2n-1}\cos(n\theta_0) + r_{2n}\sin(n\theta_0)] \\ r_0 + \sum_{n=1}^{3N}[r_{2n-1}\cos(n\theta_1) + r_{2n}\sin(n\theta_1)] \\ \vdots \\ r_0 + \sum_{n=1}^{3N}[r_{2n-1}\cos(n\theta_{2N}) + r_{2n}\sin(n\theta_{2N})] \end{bmatrix}
$$

显然，$\boldsymbol{E}^{-1}\boldsymbol{R}_x$ 和 $\tilde{\boldsymbol{R}}_x$ 不相等，因为 $\boldsymbol{E}^{-1}\boldsymbol{R}_x$ 只包含了前 N 次谐波分量，而 $\tilde{\boldsymbol{R}}_x$ 包含了所有 $3N$ 次谐波分量。但是，由于一般情况下周期解中的高次谐波分量很小，因此 $\boldsymbol{E}^{-1}\boldsymbol{R}_x \approx \tilde{\boldsymbol{R}}_x$。

高维谐波平衡法使用了 $\boldsymbol{E}^{-1}\boldsymbol{R}_x = \tilde{\boldsymbol{R}}_x$ 这个不严格成立的关系，结合之前推导的 $\boldsymbol{Q}_x = \boldsymbol{E}\tilde{\boldsymbol{Q}}_x$，$\boldsymbol{H}_x = \boldsymbol{E}\tilde{\boldsymbol{H}}_x$，方程(2－18)可变换成如下形式：

$$
(m\omega^2\boldsymbol{A}^2 + d\omega\boldsymbol{A} + k\boldsymbol{I})\boldsymbol{E}\tilde{\boldsymbol{Q}}_x + \alpha\boldsymbol{E}\tilde{\boldsymbol{R}}_x = F\boldsymbol{E}\tilde{\boldsymbol{H}} \tag{2-26}
$$

对式(2－26)两端同乘以 $\boldsymbol{E}^{-1}$，得

$$
(m\omega^2\boldsymbol{D}^2 + d\omega\boldsymbol{D} + k\boldsymbol{I})\tilde{\boldsymbol{Q}}_x + \alpha\tilde{\boldsymbol{R}}_x = F\tilde{\boldsymbol{H}} \tag{2-27}
$$

其中，

$$
\boldsymbol{D} = \boldsymbol{E}^{-1}\boldsymbol{A}\boldsymbol{E} \tag{2-28}
$$

方程(2-27)称为高维谐波平衡法的解系统或代数方程系统。

通过上面推导过程可以看出，高维谐波平衡法与谐波平衡法的区别仅仅在于非线性项部分；即高维谐波平衡法引入了高次谐波分量（$n = N+1, \cdots, 3N$）。由于推导过程中，高维谐波平衡法引入了 $\boldsymbol{E}^{-1}\boldsymbol{R}_x = \tilde{\boldsymbol{R}}_x$ 这个近似成立的关系，所以高维谐波平衡法与谐波平衡法是不等价的。

2.3.3　时域配点法与高维谐波平衡法的等价性证明

本节将从时域配点法代数方程系统出发推导出高维谐波平衡法的代数方程系统，从而证明两者等价性。时域配点法中近似解的取法与谐波平衡法中一样。首先写出 Duffing 方程(2-12)的残余函数：

$$R(t) = m\ddot{x} + d\dot{x} + kx + \alpha x^3 - F\sin(\omega t) \neq 0 \tag{2-29}$$

根据配点法要求，令 $R(t)$ 在周期 $[0, 2\pi/\omega]$ 上 $2N+1$ 个等距时间点 t_i 残差为零，得到 $2N+1$ 个联立非线性代数方程：

$$R_i(x_0, x_1, \cdots, x_{2N}) = m\ddot{x}(t_i) + d\dot{x}(t_i) + kx(t_i) + \alpha x^3(t_i) - F\sin(\omega t_i) = 0_i \tag{2-30}$$

下面对配点方程(2-30)的每一项进行等价变换，最终改写成矩阵形式的方程。

首先，对方程(2-13)中 $x(t)$ 在一个周期内的 $2N+1$ 个等距时间点 t_i 上进行配点处理得

$$x(t_i) = x_0 + \sum_{n=1}^{N}[x_{2n-1}\cos(n\omega t_i) + x_{2n}\sin(n\omega t_i)] \tag{2-31}$$

上式可以写成矩阵形式：

$$\begin{bmatrix} x(t_0) \\ x(t_1) \\ \vdots \\ x(t_{2N}) \end{bmatrix} = \begin{bmatrix} 1 & \cos\theta_0 & \sin\theta_0 & \cdots & \cos(N\theta_0) & \sin(N\theta_0) \\ 1 & \cos\theta_1 & \sin\theta_1 & \cdots & \cos(N\theta_1) & \sin(N\theta_1) \\ \vdots & \vdots & \vdots & & \vdots & \vdots \\ 1 & \cos\theta_{2N} & \sin\theta_{2N} & \cdots & \cos(N\theta_{2N}) & \sin(N\theta_{2N}) \end{bmatrix} \begin{bmatrix} x_0 \\ x_1 \\ \vdots \\ x_{2N} \end{bmatrix} \tag{2-32}$$

其中，$\theta_i = \omega t_i$。因此，有

$$\tilde{\boldsymbol{Q}}_x = \begin{bmatrix} x(t_0) \\ x(t_1) \\ \vdots \\ x(t_{2N}) \end{bmatrix} = \boldsymbol{E}^{-1}\boldsymbol{Q}_x \tag{2-33}$$

对比方程(2－22)可见，Fourier 变换矩阵 $\boldsymbol{E}$ 可以理解为方程(2－32)中的配点矩阵。

类似地，对 $\dot{x}(t)$ 在 t_i 配点后得到

$$\dot{x}(t_i) = \sum_{n=1}^{N} [-n\omega x_{2n-1}\sin(n\omega t_i) + n\omega x_{2n}\cos(n\omega t_i)] \tag{2-34}$$

式(2－34)可以写为矩阵形式：

$$\begin{bmatrix} \dot{x}(t_0) \\ \dot{x}(t_1) \\ \vdots \\ \dot{x}(t_{2N}) \end{bmatrix} = \omega \begin{bmatrix} 0 & -\sin\theta_0 & \cos\theta_0 & \cdots & -N\sin(N\theta_0) & N\cos(N\theta_0) \\ 0 & -\sin\theta_1 & \cos\theta_1 & \cdots & -N\sin(N\theta_1) & N\cos(N\theta_1) \\ \vdots & \vdots & \vdots & & \vdots & \vdots \\ 0 & -\sin\theta_{2N} & \cos\theta_{2N} & \cdots & -N\sin(N\theta_{2N}) & N\cos(N\theta_{2N}) \end{bmatrix} \begin{bmatrix} x_0 \\ x_1 \\ \vdots \\ x_{2N} \end{bmatrix} \tag{2-35}$$

式(2－35)右端的矩阵可以用已经定义的两个矩阵的乘积表示为

$$\begin{bmatrix} 0 & -\sin\theta_0 & \cos\theta_0 & \cdots & -N\sin(N\theta_0) & N\cos(N\theta_0) \\ 0 & -\sin\theta_1 & \cos\theta_1 & \cdots & -N\sin(N\theta_1) & N\cos(N\theta_1) \\ \vdots & \vdots & \vdots & & \vdots & \vdots \\ 0 & -\sin\theta_{2N} & \cos\theta_{2N} & \cdots & -N\sin(N\theta_{2N}) & N\cos(N\theta_{2N}) \end{bmatrix}$$

$$= \begin{bmatrix} 1 & \cos\theta_0 & \sin\theta_0 & \cdots & \cos(N\theta_0) & \sin(N\theta_0) \\ 1 & \cos\theta_1 & \sin\theta_1 & \cdots & \cos(N\theta_1) & \sin(N\theta_1) \\ \vdots & \vdots & \vdots & & \vdots & \vdots \\ 1 & \cos\theta_{2N} & \sin\theta_{2N} & \cdots & \cos(N\theta_{2N}) & \sin(N\theta_{2N}) \end{bmatrix} \begin{bmatrix} 0 & 0 & 0 & \cdots & 0 \\ 0 & \boldsymbol{J}_1 & 0 & \cdots & 0 \\ 0 & 0 & \boldsymbol{J}_2 & \cdots & 0 \\ \vdots & \vdots & \vdots & & \vdots \\ 0 & 0 & 0 & \cdots & \boldsymbol{J}_N \end{bmatrix}$$

$$= \boldsymbol{E}^{-1}\boldsymbol{A}$$

因此有

$$\begin{bmatrix} \dot{x}(t_0) \\ \dot{x}(t_1) \\ \vdots \\ \dot{x}(t_{2N}) \end{bmatrix} = \omega \boldsymbol{E}^{-1}\boldsymbol{A}\boldsymbol{Q}_x \tag{2-36}$$

使用同样的办法，对 $\ddot{x}(t)$ 配点，得

$$\ddot{x}(t_i) = \sum_{n=1}^{N} [- n^2\omega^2 x_{2n-1}\cos(n\omega t_i) - n^2\omega^2 x_{2n}\sin(n\omega t_i)] \tag{2-37}$$

式(2－37)写为

$$\begin{bmatrix} \ddot{x}(t_0) \\ \ddot{x}(t_1) \\ \vdots \\ \ddot{x}(t_{2N}) \end{bmatrix} = \omega^2 \begin{bmatrix} 0 & -\cos\theta_0 & -\sin\theta_0 & \cdots & -N^2\cos(N\theta_0) & -N^2\sin(N\theta_0) \\ 0 & -\cos\theta_1 & -\sin\theta_1 & \cdots & -N^2\cos(N\theta_1) & -N^2\sin(N\theta_1) \\ \vdots & \vdots & \vdots & & \vdots & \vdots \\ 0 & -\cos\theta_{2N} & -\sin\theta_{2N} & \cdots & -N^2\cos(N\theta_{2N}) & -N^2\sin(N\theta_{2N}) \end{bmatrix} \begin{bmatrix} x_0 \\ x_1 \\ \vdots \\ x_{2N} \end{bmatrix} \tag{2-38}$$

式(2－38)右端矩阵可以写为 $\boldsymbol{E}^{-1}\boldsymbol{A}^2$。因此，有

$$\begin{bmatrix} \ddot{x}(t_0) \\ \ddot{x}(t_1) \\ \vdots \\ \ddot{x}(t_{2N}) \end{bmatrix} = \omega^2 \boldsymbol{E}^{-1}\boldsymbol{A}^2\boldsymbol{Q}_x \tag{2-39}$$

现在，将方程(2－33)、方程(2－36)、方程(2－39)和方程(2－25)代入时域配点法原始方程(2－30)可得

$$\boldsymbol{E}^{-1}(m\omega^2\boldsymbol{A}^2 + d\omega\boldsymbol{A} + k\boldsymbol{I})\boldsymbol{Q}_x + \alpha\tilde{\boldsymbol{R}}_x = F\tilde{\boldsymbol{H}} \tag{2-40}$$

使用方程(2－33)，即 $\boldsymbol{Q}_x = \boldsymbol{E}\tilde{\boldsymbol{Q}}_x$，式(2－40)可变形为

$$(m\omega^2\boldsymbol{D}^2 + d\omega\boldsymbol{D} + k\boldsymbol{I})\tilde{\boldsymbol{Q}}_x + \alpha\tilde{\boldsymbol{R}}_x = F\tilde{\boldsymbol{H}} \tag{2-41}$$

回顾推导过程可知，方程(2－41)是从配点法原始方程不经任何近似直接推导过来的。对比方程(2－41)和方程(2－27)发现，两个代数方程是完全一样的。因此，本书严格证明了高维谐波平衡法和时域配点法的等价性，两者仅仅是形式不同而已。可以说，高维谐波平衡法是隐藏起来的时域配点法。

2.4 拓展时域配点法

2.3 节证明了高维谐波平衡法(记为 HDHB 法)与时域配点法(记为 TDC 法)的等价性。并且在求解 Duffing 方程时,时域配点法比高维谐波平衡法更便于使用。这是因为时域配点法直接以 Fourier 系数为变量进行求解而不必像高维谐波平衡法那样将 Fourier 系数转化为时域变量。2007 年,Liu 等[17]提出了另一种版本的高维谐波平衡法,将原时域变量转换回频域变量。但是,不论是时域配点法还是高维谐波平衡法,由于其数学的等价性,都会发生非物理解现象。

基于上述分析,高维谐波平衡法产生非物理解的现象可以从配点法的角度进行解释。之前的研究中,一般将 HDHB1① 和 HDHB2 与 HB1 和 HB2 进行比较,发现 HB1 和 HB2 的结果要好很多。这样的比较对高维谐波平衡法来说是不公平的,因为只配一两个点的配点法的精度无法保证。并且,对于配点法来说,随着近似解(2-13)中谐波数 N 的增多,对残余函数在一个周期上仅仅选取 $2N+1$ 个时间点进行配点是不够的。因此,需要用 $M(>2N+1)$ 个点才能获得较高精度的解。当 $M\to\infty$ 时,配点法会变成最小二乘法,即寻求一组能使 $J(A_n, B_n)=\int_0^T R^2(t)\,\mathrm{d}t$ 取最小值的解 A_n、B_n。

这里以 Duffing 方程为模型,提出拓展高维谐波平衡法。上面给出了时域配点法的基本谐波解和超谐波解的代数方程组(2-6)。简单起见,将 $\boldsymbol{R}(\bar{\boldsymbol{A}}, \bar{\boldsymbol{B}})$ ② 表示为 $\boldsymbol{R}(\boldsymbol{x})$。

将残余函数(2-5)在 $M(>2N)$ 个时间点进行配点可得

$$R_i(x_j)=0,\quad i=1, 2, \cdots, M;\ j=1, 2, \cdots, 2N \tag{2-42}$$

由于方程的个数多于未知数的个数,可用最小二乘法求解出 Fourier 系数,从而得到该问题的近似解。

假设 x_j^* 为精确解 x_j 的近似,那么

$$R_i(x_j^*)=\epsilon_i\neq 0 \tag{2-43}$$

---

① HDHB1 代表一阶高维谐波平衡法,HB1 代表一阶谐波平衡法。

② 注意,$\bar{\boldsymbol{A}}$, $\bar{\boldsymbol{B}}$ 是 A_n, B_n 的矢量形式,勿将 $\bar{\boldsymbol{B}}$ 与雅可比矩阵 $\boldsymbol{B}$ 混淆。

最小二乘法要求 x_j^* 使得残差的平方和 $\epsilon_i\epsilon_i$（使用 Einstein 求和约定）取最小值。

为了使 $\epsilon_i\epsilon_i$ 取最小值，要令

$$\frac{\partial}{\partial x_k^*}(\epsilon_i\epsilon_i) = \frac{\partial R_i}{\partial x_k^*}R_i = B_{ik}R_i = 0_k \tag{2-44}$$

式(2－44)可写成

$$\boldsymbol{B}^{\mathrm{T}}\boldsymbol{R} = \boldsymbol{0} \tag{2-45}$$

雅可比矩阵 $\boldsymbol{B}$ 的维度是 $M \times 2N$，$\boldsymbol{R}$ 的维度是 $M \times 1$。使用最小二乘法得到的方程组中方程个数是 $2N$ 个。这样，把过约束问题转化为了一个适当约束问题。

方程的雅可比矩阵可由式(2－46)推出：

$$\frac{\partial}{\partial x_p^*}[B_{ik}R_i(x_j^*)] = B_{ik}\frac{\partial R_i}{\partial x_p^*} = B_{ik}B_{ip} \tag{2-46}$$

雅可比矩阵 $\boldsymbol{B}_{\mathrm{L}}$ 为

$$\boldsymbol{B}_{\mathrm{L}} = \boldsymbol{B}^{\mathrm{T}}\boldsymbol{B} \tag{2-47}$$

其中，$\boldsymbol{B}_{\mathrm{L}}$ 的维度为 $2N \times 2N$。

假设原时域配点法的代数方程组已知；根据方程(2－45)和方程(2－47)，只需要对 $\boldsymbol{R}$ 和 $\boldsymbol{B}$ 左乘 $\boldsymbol{B}^{\mathrm{T}}$ 就可以直接得到拓展时域配点法的代数方程组。

高维谐波平衡法会产生非物理解[18, 29]，时域配点法由于数学上与高维谐波平衡法等价，因此也会产生非物理解[27]。本节使用幅值–频率响应曲线和 Monte Carlo 仿真法证实非物理解的存在，并使用拓展时域配点法消除非物理解。

2.4.1　使用响应曲线证实非物理解的存在

本节使用幅频响应曲线证实高维谐波平衡法非物理解现象的存在。幅频响应曲线可先计算一个外激频率下(ω)的解，然后以本次的结果作为初值计算下一个外激频率($\omega + \Delta\omega$)的响应，以此类推，这种方法称为参数跟踪法或参数扫描法。强非线性 Duffing 方程的幅频响应曲线会产生迟滞现象，在迟滞区域有三个幅频响应分支，其中上下两个分支对应稳定周期解，中间的对应不稳定解，不稳定解不能用数值积分求得，但可用半解析法获得。

图 2－1 为使用谐波平衡法、高维谐波平衡法和时域配点法计算的 Duffing 方程 $\ddot{x} + 0.2\dot{x} + x + x^3 = 1.25\sin(\omega t)$ 的时间响应曲线；其中 HB10 的结果作为标

准解。如图 2-1 所示,当响应曲线从低频率增加到 $\omega = 2.4$ 时,振动幅值曲线会发生不连续的“跳跃”,进一步增加外激频率,响应曲线沿着下支连续变化。类似地,当响应曲线从高频开始减小到 $\omega = 1.75$ 时,曲线出现了往上跳跃的现象。可见在 $\omega \in [1.75, 2.4]$ 区域,系统是多解的,该区域在非线性动力学中称为“迟滞区域”。

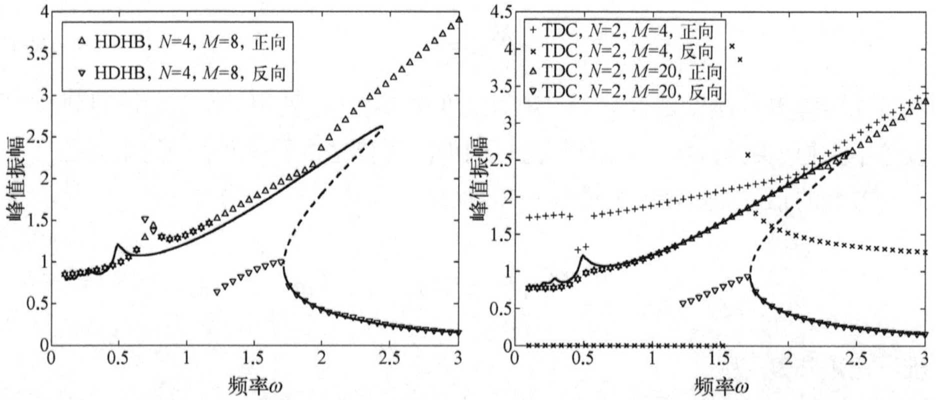

(a) 用HDHB4求得的时间响应曲线　　(b) 用时域配点法求得的时间响应曲线

图 2-1　Duffing 方程 $\ddot{x} + 0.2\dot{x} + x + x^3 = 1.25\sin(\omega t)$ 的幅频响应曲线

实线为 HB10 的结果

图 2-1(a)给出了使用 HDHB4 求得的两个响应曲线:一个是从 0.1 开始到 3,一个是反向的从 3 开始到 0.1,间隔均为 $\Delta\omega = 0.1$。如图所示,使用增频法求得的 HDHB4 响应曲线直到 $\omega = 1.9$ 与 HB10 的曲线吻合较好。超过后,响应曲线继续增加,并没有出现回落的跳跃。减频法画出的 HDHB4 响应曲线能够很好地得到下支响应曲线,但是到了转折点 $\omega = 1.75$, HDHB4 并没有出现上跳,直到接近 1.2 处才发生跳跃。而偏离 HB10 的曲线是没有物理意义的,这说明 HDHB4 产生了多余的非物理解。

图 2-1(b)给出的是配点法画出的响应曲线。我们规定,时域配点法具有其他试探函数和 4 个配点时,记为 TDC2;当具有 2 个试探函数和 20 个配点时记为 TDCn2m20,此时为拓展时域配点法。如图 2-1(b)所示,TDC2 不能算一个合理的响应曲线,所有远离标准解 HB10 的均为非物理解。需要指出的是,减频 TDC2 在 $\omega = 1.5$ 时,代数方程不能收敛,因此剩下的部分幅值均人为置零。增频 TDCn2m20 能够精确给出上支幅频响应曲线,但是它不能得到在 $\omega = 2.4$ 附近的下跳点。减频 TDCn2m20 能够较好地给出下支响应曲线,但它同样也不能得到

在 $\omega = 1.75$ 附近的上跳点。由此可见,同样是含有两个试探函数的情况,拓展时域配点法能够精确地给出上、下支幅频响应曲线;但是原时域配点法不能给出较合理结果。

2.4.2　Monte Carlo 模拟法: 拓展时域配点法消除非物理解

除了使用参数扫描法,还可以使用其他办法给出代数方程的初值。这里使用 Monte Carlo 模拟法随机给定初值,来研究时域配点法代数方程对初值的统计学性质。也就是说,通过随机给定成千上万组初值,研究时域配点法代数方程组到底存在多少组解,以及分析各组解发生的概率。Monte Carlo 法中取 10 000 组随机初值,具体地, A_n、B_n 在[−2, 2]随机抽取。取外激频率为 $\omega = 2.0$, 由 2.4.1 小节可知,在该频率下系统存在 3 个不同的物理解。图 2 − 2 画出了 TDC2、TDCn2m6、TDCn2m10 和 TDCn2m20 的解的个数和概率的 Monte Carlo 柱状图。

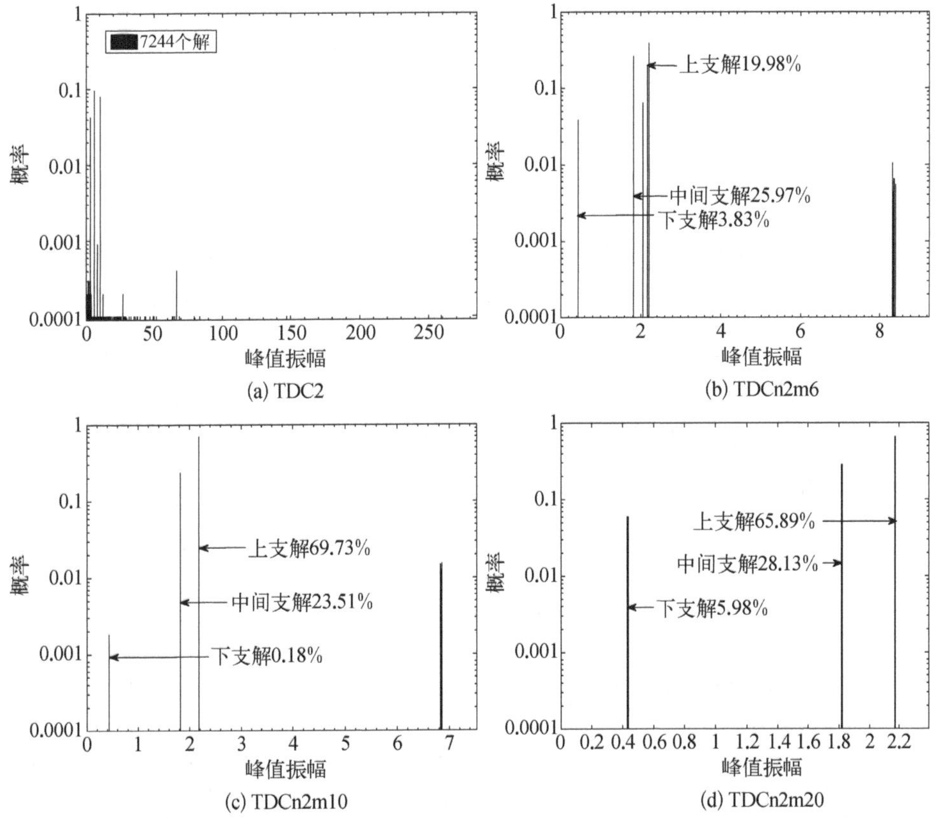

图 2 − 2　$\omega = 2$ 时时域配点法代数方程组的解的概率分布 Monte Carlo 柱状图

时域配点法代数方程系统的解对初值很敏感。图 2－2(a)显示,在 10 000 次实验中 TDC2 产生了 7 244 个不同的解。这说明,TDC2 的代数方程系统从数学上来说包含很多解。但是,对于 Duffing 方程系统,绝大多数的解在物理上是没意义的假解。这个例子说明,使用随机给出的初值,TDC2 很难计算得到一个有物理意义的解。如图 2－2(b)~(d)所示,TDCn2m6、TDCn2m10 和 TDCn2m20 一共产生了 15、9 和 3 个不同的解。其中,TDCn2m6 得到下支解、中间支解和上支解的概率分别为 3.83%、25.97%和 19.98%;TDCn2m10 得到下支解、中间支解和上支解的概率为 0.18%、23.51%和 69.73%;TDCn2m20 得到下支解、中间支解和上支解的概率为 5.98%、28.13%和 65.89%。总体来说,TDCn2m6、TDCn2m10 和 TDCn2m20 得到物理解的概率分别为 49.78%、93.42%和 100%。

由上可见,随着配点个数的增加,拓展时域配点法收敛到物理解的概率也逐渐增大。至此,我们得到结论:在 Duffing 振子模型的研究中,拓展时域配点法通过增加配点个数可以减轻甚至消除高维谐波平衡法(或时域配点法)中出现的多余非物理现象。

2.5 本章小结

本章以 Duffing 方程为基本模型提出了一种简单高效的时域配点法。在数学上严格证明了时域配点法与高维谐波平衡法的等价关系;证明了高维谐波平衡法是隐藏的时域配点法而非谐波平衡法的变种。基于这个新认识,解释了高维谐波平衡法产生多余非物理解的原因。并通过增加配点个数发展了拓展时域配点法。数值实验证明,在 Duffing 振子系统中,拓展时域配点法可以减轻甚至消除高维谐波平衡法(或时域配点法)所出现的非物理解。

参考文献

[1] Tseng W Y, Dugundji J. Nonlinear vibrations of a beam under harmonic excitation[J]. Journal of Applied Mechanics, 1970, 37(2): 292－297.

[2] Dowell E H. Nonlinear oscillations of a fluttering plate. I.[J]. AIAA Journal, 1966, 4(7): 1267－1275.

[3] Lee B H K, Gong L, Wong Y S. Analysis and computation of nonlinear dynamic response of a two-degree-of-freedom system and its application in aeroelasticity[J]. Journal of Fluids and Structures, 1997, 11(3): 225－246.

[4] 胡海岩.应用非线性动力学[M].北京：航空工业出版社,2000.

[5] 毕勤胜,陈予恕.Duffing 系统解的转迁集的解析表达式[J].力学学报,1997,29(5)：573－581.

[6] 申永军,杨绍普,邢海军.分数阶 Duffing 振子的超谐共振[J].力学学报,2012,44(4)：762－768.

[7] Levenson M E. Harmonic and subharmonic response for the Duffing equation: $\ddot{x}+\alpha\dot{x}+\beta x^3=f\cos\omega t(\alpha>0)$ [J]. Journal of Applied Physics, 1949, 20(11): 1045－1051.

[8] Moriguchi H, Nakamura T. Forced oscillations of system with nonlinear restoring force[J]. Journal of the Physical Society of Japan, 1983, 52(3): 732－743.

[9] Nayfeh A H, Mook D T. Nonlinear Oscillations[M]. New York: John Wiley & Sons, 1979.

[10] 陈刚,李跃明.非定常流场降阶模型及应用研究进展与展望[J].力学进展,2011,41(6)：686－701.

[11] Stoker J J. Nonlinear Vibrations[M]. New York: Interscience, 1950.

[12] Hayashi C. Forced oscillations with nonlinear restoring force[J]. Journal of Applied Physics, 1953, 24(2): 198－207.

[13] Hayashi C. Stability investigation of the nonlinear periodic oscillations[J]. Journal of Applied Physics, 1953, 24(3): 344－348.

[14] Hayashi C. Subharmonic oscillations in nonlinear systems[J]. Journal of Applied Physics, 1953, 24(5): 521－529.

[15] Tseng W Y, Dugundji J. Nonlinear vibrations of a beam under harmonic excitation[J]. Journal of Applied Mechanics, 1970, 37(2): 292－297.

[16] Tseng W Y, Dugundji J. Nonlinear vibrations of a buckled beam under harmonic excitation [J]. Journal of Applied Mechanics, 1971, 38(2): 467－476.

[17] Liu L, Dowell E H, Thomas J P. A high dimensional harmonic balance approach for an aeroelastic airfoil with cubic restoring forces[J]. Journal of Fluids and Structures, 2007, 23(7): 351－363.

[18] Liu L, Thomas J P, Dowell E H, et al. A comparison of classical and high dimensional harmonic balance approaches for a duffing oscillator[J]. Journal of Computational Physics, 2006, 215: 298－320.

[19] Hall K C, Thomas J P, Clark W S. Computation of unsteady nonlinear flows in cascades using a harmonic balance technique[J]. AIAA Journal, 2002, 40(5): 879－886.

[20] Thomas J P, Hall K C, Dowell E H. A harmonic balance approach for modeling nonlinear aeroelastic behavior of wings in transonic viscous flow[C]. The 44th AIAA Structures, Structural Dynamics, and Materials Conference, Reston, 2003.

[21] Liu L, Dowell E H, Hall K C. A novel harmonic balance analysis for the van der Pol oscillator[J]. International Journal of Non-Linear Mechanics, 2007, 42(1): 2－12.

[22] Thomas J P, Dowell E H, Hall K C. Modeling viscous transonic limit-cycle oscillation behavior using a harmonic balance approach[J]. Journal of Aircraft, 2004, 41(6): 1266－1274.

[23] Ekici K, Hall K C, Dowell E H. Computationally fast harmonic balance methods for unsteady

aerodynamic predictions of helicopter rotors[J]. Journal of Computational Physics, 2008, 227(12): 6206-6225.

[24] Liu L, Kalmár-Nagy T. High-dimensional harmonic balance analysis for second-order delay-differential equations[J]. Journal of Vibration and Control, 2010, 16(7-8): 1189-1208.

[25] Ekici K, Hall K C. Harmonic balance analysis of limit cycle oscillations in turbomachinery [J]. AIAA Journal, 2011, 49(7): 1478-1487.

[26] Urabe M. Numerical investigation of subharmonic solutions to Duffing's equation [J]. Publications of the Research Institute for Mathematical Sciences, 1969, 5(1): 79-112.

[27] Dai H H, Schnoor M, Atluri S N. A simple collocation scheme for obtaining the periodic solutions of the duffing equation, and its equivalence to the high dimensional harmonic balance method: Subharmonic oscillations [J]. Computer Modeling in Engineering and Sciences, 2012, 84(5): 459-497.

[28] Dai H H, Yue X K, Yuan J P. A time domain collocation method for obtaining the third superharmonic solutions to the duffing oscillator[J]. Nonlinear Dynamics, 2013, 73(1-2): 593-609.

[29] LaBryer A, Attar P J. High dimensional harmonic balance dealiasing techniques for a duffing oscillator[J]. Journal of Sound and Vibration, 2009, 324(3-5): 1016-1038.

第 3 章

高维谐波平衡法的混淆机理

3.1 引言

第 2 章以经典 Duffing 振子为原始模型介绍了时域配点法，证明了高维谐波平衡法在本质上是配点法，而不是谐波平衡法的变体。本章继续使用时域配点法求解亚声速立方非线性二元机翼振动的周期解，并基于高维谐波平衡法和时域配点法的等价性关系，探究高维谐波平衡法产生“混淆现象”的本质机理。

一般来说，非线性的存在破坏了线性系统叠加性，使得非线性动力学系统的精确解析解无法求得。截至目前，文献中有四种求解非线性二元机翼模型的数值方法。最直接的方法是有限差分法[1, 2]，它能将二元机翼的积分微分数学模型直接离散为微分方程组，然后使用数值积分求解。此外还有三种间接法，其思想是将二元机翼的积分微分方程转化为微分方程，然后用求解微分方程的办法进行处理。最常用的间接法由 Lee 等[3]提出，该研究引入四个积分变换，将积分微分方程进行等价转换得到微分方程；该办法简单直观，因此被广泛使用[4-7]。另外，Alighanbari 和 Price[8]通过对原始积分微分方程进行二次求导，同样得到了等价的微分方程。文献[8]和[9]得到的微分方程系统都含有 8 个一阶微分方程。最近，Alighanbari 和 Hashemi[10]提出了一套新的积分变换形式，可以将原积分微分方程转为含有 6 个一阶微分方程的系统。

经处理后的微分方程组可用数值积分法求解。虽然数值积分法简单好用，且利于研究复杂的动力学响应，却不利于系统的参数研究，而且对于我们关心的周期解问题，必须经历不必要的瞬态过程才能得到。此外，数值积分法得到的是状态变量的时间历程，不利于状态量各次谐波分量的研究。因此，在研究二元机翼周期解（极限环）时，半解析法是一个重要选择。谐波平衡法是最为常用的求解非线性动力学模型的半解析法，对周期运动系统往往只需几个谐波，就可以得到精度很高的解，但是计算过程中对非线性项的处理比较烦冗。

为了避免谐波平衡法的复杂 Fourier 展开过程，2002 年，Hall 等[11]提出了高维谐波平衡法。高维谐波平衡法的思想是将谐波平衡法中频域变量（Fourier 级数的系数）通过离散 Fourier 变换建立与时域上有限时间点状态量的等价关系。通过该变换避免了 Fourier 级数展开过程中的复杂推导过程[12]。但是，研究发现[12, 13]高维谐波平衡法在求解非线性动力学问题时会产生多余的非物理“假解”。Liu 等[12]把这种现象称为高次谐波引起的“混淆现象”。在第 2 章以 Duffing 方程为例①，证明了高维谐波平衡法是一种配点法而非谐波平衡法，纠正了之前研究者的错误认识。基于这个发现，本章将给出高维谐波平衡法发生“混淆现象”的本质原因。

本章将使用时域配点法求得二元机翼的幅频响应曲线，进而研究系统的分岔点和极限环幅值、频率等性质。使用参数扫描法提供代数方程组初值，从而避免时域配点法/高维谐波平衡法所产生的多余物理解。图 3－1 给出了参数扫描法的示意图，下面进行简单介绍。β 和 U 分别是二元机翼模型的非线性系数和飞行速度。假设 $\omega-U$ 曲线是当前 $(\beta=\beta_c)$ 待求响应曲线。可以从 (U_g, β_c) 点出发扫描 U 作出响应曲线。在使用参数扫描法时需要注意三点：① 发生点(U_g, β_c)可以从 $\beta=0$ 扫描到 $\beta=\beta_c$ 获得；② 增量 ΔU 应该足够小使得上一步的解是当前系统的解的合理初值；③ 当扫描过程遇到分岔点(U_{bif}, β_c)时，参数扫描法失效。

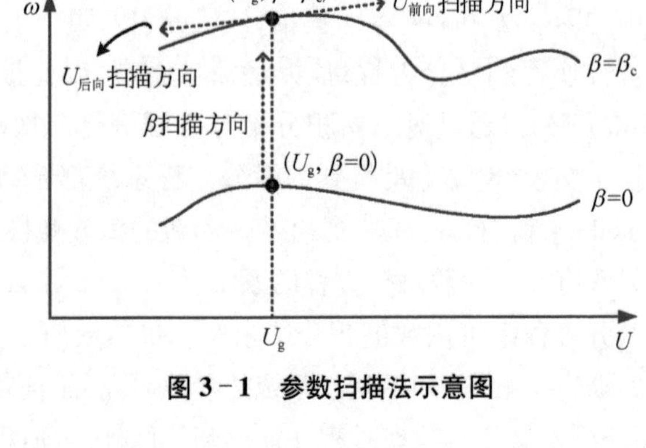

图 3－1　参数扫描法示意图

① 高维谐波平衡法与时域配点法的等价性不依赖于动力学模型，它们是数学意义上的等价。

3.2　二元机翼振动的数学模型

图 3-2 是含有俯仰和沉浮两自由度的二元机翼振动模型。沉浮用 h 表示，向下为正方向。关于弹性轴的俯仰用 α 表示，往上仰为正。弹性轴距翼型中心的距离为 $a_h b$，质心离弹性轴的距离为 $x_\alpha b$；两个距离的正方向指向机翼后缘。

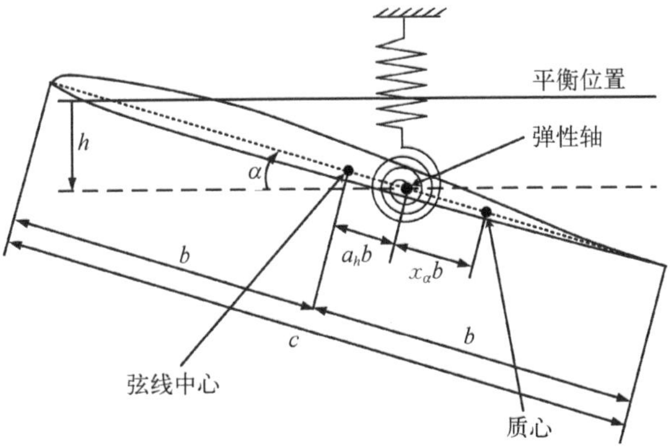

图 3-2　二元机翼模型示意图

二元机翼含有线性弹簧时的气弹模型在文献[14]的第六章中已经建立。考虑俯仰和沉浮的结构非线性，原线性方程可以改写成如下无量纲形式[1]：

$$\ddot{\xi} + x_\alpha \ddot{\alpha} + 2\zeta_\xi \frac{\bar{\omega}}{U^*}\dot{\xi} + \left(\frac{\bar{\omega}}{U^*}\right)^2 G(\xi) = -\frac{1}{\pi\mu}C_L(\tau) \tag{3-1a}$$

$$\frac{x_\alpha}{r_\alpha^2}\ddot{\xi} + \ddot{\alpha} + 2\zeta_\alpha \frac{1}{U^*}\dot{\alpha} + \left(\frac{1}{U^*}\right)^2 M(\alpha) = \frac{2}{\pi\mu r_\alpha^2}C_M(\tau) \tag{3-1b}$$

其中，$\xi = h/b$ 是无量纲沉浮量；$(\cdot)$ 表示对无量纲时间 τ 的导数，其中 $\tau = Ut/b$；U^* 为无量纲速度，定义为 $U^* = U/(b\omega_\alpha)$；$\bar{\omega} = \omega_\xi/\omega_\alpha$，其中 ω_ξ 和 ω_α 分别是不耦合方程沉浮和俯仰自由度的固有频率；ζ_ξ 和 ζ_α 是阻尼比；r_α 为绕弹性轴的转矩；$M(\alpha)$ 和 $G(\xi)$ 分别是俯仰和沉浮自由度的非线性项，具体表达式为

$$M(\alpha) = \alpha + \beta\alpha^3, \quad G(\xi) = \xi + \gamma\xi^3$$

其中，β 和 γ 为非线性项系数。$C_L(\tau)$ 和 $C_M(\tau)$ 是线性气动力和气动力矩[14]，表

达式为

$$C_{\mathrm{L}}(\tau)=\pi(\ddot{\xi}-a_h\ddot{\alpha}+\dot{\alpha})+2\pi\{\alpha(0)+\dot{\xi}(0)+(1/2-a_h)\dot{\alpha}(0)\}\phi(\tau)$$
$$+2\pi\int_0^{\tau}\phi(\tau-\sigma)[\dot{\alpha}(\sigma)+\ddot{\xi}(\sigma)+(1/2-a_h)\ddot{\alpha}(\sigma)]\mathrm{d}\sigma \quad (3-2\mathrm{a})$$

$$C_{\mathrm{M}}(\tau)=\pi(1/2+a_h)\{\alpha(0)+\dot{\xi}(0)+(1/2-a_h)\dot{\alpha}(0)\}\phi(\tau)$$
$$+\frac{\pi}{2}(\ddot{\xi}-a_h\ddot{\alpha})-\frac{\pi}{16}\ddot{\alpha}-(1/2-a_h)\frac{\pi}{2}\dot{\alpha}$$
$$+\pi(1/2+a_h)\int_0^{\tau}\phi(\tau-\sigma)[\dot{\alpha}(\sigma)+\ddot{\xi}(\sigma)+(1/2-a_h)\ddot{\alpha}(\sigma)]\mathrm{d}\sigma$$
$$(3-2\mathrm{b})$$

其中，Wagner 函数 $\phi(\tau)$ 为[15]

$$\phi(\tau)=1-\psi_1\mathrm{e}^{-\epsilon_1\tau}-\psi_2\mathrm{e}^{-\epsilon_2\tau} \quad (3-3)$$

$\psi_1=0.165$，$\psi_2=0.335$，$\epsilon_1=0.045\,5$，$\epsilon_2=0.3$。需要说明的是，系统(3－1)中的气动力和气动力矩 C_{L} 和 C_{M} 含有积分项。因此，系统(3－1)实际上是两个积分微分方程组成的系统。由于积分项的存在，无法直接求解该系统。1997 年，Lee 等[3]引入四个积分变换关系式 $w_1=\int_0^{\tau}\mathrm{e}^{-\epsilon_1(\tau-\sigma)}\alpha(\sigma)\mathrm{d}\sigma$、$w_2=\int_0^{\tau}\mathrm{e}^{-\epsilon_2(\tau-\sigma)}\alpha(\sigma)\mathrm{d}\sigma$、$w_3=\int_0^{\tau}\mathrm{e}^{-\epsilon_1(\tau-\sigma)}\xi(\sigma)\mathrm{d}\sigma$、$w_4=\int_0^{\tau}\mathrm{e}^{-\epsilon_2(\tau-\sigma)}\xi(\sigma)\mathrm{d}\sigma$ 消除了积分微分方程中的积分项。

使用上述四个积分变换，方程组(3－1)可等价变换为如下形式：

$$\begin{cases}c_0\ddot{\xi}+c_1\ddot{\alpha}+c_2\dot{\xi}+c_3\dot{\alpha}+c_4\xi+c_5\alpha+c_6w_1+c_7w_2+c_8w_3+c_9w_4+c_{10}G(\xi)=f(\tau)\\ d_0\ddot{\xi}+d_1\ddot{\alpha}+d_2\dot{\xi}+d_3\dot{\alpha}+d_4\xi+d_5\alpha+d_6w_1+d_7w_2+d_8w_3+d_9w_4+d_{10}M(\alpha)=g(\tau)\\ \dot{w}_1=\alpha-\epsilon_1w_1\\ \dot{w}_2=\alpha-\epsilon_2w_2\\ \dot{w}_3=\xi-\epsilon_1w_3\\ \dot{w}_4=\xi-\epsilon_2w_4\end{cases}$$
$$(3-4)$$

其中，c_0，c_1，…，c_{10} 和 d_0，d_1，…，d_{10} 的具体表达式见本章附录。由于本书只关心系统的周期解，因此 $f(\tau)$ 和 $g(\tau)$ 可以设为零从而忽略瞬态过程。剩下的工作就是如何求解方程(3－4)的问题了。方程(3－4)是一组非线性微分方程组,因此它的周期解可以用数值积分法或者已经存在的多种半解析法进行求解。

令状态变量 $\boldsymbol{x}=[x_1, x_2, \cdots, x_8]^{\mathrm{T}}$,其中 $x_1=\alpha$, $x_2=\dot{\alpha}$, $x_3=\xi$, $x_4=\dot{\xi}$ 及 $x_{i+4}=\omega_i(i=1, 2, 3, 4)$,因此系统(3－4)可写成 8 个一阶微分方程的形式:$\dot{\boldsymbol{x}}=f(\boldsymbol{x})$。还可以将其写为 $\dot{\boldsymbol{x}}=\boldsymbol{A}\boldsymbol{x}+\boldsymbol{N}$ 的形式,其中第一部分为线性部分,第二部分为非线性部分。该方程的显式形式如下:

$$\dot{\boldsymbol{x}}=\begin{bmatrix} 0 & 1 & 0 & 0 & 0 & 0 & 0 & 0 \\ a_{21}-g_{21} & a_{22} & a_{23}+g_{23} & a_{24} & a_{25} & a_{26} & a_{27} & a_{28} \\ 0 & 0 & 0 & 1 & 0 & 0 & 0 & 0 \\ a_{41}+g_{41} & a_{42} & a_{43}-g_{43} & a_{44} & a_{45} & a_{46} & a_{47} & a_{48} \\ 1 & 0 & 0 & 0 & -\epsilon_1 & 0 & 0 & 0 \\ 1 & 0 & 0 & 0 & 0 & -\epsilon_2 & 0 & 0 \\ 0 & 0 & 1 & 0 & 0 & 0 & -\epsilon_1 & 0 \\ 0 & 0 & 1 & 0 & 0 & 0 & 0 & -\epsilon_2 \end{bmatrix} x+\begin{bmatrix} 0 \\ \gamma g_{23}x_3^3-\beta g_{21}x_1^3 \\ 0 \\ \beta g_{41}x_1^3-\gamma g_{43}x_3^3 \\ 0 \\ 0 \\ 0 \\ 0 \end{bmatrix} \tag{3-5}$$

方程(3－5)可以直接由数值积分法仿真求解,方程系数见本章附录。接下来将使用时域配点法和谐波平衡法求解该系统的周期解,并用四阶 Runge－Kutta 法(记为 RK4 法)的数值解作为标准解进行比较分析。

3.3　半解析法

方程(3－5)包含了俯仰和沉浮两自由度非线性。从风洞实验测得,俯仰非线性比沉浮非线性要重要得多。因此本节只考虑 $\gamma=0$, $\beta\neq 0$ 的情况。

谐波平衡法是求解非线性动力学系统的常用方法。2004 年,Liu 等[6]使用七阶谐波平衡法成功预测到二元机翼的次级分岔。2007 年,Liu 等[4]使用高维谐波平衡法求解了同样的模型,研究指出高维谐波平衡法的精度不如谐波平衡法,且会产生多余非物理解。第 2 章中,以 Duffing 振子为模型,证明了高维谐波平衡法是时域配点法而非谐波平衡法的变种。本章将使用时域配点法求解二元机翼动力学模型,并且揭示高维谐波平衡法产生“混淆现象”的本质机理。

3.3.1 谐波平衡法

1. 谐波平衡法代数方程

在使用谐波平衡法时，首先将方程组(3－4)中的6个待求函数假设成Fourier级数形式。为与Liu等[4]的形式保持一致，待求函数的近似解取如下形式：

$$
\begin{aligned}
&\alpha(\tau)=\alpha_0+\sum_{n=1}^{N}\left[\alpha_{2n-1}\cos(n\omega\tau)+\alpha_{2n}\sin(n\omega\tau)\right]\\
&\xi(\tau)=\xi_0+\sum_{n=1}^{N}\left[\xi_{2n-1}\cos(n\omega\tau)+\xi_{2n}\sin(n\omega\tau)\right]\\
&w_i(\tau)=w_0^i+\sum_{n=1}^{N}\left[w_{2n-1}^i\cos(n\omega\tau)+w_{2n}^i\sin(n\omega\tau)\right],\quad i=1,2,3,4
\end{aligned}
\tag{3-6}
$$

相应地，把Fourier级数的待求系数组装成向量形式：

$$
\boldsymbol{Q}_\alpha=\begin{bmatrix}\alpha_0\\ \alpha_1\\ \vdots\\ \alpha_{2N}\end{bmatrix},\quad \boldsymbol{Q}_\xi=\begin{bmatrix}\xi_0\\ \xi_1\\ \vdots\\ \xi_{2N}\end{bmatrix},\quad \boldsymbol{Q}_{w_i}=\begin{bmatrix}w_0^i\\ w_1^i\\ \vdots\\ w_{2N}^i\end{bmatrix},\quad i=1,2,3,4 \tag{3-7}
$$

接下来，将近似解(3－6)代入方程组(3－4)中，并令前N次谐波自相平衡可得

$$
\begin{cases}
(c_0\omega^2\boldsymbol{A}^2+c_2\omega\boldsymbol{A}+c_4\boldsymbol{I}+c_{10}\boldsymbol{I})\boldsymbol{Q}_\xi+(c_1\omega^2\boldsymbol{A}^2+c_3\omega\boldsymbol{A}+c_5\boldsymbol{I})\boldsymbol{Q}_\alpha+\sum_{i=1}^{4}c_{i+5}\boldsymbol{Q}_{w_i}=\boldsymbol{0}\\
(d_0\omega^2\boldsymbol{A}^2+d_2\omega\boldsymbol{A}+d_4\boldsymbol{I})\boldsymbol{Q}_\xi+(d_1\omega^2\boldsymbol{A}^2+d_3\omega\boldsymbol{A}+d_5\boldsymbol{I})\boldsymbol{Q}_\alpha+\sum_{i=1}^{4}d_{i+5}\boldsymbol{Q}_{w_i}+d_{10}\boldsymbol{M}_\alpha=\boldsymbol{0}\\
(\omega\boldsymbol{A}+\epsilon_1\boldsymbol{I})\boldsymbol{Q}_{\omega_1}-\boldsymbol{Q}_\alpha=\boldsymbol{0}\\
(\omega\boldsymbol{A}+\epsilon_2\boldsymbol{I})\boldsymbol{Q}_{\omega_2}-\boldsymbol{Q}_\alpha=\boldsymbol{0}\\
(\omega\boldsymbol{A}+\epsilon_1\boldsymbol{I})\boldsymbol{Q}_{\omega_3}-\boldsymbol{Q}_\xi=\boldsymbol{0}\\
(\omega\boldsymbol{A}+\epsilon_2\boldsymbol{I})\boldsymbol{Q}_{\omega_4}-\boldsymbol{Q}_\xi=\boldsymbol{0}
\end{cases}
\tag{3-8}
$$

其中，$\boldsymbol{I}$是一个$(2N+1)\times(2N+1)$的单位矩阵，$\boldsymbol{A}$和$\boldsymbol{M}_\alpha$的表达式如下：

$$
\boldsymbol{A}=\begin{bmatrix}0&0&0&\cdots&0\\0&\boldsymbol{J}_1&0&\cdots&0\\0&0&\boldsymbol{J}_2&\cdots&0\\\vdots&\vdots&\vdots&&\vdots\\0&0&0&\cdots&\boldsymbol{J}_N\end{bmatrix},\quad \boldsymbol{J}_n=n\begin{bmatrix}0&1\\-1&0\end{bmatrix},\quad \boldsymbol{M}_\alpha=\begin{bmatrix}m_0\\m_1\\\vdots\\m_{2N}\end{bmatrix}\tag{3-9}
$$

其中，$m_i(i=0,1,\cdots,2N)$ 是非线性项 α^3 的各次谐波系数。观察方程组(3-8)中后四个方程发现 $\boldsymbol{Q}_{w_i}(i=1,2,3,4)$ 可用 $\boldsymbol{Q}_\alpha$ 和 $\boldsymbol{Q}_\xi$ 表示。然后，将 $\boldsymbol{Q}_{w_i}$ 代入方程组(3-8)的前两个方程中消去 $\boldsymbol{Q}_{w_i}$ 可得

$$
\begin{cases}\boldsymbol{A}_1\boldsymbol{Q}_\alpha+\boldsymbol{B}_1\boldsymbol{Q}_\xi=\boldsymbol{0}\\\boldsymbol{A}_2\boldsymbol{Q}_\alpha+\boldsymbol{B}_2\boldsymbol{Q}_\xi+d_{10}\boldsymbol{M}_\alpha=\boldsymbol{0}\end{cases}\tag{3-10}
$$

其中，$\boldsymbol{A}_i$ 和 $\boldsymbol{B}_i(i=1,2)$ 都是 $(2N+1)\times(2N+1)$ 的矩阵，且矩阵的每个元素均为 ω 的函数。$\boldsymbol{A}_i$、$\boldsymbol{B}_i$ 的表达式见文献[16]附录。由于方程组(3-10)的第一个方程为线性方程，可进一步简化为

$$
\boldsymbol{Q}_\xi=-\boldsymbol{B}_1^{-1}\boldsymbol{A}_1\boldsymbol{Q}_\alpha\tag{3-11}
$$

将 $\boldsymbol{Q}_\xi$ 代入方程组(3-10)的第二个式子可得谐波平衡法代数方程系统：

$$
(\boldsymbol{A}_2-\boldsymbol{B}_2\boldsymbol{B}_1^{-1}\boldsymbol{A}_1)\boldsymbol{Q}_\alpha+d_{10}\boldsymbol{M}_\alpha=\boldsymbol{0}\tag{3-12}
$$

谐波平衡法代数方程系统含有 $2N+1$ 个待求 Fourier 系数以及振动频率 ω。该系统一共有 $2N+1$ 个方程，$2N+2$ 个未知数。为了求解该欠约束系统，令 $\alpha_1=0$。也就是说对于极限环振动，可以预先约束它某一个频次谐波的相位，这样做不会改变系统振动形式。这样就得到了一个适当约束问题，用牛顿法求解即可。

虽然对于运动形式简单的系统，谐波平衡法只需要几个谐波就可以得到高精度的解[6, 17, 18]，但是，推导 $\boldsymbol{M}_\alpha$ 的显式表达式不可避免地需要大量推导工作。对于复杂响应需要增加谐波个数，但是这样会带来更多的代数推导工作。此外，谐波平衡法方便处理多项式形式的非线性问题，如果系统含有其他形式非线性，那么处理起来变得更加困难。

2. 谐波平衡法的数学混淆现象

谐波平衡法代数方程(3-12)可以写成一般形式：

$$
\boldsymbol{F}(x)=\boldsymbol{0}\tag{3-13}
$$

其中，$\boldsymbol{F} \in \mathbf{R}^{2N+1}$，$\boldsymbol{x} \in \mathbf{R}^{2N+2}$，$x_1 = \omega$，$x_{i+1} = \alpha_i$，$i = 1, 2, \cdots, 2N$。该代数方程组有 $2N+1$ 个方程与 $2N+2$ 个未知数。假设 (α, ω) 是满足方程(3-13)的一个解，一次谐波的系数 α_1 和 α_2 是周期响应的主要分量。各次谐波的幅值为 A_k：

$$A_0 = \alpha_0,\ A_k = \sqrt{\alpha_{2k-1}^2 + \alpha_{2k}^2},\quad k = 1, 2, \cdots, N \tag{3-14}$$

可以写出方程(3-13)的一个近似解：

$$\boldsymbol{x} = (\omega \quad \alpha_0 \quad \alpha_1 \quad \alpha_2 \quad \alpha_3 \quad \alpha_4 \quad \cdots \quad \alpha_{2N}) \tag{3-15}$$

假设近似解为

$$\alpha(\tau) = \alpha_0 + \sum_{n=1}^{N} [\alpha_{2n-1}\cos(n\omega\tau) + \alpha_{2n}\sin(n\omega\tau)] \tag{3-16}$$

这个以 ω 为基本频率的解可以用以频率 $\omega_a = \dfrac{1}{m}\omega\ (m = 2, 3, 4, \cdots)$ 为基频的解等价表达。例如，当 $m = 2$ 时，代数方程的解 $\boldsymbol{x}$ 可改写成

$$\boldsymbol{x} = \left(\frac{1}{2}\omega \quad \alpha_0 \quad 0 \quad 0 \quad \alpha_1 \quad \alpha_2 \quad 0 \quad 0 \quad \alpha_3 \quad \alpha_4 \quad \cdots\right) \tag{3-17}$$

当 $m = 3$ 时，解的形式为

$$\boldsymbol{x} = \left(\frac{1}{3}\omega \quad \alpha_0 \quad 0 \quad 0 \quad 0 \quad 0 \quad \alpha_1 \quad \alpha_2 \quad 0 \quad 0 \quad 0 \quad 0 \quad \alpha_3 \quad \alpha_4 \quad \cdots\right) \tag{3-18}$$

类似地，m 取其他整数时对应不同的解的形式。

物理上来说，当 m 取 2, 3, …时与 $m = 1$ 时对应的是同一个周期运动，它们都是有物理意义的解。把 $m = 1$ 对应的解称为真正解，它的一次谐波为振动的主要分量。把 $\omega_a = \dfrac{1}{m}\omega$ 对应的解称为数学混淆解。

谐波平衡法出现数学混淆现象的原因是该动力学系统是自治系统，ω 为待求变量而非给定值。由于 ω 是可变的，那么 ω 和待求 Fourier 系数可以协同地整体调整从而以不同的形式满足方程(3-13)。因此，谐波平衡法的数学混淆现象只发生在自激振动系统中；对于强迫振动系统，其周期解的频率可由外力频率确定，因此不存在上述问题。

3.3.2　时域配点法

1. 用时域配点法求解二元机翼模型

首先,将假设的近似解(3－6)代入数学方程(3－4)中,由于近似解不能严格满足方程组,因此得到残值函数:

$$\begin{cases} R_1 = c_0\ddot{\xi} + c_1\ddot{\alpha} + c_2\dot{\xi} + c_3\dot{\alpha} + (c_4 + c_{10})\xi + c_5\alpha + c_6 w_1 + c_7 w_2 + c_8 w_3 + c_9 w_4 \neq 0 \\ R_2 = d_0\ddot{\xi} + d_1\ddot{\alpha} + d_2\dot{\xi} + d_3\dot{\alpha} + d_4\xi + d_5\alpha + d_6 w_1 + d_7 w_2 + d_8 w_3 + d_9 w_4 + d_{10}\alpha^3 \neq 0 \\ R_3 = \dot{w}_1 + \epsilon_1 w_1 - \alpha \neq 0 \\ R_4 = \dot{w}_2 + \epsilon_2 w_2 - \alpha \neq 0 \\ R_5 = \dot{w}_3 + \epsilon_1 w_3 - \xi \neq 0 \\ R_6 = \dot{w}_4 + \epsilon_2 w_4 - \xi \neq 0 \end{cases} \tag{3-19}$$

其中, R_j 表示 $R_j(\alpha_0, \cdots\alpha_{2N}, \xi_0, \cdots, \xi_{2N}, w_0^i, \cdots, w_{2N}^i, \omega, \tau)$ $(i = 1, 2, 3, 4; j = 1, \cdots, 6)$。通过迫使残余函数 R_j 在一个周期上的 $2N + 1$ 个等距时间点 τ_i 上为零可以得到时域配点法代数方程组,该系统含有 $6 \times (2N + 1)$ 个方程, $6 \times (2N + 1) + 1$ 个未知数。

2. 紧凑型时域配点法代数方程组

显然,使用时域配点法得到的代数方程组(3－19)(配点后)不是我们所希望的形式。与谐波平衡法和高维谐波平衡法一样,在时域配点法中有 $2N + 1$ 个谐波,但是得到的代数方程系统维度却大了 5 倍。本节将对方程(3－19)进行等价转换,得到其紧凑形式。

下面对方程组(3－19)的每项进行配点处理。对 $\alpha(\tau)$ 在 $2N + 1$ 个时间点 τ_i 配点,可得

$$\alpha(\tau_i) = \alpha_0 + \sum_{n=1}^{N} [\alpha_{2n-1}\cos(n\omega\tau_i) + \alpha_{2n}\sin(n\omega\tau_i)] \tag{3-20}$$

其中, $\theta_i = \omega\tau_i$, 方程(3－20)可写为矩阵形式:

$$\begin{bmatrix} \alpha(\tau_0) \\ \alpha(\tau_1) \\ \vdots \\ \alpha(\tau_{2N}) \end{bmatrix} = \begin{bmatrix} 1 & \cos\theta_0 & \sin\theta_0 & \cdots & \cos(N\theta_0) & \sin(N\theta_0) \\ 1 & \cos\theta_1 & \sin\theta_1 & \cdots & \cos(N\theta_1) & \sin(N\theta_1) \\ \vdots & \vdots & \vdots & & \vdots & \vdots \\ 1 & \cos\theta_{2N} & \sin\theta_{2N} & \cdots & \cos(N\theta_{2N}) & \sin(N\theta_{2N}) \end{bmatrix} \begin{bmatrix} \alpha_0 \\ \alpha_1 \\ \vdots \\ \alpha_{2N} \end{bmatrix} \tag{3-21}$$

因此,有

$$\tilde{\boldsymbol{Q}}_{\alpha} \equiv \begin{bmatrix} \alpha(\tau_0) \\ \alpha(\tau_1) \\ \vdots \\ \alpha(\tau_{2N}) \end{bmatrix} = \boldsymbol{F}\boldsymbol{Q}_{\alpha} \tag{3-22}$$

其中,$\boldsymbol{F}$ 是方程(3-21)中的矩阵。类似有 $\tilde{\boldsymbol{Q}}_{\xi} = \boldsymbol{F}\boldsymbol{Q}_{\xi}$, $\tilde{\boldsymbol{Q}}_{w_i} = \boldsymbol{F}\boldsymbol{Q}_{w_i}(i = 1, 2, 3, 4)$。

然后,对 $\dot{\alpha}(\tau)$ 在 $2N + 1$ 个时间点进行配点可得

$$\dot{\alpha}(\tau_i) = \sum_{n=1}^{N} [-n\omega\alpha_{2n-1}\sin(n\omega\tau_i) + n\omega\alpha_{2n}\cos(n\omega\tau_i)] \tag{3-23}$$

式(3-23)易写为矩阵形式:

$$\begin{bmatrix} \dot{\alpha}(\tau_0) \\ \dot{\alpha}(\tau_1) \\ \vdots \\ \dot{\alpha}(\tau_{2N}) \end{bmatrix} = \omega \begin{bmatrix} 0 & -\sin\theta_0 & \cos\theta_0 & \cdots & -N\sin(N\theta_0) & N\cos(N\theta_0) \\ 0 & -\sin\theta_1 & \cos\theta_1 & \cdots & -N\sin(N\theta_1) & N\cos(N\theta_1) \\ \vdots & \vdots & \vdots & & \vdots & \vdots \\ 0 & -\sin\theta_{2N} & \cos\theta_{2N} & \cdots & -N\sin(N\theta_{2N}) & N\cos(N\theta_{2N}) \end{bmatrix} \begin{bmatrix} \alpha_0 \\ \alpha_1 \\ \vdots \\ \alpha_{2N} \end{bmatrix} \tag{3-24}$$

有趣的是,我们发现式(3-24)右端矩阵等于 $\boldsymbol{FA}$,因此有

$$\tilde{\boldsymbol{Q}}_{\dot{\alpha}} = \omega\boldsymbol{F}\boldsymbol{A}\boldsymbol{Q}_{\alpha} \tag{3-25}$$

其中,

$$\tilde{\boldsymbol{Q}}_{\dot{\alpha}} \equiv \begin{bmatrix} \dot{\alpha}(\tau_0) \\ \dot{\alpha}(\tau_1) \\ \vdots \\ \dot{\alpha}(\tau_{2N}) \end{bmatrix} \tag{3-26}$$

类似地,$\tilde{\boldsymbol{Q}}_{\dot{\xi}} = \omega\boldsymbol{F}\boldsymbol{A}\boldsymbol{Q}_{\xi}$, $\tilde{\boldsymbol{Q}}_{\dot{\omega}_j} = \omega\boldsymbol{F}\boldsymbol{A}\boldsymbol{Q}_{\omega_j}(j = 1, 2, 3, 4)$,其中 $\tilde{\boldsymbol{Q}}_{\dot{\xi}}$、$\tilde{\boldsymbol{Q}}_{\dot{\omega}_j}$ 与方程(3-26)中的 $\tilde{\boldsymbol{Q}}_{\dot{\alpha}}$ 有类似的定义。

然后,对 $\ddot{\alpha}(\tau)$ 在 $2N + 1$ 个时间点配点,有

$$\ddot{\alpha}(\tau_i) = \sum_{n=1}^{N} [-n^2\omega^2\alpha_{2n-1}\cos(n\omega\tau_i) - n^2\omega^2\alpha_{2n}\sin(n\omega\tau_i)] \tag{3-27}$$

方程(3-27)的矩阵形式为

$$\begin{bmatrix} \ddot{\alpha}(\tau_0) \\ \ddot{\alpha}(\tau_1) \\ \vdots \\ \ddot{\alpha}(\tau_{2N}) \end{bmatrix} = \omega^2 \begin{bmatrix} 0 & -\cos\theta_0 & -\sin\theta_0 & \cdots & -N^2\sin(N\theta_0) \\ 0 & -\cos\theta_1 & -\sin\theta_1 & \cdots & -N^2\sin(N\theta_1) \\ \vdots & \vdots & \vdots & & \vdots \\ 0 & -\cos\theta_{2N} & -\sin\theta_{2N} & \cdots & -N^2\sin(N\theta_{2N}) \end{bmatrix} \begin{bmatrix} \alpha_0 \\ \alpha_1 \\ \vdots \\ \alpha_{2N} \end{bmatrix} \tag{3-28}$$

式(3－28)中的方阵可用 $\boldsymbol{FA}^2$ 表示。因此,有

$$\tilde{\boldsymbol{Q}}_{\ddot{\alpha}} \equiv \begin{bmatrix} \ddot{\alpha}(\tau_0) \\ \ddot{\alpha}(\tau_1) \\ \vdots \\ \ddot{\alpha}(\tau_{2N}) \end{bmatrix} = \omega^2 \boldsymbol{FA}^2 \boldsymbol{Q}_\alpha \tag{3-29}$$

类似地,$\tilde{\boldsymbol{Q}}_{\ddot{\xi}} = \omega^2 \boldsymbol{FA}^2 \boldsymbol{Q}_\xi$,其中$\tilde{\boldsymbol{Q}}_{\ddot{\xi}}$ 和$\tilde{\boldsymbol{Q}}_{\ddot{\alpha}}$ 有类似的定义。

上面对方程(3－19)进行了逐项处理,得到了配点后的矩阵形式。时域配点法代数方程(3－19)经变换后得到如下形式:

$$\begin{cases} (c_0\omega^2\boldsymbol{D}^2 + c_2\omega\boldsymbol{D} + c_4\boldsymbol{I} + c_{10}\boldsymbol{I})\tilde{\boldsymbol{Q}}_\xi + (c_1\omega^2\boldsymbol{D}^2 + c_3\omega\boldsymbol{D} + c_5\boldsymbol{I})\tilde{\boldsymbol{Q}}_\alpha + \sum_{i=1}^{4} c_{i+5}\tilde{\boldsymbol{Q}}_{w_i} = \boldsymbol{0} \\ (d_0\omega^2\boldsymbol{D}^2 + d_2\omega\boldsymbol{D} + d_4\boldsymbol{I})\tilde{\boldsymbol{Q}}_\xi + (d_1\omega^2\boldsymbol{D}^2 + d_3\omega\boldsymbol{D} + d_5\boldsymbol{I})\tilde{\boldsymbol{Q}}_\alpha + \sum_{i=1}^{4} d_{i+5}\tilde{\boldsymbol{Q}}_{w_i} + d_{10}\tilde{\boldsymbol{M}}_\alpha = \boldsymbol{0} \\ (\omega\boldsymbol{D} + \epsilon_1\boldsymbol{I})\tilde{\boldsymbol{Q}}_{\omega_1} - \tilde{\boldsymbol{Q}}_\alpha = \boldsymbol{0} \\ (\omega\pi + \epsilon_2\boldsymbol{I})\tilde{\boldsymbol{Q}}_{\omega_2} - \tilde{\boldsymbol{Q}}_\alpha = \boldsymbol{0} \\ (\omega\boldsymbol{D} + \epsilon_1\boldsymbol{I})\tilde{\boldsymbol{Q}}_{\omega_3} - \tilde{\boldsymbol{Q}}_\xi = \boldsymbol{0} \\ (\omega\boldsymbol{D} + \epsilon_2\boldsymbol{I})\tilde{\boldsymbol{Q}}_{\omega_4} - \tilde{\boldsymbol{Q}}_\xi = \boldsymbol{0} \end{cases} \tag{3-30}$$

其中,$\boldsymbol{D} = \boldsymbol{FAF}^{-1}$,且

$$\tilde{\boldsymbol{M}}_\alpha = \begin{bmatrix} \alpha^3(\tau_0) \\ \alpha^3(\tau_1) \\ \vdots \\ \alpha^3(\tau_{2N}) \end{bmatrix} \tag{3-31}$$

有趣的是,方程(3－30)与文献[4]中高维谐波平衡法代数方程是一样的。由于

推导过程中没有引入近似关系，因此在二元机翼模型中再次证明了高维谐波平衡法与时域配点法的等价关系。

由于只有第二个方程是非线性的，其他五个方程均为线性方程，因此方程组(3－30)可进一步简化。将 $\tilde{\boldsymbol{Q}}_\xi$ 和 $\tilde{\boldsymbol{Q}}_{\omega_i}$ 用 $\tilde{\boldsymbol{Q}}_\alpha$ 表示，然后将它们代入非线性方程中得

$$(\boldsymbol{A}_{2\alpha} - \boldsymbol{B}_{2\xi}\boldsymbol{B}_{1\xi}^{-1}\boldsymbol{A}_{1\alpha})\tilde{\boldsymbol{Q}}_\alpha + d_{10}\tilde{\boldsymbol{M}}_\alpha = \boldsymbol{0} \tag{3-32}$$

其中，$\boldsymbol{A}_{1\alpha}$、$\boldsymbol{B}_{1\xi}$、$\boldsymbol{A}_{2\alpha}$、$\boldsymbol{B}_{2\xi}$ 为

$$\boldsymbol{A}_{1\alpha} = c_1\omega^2\boldsymbol{D}^2 + c_3\omega\boldsymbol{D} + c_5\boldsymbol{I} + c_6(\omega\boldsymbol{D} + \epsilon_1\boldsymbol{I})^{-1} + c_7(\omega\boldsymbol{D} + \epsilon_2\boldsymbol{I})^{-1}$$

$$\boldsymbol{B}_{1\xi} = c_0\omega^2\boldsymbol{D}^2 + c_2\omega\boldsymbol{D} + (c_4 + c_{10})\boldsymbol{I} + c_8(\omega\boldsymbol{D} + \epsilon_1\boldsymbol{I})^{-1} + c_9(\omega\boldsymbol{D} + \epsilon_2\boldsymbol{I})^{-1}$$

$$\boldsymbol{A}_{2\alpha} = d_1\omega^2\boldsymbol{D}^2 + d_3\omega\boldsymbol{D} + d_5\boldsymbol{I} + d_6(\omega\boldsymbol{D} + \epsilon_1\boldsymbol{I})^{-1} + d_7(\omega\boldsymbol{D} + \epsilon_2\boldsymbol{I})^{-1}$$

$$\boldsymbol{B}_{2\xi} = d_0\omega^2\boldsymbol{D}^2 + d_2\omega\boldsymbol{D} + d_4\boldsymbol{I} + d_8(\omega\boldsymbol{D} + \epsilon_1\boldsymbol{I})^{-1} + d_9(\omega\boldsymbol{D} + \epsilon_2\boldsymbol{I})^{-1}$$

系统(3－32)为以频域变量为变量的紧凑型时域配点法代数方程组。使用时频转换关系式 $\tilde{\boldsymbol{Q}}_\alpha = \boldsymbol{F}\boldsymbol{Q}_\alpha$ 和 $\tilde{\boldsymbol{M}}_\alpha = (\boldsymbol{F}\boldsymbol{Q}_\alpha)^3$ ①，系统(3－32)变换为

$$(\boldsymbol{A}_2 - \boldsymbol{B}_2\boldsymbol{B}_1^{-1}\boldsymbol{A}_1)\boldsymbol{Q}_\alpha + d_{10}\boldsymbol{F}^{-1}(\boldsymbol{F}\boldsymbol{Q}_\alpha)^3 = \boldsymbol{0} \tag{3-33}$$

方程(3－33)是以频域变量为变量的紧凑型时域配点法代数方程组，含有 $2N+2$ 个未知数。本书只使用系统(3－33)进行研究。另外需要指出的是，谐波平衡法代数方程(3－12)与时域配点法代数方程(3－33)仅仅最后一项有区别，其他项都是一样的。

3.4 高维谐波平衡法的“混淆规则”

高维谐波平衡法在求解非线性动力学问题时会产生多余的非物理解，这是高次谐波与低次谐波的混淆造成的[12]。由于时域配点法与高维谐波平衡法的等价性[19]，时域配点法也会产生混淆现象。然而，在过往研究中并没有明确高维谐波平衡法混淆现象的产生机理。截至我们的研究[16]，学术界普遍认为高维谐波平衡法是谐波平衡法的一个变种，这一认识违背了高维谐波平衡法本质上是时域配点法的事实（文献[19]已证），也是混淆现象的本质机理没有解释清楚

① $(\boldsymbol{X})^3$ 表示向量 $\boldsymbol{X}$ 中的每一项分别取立方。

的原因。本节基于高维谐波平衡法与时域配点法的等价性,解释高维谐波平衡法(或时域配点法)的混淆机理。

3.3节指出,谐波平衡法代数方程(3-12)和时域配点法(或高维谐波平衡法)代数方程(3-33)的唯一区别在于最后一项。并且我们知道,谐波平衡法不产生多余非物理解,不会出现混淆现象。由此断定,时域配点法产生混淆现象的根源在于代数方程中的最后一项。因此,我们比较谐波平衡法的最后一项 $\boldsymbol{M}_\alpha$ 和时域配点法的最后一项 $\boldsymbol{E}(\boldsymbol{F}\boldsymbol{Q}_\alpha)^3$。

为了研究方便,先以谐波个数较少的情况为例进行分析比较。首先令

$$\boldsymbol{E}(\boldsymbol{F}\boldsymbol{Q}_\alpha)^3=\boldsymbol{P}_\alpha=\begin{bmatrix}p_0\\p_1\\\vdots\\p_{2N}\end{bmatrix}\tag{3-34}$$

$\boldsymbol{M}_\alpha$ 是之前定义过的三次非线性项 α^3 的 Fourier 系数组成的向量。取 $N=1$,一阶谐波平衡法的最后一项(系数 d_{10} 不计)可写成展开形式:

$$\boldsymbol{M}_\alpha^{(1)}=\begin{bmatrix}\left(A_0^2+\frac{3}{2}A_1^2\right)\alpha_0\\\left(3A_0^2+\frac{3}{4}A_1^2\right)\alpha_1\\\left(3A_0^2+\frac{3}{4}A_1^2\right)\alpha_2\end{bmatrix}\tag{3-35}$$

而一阶时域配点法的最后一项为

$$\boldsymbol{P}_\alpha^{(1)}=\begin{bmatrix}\left(A_0^2+\frac{3}{2}A_1^2\right)\alpha_0+\frac{1}{4}\alpha_1^3-\frac{3}{4}\alpha_1\alpha_2^2\\\left(3A_0^2+\frac{3}{4}A_1^2\right)\alpha_1+\frac{3}{2}(\alpha_1^2-\alpha_2^2)\alpha_0\\\left(3A_0^2+\frac{3}{4}A_1^2\right)\alpha_2-3\alpha_0\alpha_1\alpha_2\end{bmatrix}\tag{3-36}$$

对比式(3-35)和式(3-36)发现,一阶时域配点法除了包含一阶谐波平衡法的所有系数,还夹杂了一些多余的项。

接下来比较二阶的情况。二阶谐波平衡法的最后一项为

$$
\boldsymbol{M}_{\alpha}^{(2)} \equiv \begin{bmatrix} m_0^{(2)} \\ m_1^{(2)} \\ m_2^{(2)} \\ m_3^{(2)} \\ m_4^{(2)} \end{bmatrix} = \begin{bmatrix} A_0^2\alpha_0 + \frac{3}{2}A_1^2\alpha_0 + \frac{3}{2}A_2^2\alpha_0 + \frac{3}{4}(\alpha_1^2 - \alpha_2^2)\alpha_3 + \frac{3}{2}\alpha_1\alpha_2\alpha_4 \\ 3A_0^2\alpha_1 + \frac{3}{4}A_1^2\alpha_1 + \frac{3}{2}A_2^2\alpha_1 + 3\alpha_0\alpha_1\alpha_3 + 3\alpha_0\alpha_2\alpha_4 \\ 3A_0^2\alpha_2 + \frac{3}{4}A_1^2\alpha_2 + \frac{3}{2}A_2^2\alpha_2 + 3\alpha_0\alpha_1\alpha_4 - 3\alpha_0\alpha_2\alpha_3 \\ 3A_0^2\alpha_3 + \frac{3}{2}A_1^2\alpha_3 + \frac{3}{4}A_2^2\alpha_3 + \frac{3}{2}(\alpha_1^2 - \alpha_2^2)\alpha_0 \\ 3A_0^2\alpha_4 + \frac{3}{2}A_1^2\alpha_4 + \frac{3}{4}A_2^2\alpha_4 + 3\alpha_0\alpha_1\alpha_2 \end{bmatrix} \tag{3-37}
$$

二阶时域配点法的最后一项为

$$
\boldsymbol{P}_{\alpha}^{(2)} = \begin{bmatrix} m_0^{(2)} + \frac{3}{4}(\alpha_3^2 - \alpha_4^2)\alpha_1 - \frac{3}{2}\alpha_2\alpha_3\alpha_4 \\ m_1^{(2)} + \frac{3}{4}(\alpha_1^2 - \alpha_2^2)\alpha_3 + \frac{3}{2}(\alpha_3^2 - \alpha_4^2)\alpha_0 + \frac{1}{4}\alpha_3^3 - \frac{3}{4}\alpha_3\alpha_4^2 - \frac{3}{2}\alpha_1\alpha_2\alpha_4 \\ m_2^{(2)} - \frac{3}{4}(\alpha_1^2 - \alpha_2^2)\alpha_4 - \frac{1}{4}\alpha_4^3 + \frac{3}{4}\alpha_3^2\alpha_4 - \frac{3}{2}\alpha_1\alpha_2\alpha_3 - 3\alpha_0\alpha_3\alpha_4 \\ m_3^{(2)} + \frac{1}{4}\alpha_1^3 + \frac{3}{4}(\alpha_3^2 - \alpha_4^2)\alpha_1 - \frac{3}{4}\alpha_1\alpha_2^2 + \frac{3}{2}\alpha_2\alpha_3\alpha_4 + 3\alpha_0\alpha_1\alpha_3 - 3\alpha_0\alpha_2\alpha_4 \\ m_4^{(2)} + \frac{1}{4}\alpha_2^3 + \frac{3}{4}(\alpha_3^2 - \alpha_4^2)\alpha_2 - \frac{3}{4}\alpha_1^2\alpha_2 - \frac{3}{2}\alpha_1\alpha_3\alpha_4 - 3\alpha_0\alpha_2\alpha_3 - 3\alpha_0\alpha_1\alpha_4 \end{bmatrix} \tag{3-38}
$$

同一阶的情形类似,二阶时域配点法除了包含二阶谐波平衡法所有系数外,又引入了多余的项。这一结论在 2007 年 Liu 等的论文[20]已经得到,此外他们还发现高维谐波平衡法中多余的项其实是谐波平衡法的高次谐波分量系数。在谐波平衡法中,高次谐波分量是不参与谐波平衡的,因此它们不出现在谐波平衡法的代数方程中。

到目前为止,我们部分了解了高维谐波平衡法产生混淆的原因,即高次谐波对低次谐波的污染所致。但是依然存在一个极其关键的问题没有解决,即高次谐波分量是如何混入低次谐波中的?是杂乱无章地混入还是以某种规律混入?接下来我们将回答这个问题,并且给出混淆现象的机理。

为了阐述方便,退回到一阶问题,即 $N = 1$。一阶近似解形式为

$$\alpha(\tau)=\alpha_0+\alpha_1\cos(\omega\tau)+\alpha_2\sin(\omega\tau) \tag{3-39}$$

则三次非线性项为

$$\begin{aligned}\alpha^3(\tau)&=[\alpha_0+\alpha_1\cos(\omega\tau)+\alpha_2\sin(\omega\tau)]^3\\&=\left(A_0^2+\frac{3}{2}A_1^2\right)\alpha_0+\left(3A_0^2+\frac{3}{4}A_1^2\right)\alpha_1\cos(\omega\tau)+\left(3A_0^2+\frac{3}{4}A_1^2\right)\alpha_2\sin(\omega\tau)\\&\quad+\frac{3}{2}(\alpha_1^2-\alpha_2^2)\alpha_0\cos(2\omega\tau)+3\alpha_0\alpha_1\alpha_2\sin(2\omega\tau)\\&\quad+\frac{1}{4}(\alpha_1^2-3\alpha_2^2)\alpha_1\cos(3\omega\tau)+\frac{1}{4}(3\alpha_1^2-\alpha_2^2)\alpha_2\sin(3\omega\tau)\end{aligned} \tag{3-40}$$

从式(3－35)可以看出，一阶谐波平衡法只保留了式(3－40)中常数项和一次谐波的系数，高次谐波是不计入在内的。从式(3－36)可见，一阶时域配点法看似无序地包含了式(3－40)中所有项的系数。接下来，我们试图解释时域配点法代数方程中高次谐波系数的混入规律。

首先，经观察可见，一阶时域配点法代数方程中的高次项是以如下规律混入低次谐波的：

(1) $\cos(2\omega\tau)$被混淆为“$\cos(\omega\tau)$”；

(2) $\sin(2\omega\tau)$被混淆为“$-\sin(\omega\tau)$”；

(3) $\cos(3\omega\tau)$被混淆为“1”；

(4) $\sin(3\omega\tau)$被混淆为“0”。

上述第(1)条说明：在时域配点法中，高次谐波 $\cos(2\omega\tau)$ 的系数被误认为是 $\cos(\omega\tau)$ 的系数。也就是说，时域配点法代数方程最后一项中的第二项是由谐波平衡法中 $\cos(\omega\tau)$ 的系数 $\left(3A_0^2+\frac{3}{4}A_1^2\right)\alpha_1$ 和高次项 $\cos(2\omega\tau)$ 的系数 $\frac{3}{2}(\alpha_1^2-\alpha_2^2)\alpha_0$ 两部分相加得到的。图 3－3 为一阶时域配点法混淆规律的图形解释。

下面研究二阶时域配点法。近似解表达式为

$$\alpha(\tau)=\alpha_0+\alpha_1\cos(\omega\tau)+\alpha_2\sin(\omega\tau)+\alpha_3\cos(2\omega\tau)+\alpha_4\sin(2\omega\tau) \tag{3-41}$$

立方项为

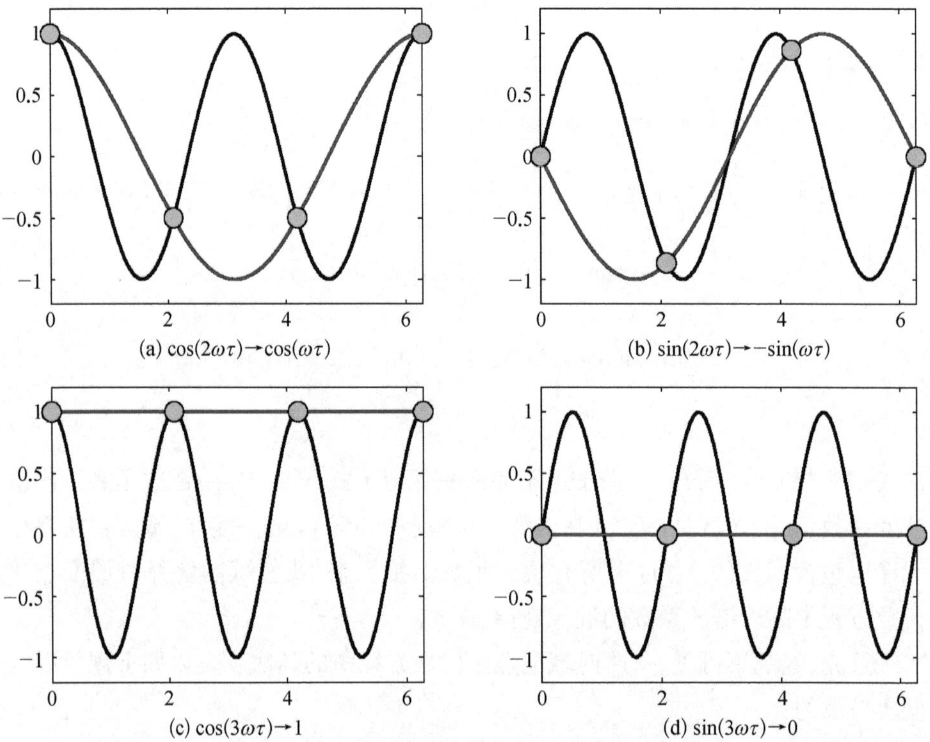

图 3-3　一阶时域配点法混淆规律示意图

$$
\begin{aligned}
\alpha^3(\tau) &= [\alpha_0 + \alpha_1\cos(\omega\tau) + \alpha_2\sin(\omega\tau) + \alpha_3\cos(2\omega\tau) + \alpha_4\sin(2\omega\tau)]^3 \\
&= m_0^{(2)} + m_1^{(2)}\cos(\omega\tau) + m_2^{(2)}\sin(\omega\tau) + m_3^{(2)}\cos(2\omega\tau) + m_4^{(2)}\sin(2\omega\tau) \\
&\quad + \left(-\frac{3}{4}\alpha_1\alpha_2^2 + \frac{1}{4}\alpha_1^3 + \frac{3}{2}\alpha_2\alpha_3\alpha_4 - 3\alpha_0\alpha_2\alpha_4 + 3\alpha_0\alpha_1\alpha_2\right. \\
&\quad \left. + \frac{3}{4}(\alpha_3^2 - \alpha_4^2)\alpha_1\right)\cos(3\omega\tau) + \left(\frac{3}{4}\alpha_1^2\alpha_2 - \frac{1}{4}\alpha_2^3 + \frac{3}{2}\alpha_1\alpha_3\alpha_4\right. \\
&\quad \left. + 3\alpha_0\alpha_1\alpha_4 + 3\alpha_0\alpha_2\alpha_3 - \frac{3}{4}(\alpha_3^2 - \alpha_4^2)\alpha_2\right)\sin(3\omega\tau) \\
&\quad + \left(-\frac{3}{2}\alpha_1\alpha_2\alpha_4 + \frac{3}{2}(\alpha_3^2 - \alpha_4^2)\alpha_0 + \frac{3}{4}(\alpha_1^2 - \alpha_2^2)\alpha_3\right)\cos(4\omega\tau) \\
&\quad + \left(\frac{3}{2}\alpha_1\alpha_2\alpha_3 + 3\alpha_0\alpha_3\alpha_4 + \frac{3}{4}(\alpha_1^2 - \alpha_2^2)\alpha_4\right)\sin(4\omega\tau)
\end{aligned}
$$

$$+\left(-\frac{3}{2}\alpha_2\alpha_3\alpha_4+\frac{3}{4}(\alpha_3^2-\alpha_4^2)\alpha_1\right)\cos(5\omega\tau)+\left(\frac{3}{2}\alpha_1\alpha_3\alpha_4\right.$$
$$\left.+\frac{3}{4}(\alpha_3^2-\alpha_4^2)\alpha_2\right)\sin(5\omega\tau)+\left(\frac{1}{4}\alpha_3^3-\frac{3}{4}\alpha_3\alpha_4^2\right)\cos(6\omega\tau)$$
$$+\left(-\frac{1}{4}\alpha_4^3+\frac{3}{4}\alpha_3^2\alpha_4\right)\sin(6\omega\tau) \tag{3-42}$$

经观察可得 TDC2 的代数方程组与 HB2 的混淆关系：

(1) $\cos(3\omega\tau)$被混淆为“$\cos(2\omega\tau)$”；

(2) $\sin(3\omega\tau)$被混淆为“$-\sin(2\omega\tau)$”；

(3) $\cos(4\omega\tau)$被混淆为“$\cos(\omega\tau)$”；

(4) $\sin(4\omega\tau)$被混淆为“$-\sin(\omega\tau)$”；

(5) $\cos(5\omega\tau)$被混淆为“1”；

(6) $\sin(5\omega\tau)$被混淆为“0”；

(7) $\cos(6\omega\tau)$被混淆为“$\cos(\omega\tau)$”；

(8) $\sin(6\omega\tau)$被混淆为“$\sin(\omega\tau)$”。

对上述混淆规律举一例说明。TDC2 代数方程组最后一项中 $\sin(\omega\tau)$的系数一共由三部分构成(图 3-4)：HB2 中 $\sin(\omega\tau)$的系数 $m_2^{(2)}$、高次谐波 $\sin(4\omega\tau)$的系数的负值,以及高次谐波 $\sin(6\omega\tau)$的系数。剩余 7 个混淆规律经验证都成立。

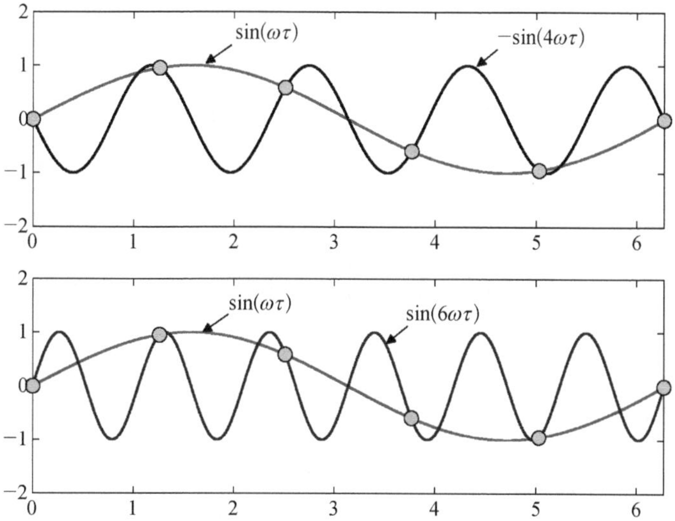

图 3-4　混淆现象示意图

上面关于一阶、二阶时域配点法混淆现象的规律均是基于观察所得，不具有普遍性。下面将提出时域配点法的一般混淆规律，从而揭示混淆现象发生的本质原因。我们知道，时域配点法和伪谱法是密切相关的，并且伪谱法会产生频率混淆现象。伪谱法的混淆现象多在流体力学问题中出现[21, 22]。伪谱法和时域配点法都是加权残余法中的配点法，因此可以借助已有的关于伪谱法混淆规律的研究来解释时域配点法的混淆机理。根据伪谱法中的混淆规律，时域配点法（或高维谐波平衡法）的一般混淆规律总结如下。

混淆规则：假设 $\alpha \in [0, 2\pi]$ 被以 h 为间隔均分为离散时间点，那么配点法中可区分的最大谐波次数 $n \in [-L, L]$，其中 $L = \pi/h$，L 被称为“极限波次”。高次谐波 $n(|n| > L)$ 将被误认为是相应低次谐波 n_a：

$$n_a = n \pm 2mL \tag{3-43}$$

其中，$n_a \in [-L, L]$，m 为整数。也就是说混淆现象中超越 $[-L, L]$ 范围的高次谐波 n 会被混淆为在 $[-L, L]$ 内的一个低次谐波 n_a。高次谐波来源于非线性项。

如图 3-5 所示，一阶时域配点法有三个均匀分布的配点，配点间隔 h 为 $2\pi/3$。所以它的极限波次为 $L = 1.5$。立方项的存在会产生高次谐波（2 次和 3 次）。根据混淆规则，任意超越 $[-1.5, 1.5]$ 的高次谐波 n 都会被混淆为 $[-1.5, 1.5]$ 中对应的低次谐波 $n_a = n \pm 3m$，即“2→-1”，“3→0”。类似地，对于二阶时域配点法，高次谐波会被混淆为 $n_a = n \pm 5m \in [-2.5, 2.5]$ 中的低次谐波中。至此，混淆规则合理地解释了时域配点法计算结果中高次谐波混入低次谐波的机理。

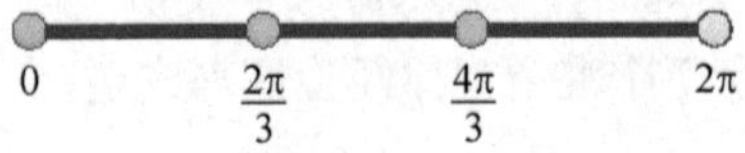

图 3-5　一阶时域配点法的配点位置

上面得到的混淆规则建立了时域配点法和谐波平衡法的定量关系。如果已知谐波平衡法的代数方程表达式，根据混淆规则可以立刻写出对应的时域配点法的代数方程。另外，上述混淆规则是基于立方项提出的，因此适用于其他含有立方非线性的动力学系统。对于其他多项式形式的非线性项，亦可类似地推导其混淆规则。

3.5　数值算例

3.5.1　RK4 的结果

本节使用数值积分法仿真二元机翼在 $U^*/U_L^* = 1 \sim 3$ 飞行速度下的响应。

系统参数见表 3－1。

表 3－1　系 统 参 数

$\overline{\omega}$	x_α	β	γ	μ	r_α	a_h	ζ_α	ζ_ξ
0.2	0.25	80	0	100	0.5	−0.5	0	0

首先计算线性系统颤振初值 U_L^*。根据定义，线性系统的颤振初值具有如下性质。当小于该值时线性系统振动收敛，一旦大于该值则系统发散。因此，可以去掉非线性系统中的非线性项，然后逐步增大 U^* 直至振动形式从收敛转为发散，此时的 U^* 即为线性颤振初值。经计算，当系统参数取表 3－1 中值时，线性颤振初值 $U_L^* = 6.285$。

图 3－6 是使用正向、逆向参数扫描法画出的振动频率−飞行速度图；扫描参数间隔为 0.01。图 3－6 显示，正向扫描中，在 $U^*/U_L^* = 2.35$ 发生了次级分岔；逆向扫描中，在 $U^*/U_L^* = 1.84$ 处发生了次级分岔。因此，区域[1.84, 2.35]是一个迟滞区域或多解区域。在该区域中同一确定参数系统存在两个稳定周期解，系统实际以哪一个稳定状态运动取决于初值。当系统受到足够的外部扰动力时可能会从一个稳定状态过渡到另一个稳定状态。

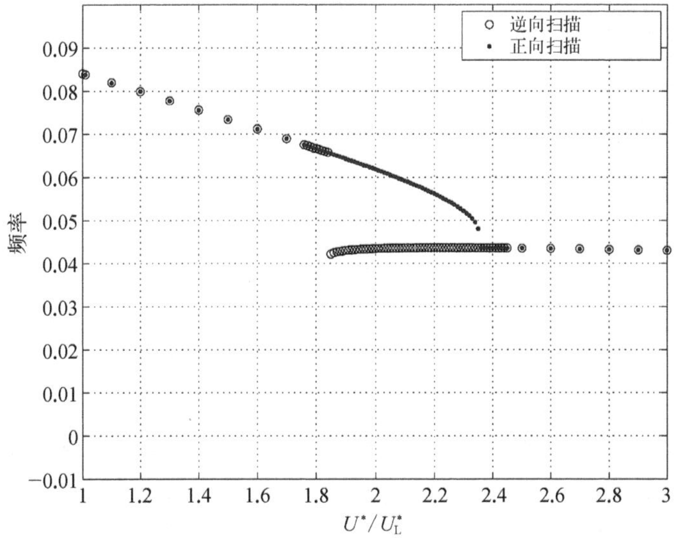

图 3－6　使用参数扫描法得出的振动频率−飞行速度图

3.5.2 混淆现象的数值分析

2006 年,Liu 等[12]证实高维谐波平衡法会产生混淆现象。由于高维谐波平衡法与时域配点法的等价性,时域配点法也会产生混淆现象。不同于上述两种方法,谐波平衡法被认为不会产生非物理解。本节将使用数值方法证明 3.3.1 节中的结论: 谐波平衡法会产生数学混淆现象。

使用 RK4 数值求解 $U^*/U_L^*=2$ 所对应系统。系统初值取 $\alpha(0)$ 为一给定值,其他状态量的初值设为零。从 $\alpha(0)\in[-20°, 20°]$ 中随机选取 1 000 个值进行 1 000 次仿真计算。Monte Carlo 法数值证实了对于 $U^*/U_L^*=2$, 系统只有两个稳定周期解。使用类似办法,研究谐波平衡法和时域配点法是否会产生多余的解。

1. 谐波平衡法的数学混淆现象

这里使用 Monte Carlo 模拟法研究两个具体例子以展示谐波平衡法的数学混淆现象:

(1) HB3 所有初始状态变量全随机选取;

(2) HB9 部分初始状态变量随机选取。

这里"全随机"表示所有状态变量都随机给出,"部分随机"指仅一次谐波系数 α_1 和 α_2 随机给出,其他均取 0.1。

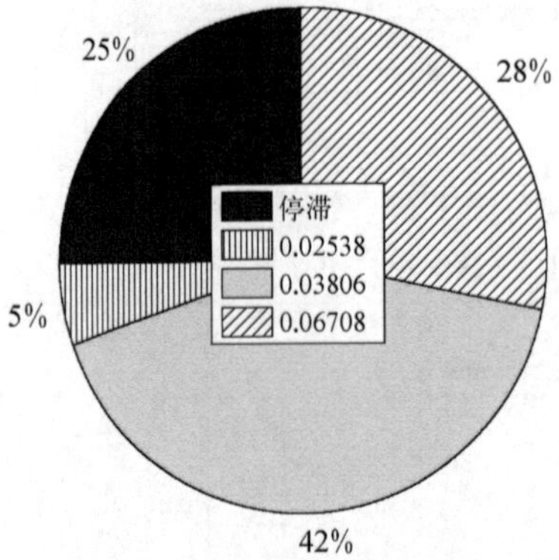

图 3-7 HB3 的 Monte Carlo 仿真结果: 每个解对应的概率

第一个例子中取 1 000 次试验,状态变量初值在[-0.5, 0.5]范围内随机选取。图 3-7 为 HB3 的计算结果。结果显示,从某一组随机初始条件出发产生了 4 种结果,分别为"停滞"、$\omega_1=0.025\ 38$、$\omega_2=0.038\ 06$、$\omega_3=0.067\ 08$。具体来说,发生"停滞"①、ω_1、ω_2 和 ω_3 的概率分别为 25%、5%、42% 和 28%。简便起见,下面的讨论中将发生 ω_1、ω_2 的情况记为"POSS1""POSS2"。

正如上文提到的那样,不是所有的谐波平衡法产生的解都是"真解",虽然它们都是物理解但可能存在数学混淆解。因此,需要对谐波平衡法的解做进一步分析。如图 3-8 所示,HB3 计算的 POSS1 和 POSS2 两个解所对应的时间响应曲线和相

① 停滞即代数方程的残差在某一较大值处徘徊,不再继续收敛。

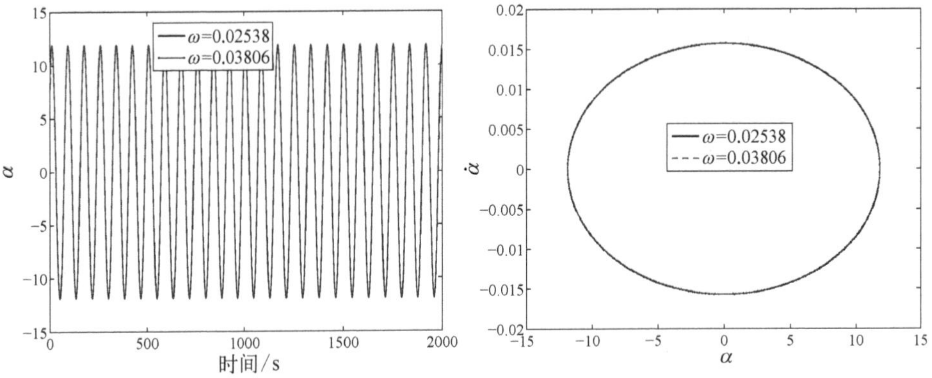

(a) 时间响应曲线　　(b) 相平面图

图 3-8　飞行速度取 $U^*/U_L^*=2$ 时,HB3 计算的两个解 POSS1 和 POSS2 结果曲线

平面图是一样的。两个不同频率的解居然对应着同一物理运动,这说明出现了 3.3.1 节中所提到的数学混淆现象。

表 3-2 列出了 HB3 三个解所对应的各次谐波分量。可见 POSS1 和 POSS2 的第一次谐波分量不是主要部分,这意味着两个解均为数学混淆解。由于 POSS1 的三次谐波是主要部分而 POSS2 的二次谐波是主要部分,根据 3.3.1 小节的分析,POSS1 和 POSS2 两个解是以如下关系发生混淆的:

$$\cos(3\omega_{\text{POSS2}}) = \cos(2\omega_{\text{POSS3}}) = \cos\omega,\quad \sin(3\omega_{\text{POSS2}}) = \sin(2\omega_{\text{POSS3}}) = \sin\omega \tag{3-44}$$

因此存在一个"真解",该解的频率为 $\omega = 3\omega_{\text{POSS2}} \approx 0.075\,7$, 它的一次谐波为主要部分(一次谐波分量为 $A_1 \approx 0.207\,3$)。 由于 POSS3 的一次谐波为主要成分,这意味着 POSS3 是一个真解。

表 3-2　HB3 计算的 POSS1～POSS3 的各次谐波分量

Fourier 参数	POSS1	POSS2	POSS3
1	0.000 000 00	0.000 000 00	0.000 000 00
A_1	0.000 000 00	0.000 099 48	0.176 480 60
A_2	0.000 000 17	0.207 323 46	0.000 192 59
A_3	0.207 338 70	0.000 131 74	0.040 977 29
ω	0.025 256 35	0.037 883 52	0.067 016 97

第二个例子的 Monte Carlo 仿真结果如图 3-9 所示。仿真中在[-0.5, 0.5]范围内随机产生 1 000 组 α_1 和 α_2 作为系统初值,一共得到 4 个可能结果。对某

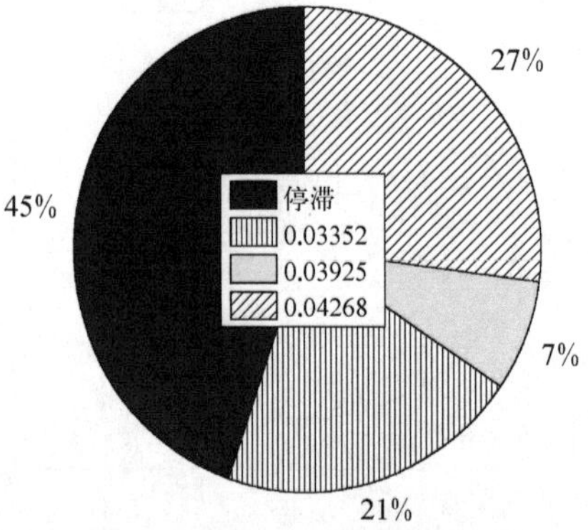

图 3-9 HB9 的 Monte Carlo 仿真结果：所有可能解的概率

一随机初值，“停滞”、POSS1、POSS2 及 POSS3 的可能性分别为 45%、21%、7% 及 27%。

HB9 计算的 POSS1~POSS3 三个解的相平面图在图 3-10 中给出。由图可知，三个解是彼此不混淆的解①，因为谐波平衡法的混淆解必对应着同一物理运动。表 3-3 给出了各个解对应的谐波分量，对各次谐波分量进行研究可以判定某个解是真解还是混淆解。POSS1 有一个主要二次谐波分量和一个相对主要的六次谐波分量，这说明 POSS1 是一个以 $2\omega_{\mathrm{POSS1}} \approx 0.067$ 为频率的真解的混淆解；该真解的一次和三次谐波分量分别为 $(A_2)_{\mathrm{POSS1}}$ 和 $(A_6)_{\mathrm{POSS1}}$。实际上，数学混淆解产生的原因是各次谐波分量和频率以一定规律协调变化，从而有不同组满足代数方程的解的形式。

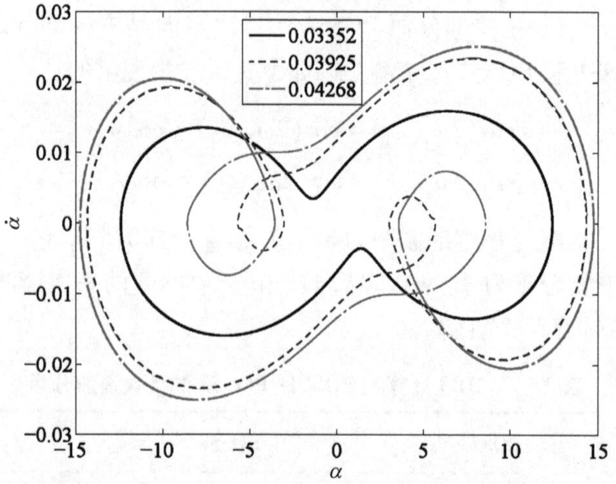

图 3-10 飞行速度为 $U^*/U_{\mathrm{L}}^* = 2$ 时 HB9 计算的三个解所对应的相平面图

表 3-3 显示，POSS2 和 POSS3 的一次谐波为主要谐波，并且高次谐波分量是递减的，这说明它们都是真解。具体来看，POSS3 是对应图 3-6 中下支曲线的稳定解，而 POSS2 对应一个不稳定解。POSS2 和 POSS3 的稳定性可由文献

① 彼此不混淆的解不代表它们都是“真解”，有可能它们是其他未求得的解的混淆解。

[9]中的摄动法判定,这里不做赘述。

表 3-3　HB9 计算的 POSS1~POSS3 三个解的各次谐波分量

Fourier 参数	POSS1	POSS2	POSS3
1	0.000 000 00	0.000 000 00	0.000 000 00
A_1	0.000 003 64	0.132 348 63	0.158 218 13
A_2	0.176 482 12	0.000 011 01	0.000 005 88
A_3	0.000 006 23	0.087 939 58	0.09 364 24
A_4	0.000 000 00	0.000 009 21	0.000 003 27
A_5	0.000 006 12	0.036 067 37	0.034 065 93
A_6	0.040 977 08	0.000 006 06	0.000 002 66
A_7	0.000 003 18	0.016 553 26	0.016 089 10
A_8	0.000 000 00	0.000 003 52	0.000 001 34
A_9	0.000 002 17	0.007 046 81	0.006 167 72
ω	0.033 507 58	0.039 242 12	0.042 649 96

在 Duffing 振子模型中,谐波平衡法不会产生数学混淆解[12, 13]。但上面研究证明,当前自激振动模型中,谐波平衡法产生了数学混淆解。我们得到如下结论:谐波平衡法在求解强迫振动非线性动力学系统时不产生数学混淆解,在求解自激振动系统时可能产生数学混淆解。

2. 数值分析时域配点法的混淆现象

研究完谐波平衡法的数学混淆现象,我们转向时域配点法的物理混淆现象。以 TDC3 和 TDC9 两个阶次的方法举例说明。在 TDC3 中,初始状态变量全部随机取自[-0.5, 0.5];TDC9 的初始状态中部分随机地取自[-0.5, 0.5]。图 3-11 给出了 TDC3 和 TDC9 的各个频率解的概率。如图所示,TDC3 得到了 17 个不同解;然而通过分析各个解的谐波分量的收敛性发现,17 个解均为非物理解。对于 TDC9 一共得到了 21 个解且经验证均为非物理解。也就是说,使用 Monte Carlo 模拟的方式随机给定初值进行仿真没有得到一个物理解。这说明时域配点法的初值不能随机给定,必须合理给出初值条件才能计算出系统物理解。

综上所述,时域配点法能够产生比谐波平衡法更多的解,这是因为:① 时域配点法中高次谐波分量混入低次谐波里,从而容纳了很多非物理解;② (或许)时域配点法中也存在数学混淆现象。

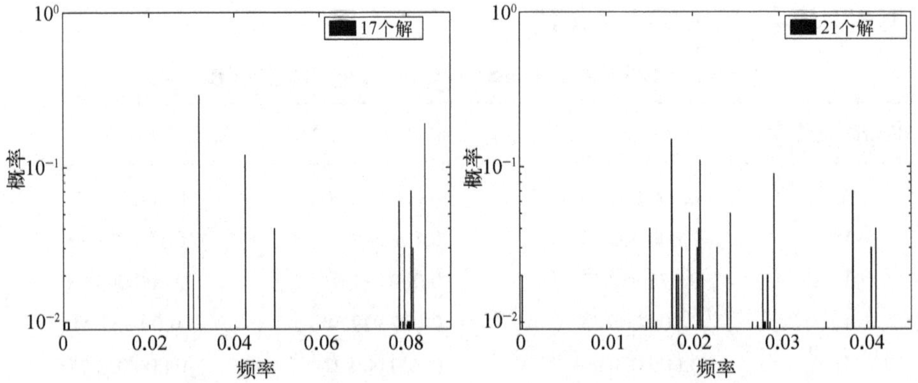

(a) TDC3　　(b) TDC9

图 3-11　飞行速度取 U^*/U_L^* = 2 时，使用 TDC 法计算的所有解按频率分布的 Monte Carlo 柱状图

3.5.3　使用参数扫描法消除混淆

3.5.2 节数值算例表明时域配点法对初值非常敏感，随意给定初值一般无法得到物理解。在第 2 章 Duffing 振子研究中，我们提出了拓展时域配点法，该方法消除了多余非物理解。但是针对本章二元机翼模型研究发现，拓展时域配点法不能消除非物理解。这里，为了克服该困难，我们用参数扫描法为时域配点法提供合理初值以获得幅频响应曲线。本例研究中扫描参数是飞行速度。

图 3-12 和图 3-13 是时域配点法和 RK4 计算得出的关于振动基频-飞行速度的响应曲线。图 3-12(a)显示，对于正向扫描，在 U^*/U_L^* = 2.2 之前，TDC9

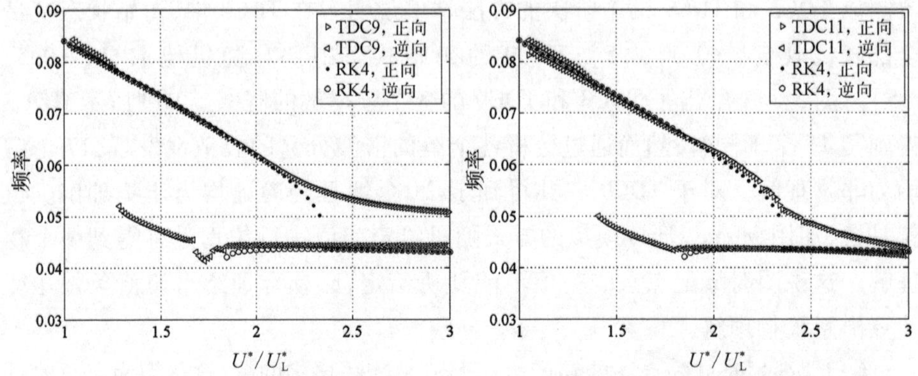

(a) TDC9和TDC11计算结果响应曲线1　　(b) TDC9和TDC11计算结果响应曲线2

图 3-12　使用 TDC9 和 TDC11 计算的基频-飞行速度响应曲线

RK4 的结果为标准解

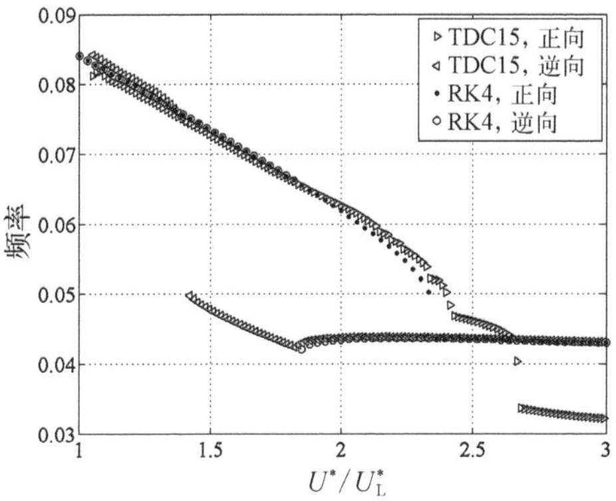

(a) TDC15和TDC21计算结果响应曲线1

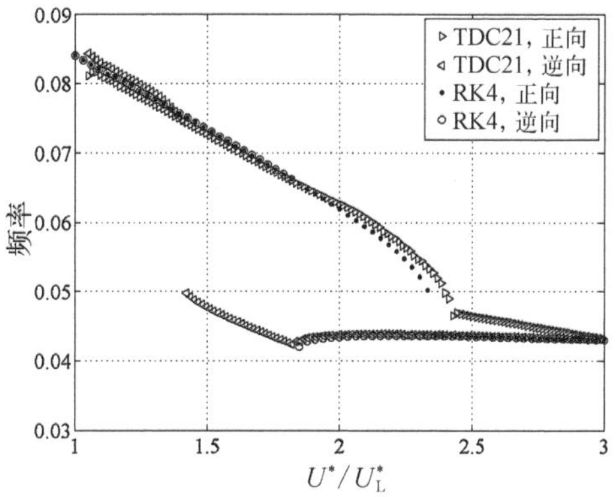

(b) TDC15和TDC21计算结果响应曲线2

图3-13　使用TDC15和TDC21计算的频率-速度响应曲线

RK4的结果为标准解

和RK4的结果吻合，此后TDC9与RK4的计算结果开始发生偏离。并且，TDC9的响应曲线是连续变化的，也就是说TDC9不能预测出二元机翼振动系统的次级分岔。对于逆向扫描，可以看出TDC9与RK4在整个下支曲线一致。使用RK4预测的分岔点为1.84，超过该分岔点后RK4的响应曲线从下支跳跃到上支。对于TDC9来说，在分岔点之前TDC9能够得到整个下支响应曲线。但是超越分岔点后，TDC9响应曲线没有跳跃到上支响应曲线，而是蜿蜒曲折地在下支附近得到其他一些曲线。这是因为到达分岔点后参数扫描法无法提供合理的初值，扫描法失效。由于TDC法对初值的极其敏感性，因此TDC9在分岔点后的结果对应于非物理解。

对非线性代数方程组而言，对某一给定初值，其在迭代法的迭代过程中有三种可能结果：① 收敛到一个数学意义上的解；② 在某一停滞点徘徊，停止收敛；③ 发散。由于TDC代数方程组有很多数学意义上的解（非物理解也是代数方程的数学解），因此存在对于同一初值有很多解的可能性。对于迭代法，初值一般会收敛到距离其较近的解。并且，在数学意义上物理解和非物理解对代数方程组来说没有区别，因此物理解不会比非物理解更容易吸引初值去靠近它。在计算中，当残差小于 $\epsilon = 1^{-6}$ 或迭代次数达到20 000时停止迭代。从图中看出，在超越分岔点后，TDC9扫描出了一小段曲线。当 $U^*/U_L^* = 1.84 \sim 1.68$ 时，响应曲线是不连续的，这说明该部分对应着的是停滞点，而不是数学解。因为如果是数学解，那么参数扫描法给出的曲线应该是连续的。所以，1.84~1.68这一段响应曲线是没有物理意义的。当 $U^*/U_L^* = 1.68 \sim 1.28$ 时，部分是平滑的响应曲线，说明该段对应数学解。继续减小飞行速度到 $U^*/U_L^* = 1.28$ 出现了一个往上跳跃的点，跳跃到有物理意义的上支响应曲线。这个跳跃可以理解为：当飞行速度较小时，系统非线性程度较弱，因此系统蕴含的数学解的个数很少以致在下支附近没有其他解，所以迫使了该跳跃的出现。

图 3－12(b)是 TDC11 计算出的频率-速度响应曲线图。正向扫描时，TDC11 的结果和标准解直到 2.27 都是很接近的，这要好于 TDC9 的结果。继续增大速度 TDC11 的结果出现偏离，这意味着非物理解出现了。TDC11 跟 TDC9 一样，都不能检测出次级分岔点。逆向扫描时，TDC11 可以得到整个响应曲线的下支，并且得到的次级 Hopf 分岔值比标准值 1.84 略小。由于分岔点使扫描法失效，因此超过分岔点后 TDC11 给出的是非物理解。

图 3－13(a)表明逆向扫描时 TDC15 可以精确地描绘出整个下支响应曲线，但是正向扫描时不能给出整个上支。TDC21 的结果见图 3－13(b)。如图所示，正向扫描得到了整个上支曲线，并且预测的分岔点 2.38 接近标准值 2.34。超越分岔点后，不可避免地出现了非物理解。逆向扫描的结果与标准解吻合很好，整个下支曲线高度一致，分岔点也精确地获得。超越分岔点后，非物理解分支出现，直到 $U^*/U_L^* = 1.42$ 才从非物理解分支跳跃到有物理意义的上支曲线。

总之，使用时域配点法与参数扫描法相结合的办法可以得到非线性动力学系统的各种响应曲线。并且，随着谐波个数的增加，计算精度越高。在当前二元机翼模型中，包含 21 个谐波的时域配点法可以非常精确地获得上、下支响应曲线和分岔点。

3.5.4 时域配点法的精度

表 3－4 列出了使用不同方法计算出的系统振动基频(一次谐波频率)。RK4 法取很小的积分步长 $\Delta\tau = 0.01$ 来确保高计算精度，并摒弃了前 2 000 s 以去除瞬态过程。表 3－4 是各种方法计算结果与 RK4 标准解的差值，其中“+”和“－”分别表示大于或小于标准值。由表可见，谐波个数的增多可以提高时域配点法的精度。在第一列数据比较中，HB9 精度比 TDC9 精度高，但是低于 TDC11 的精度；在第二列中 HB9 的精度优于 TDC11 的精度但不如 TDC13 的精度；第三列中，HB9 的精度与 TDC11 的精度相当。

表 3-4　各种方法计算出的系统振动基频

方　法	$\omega=2$(上支)	$\omega=2$(下支)	$\omega=4$
RK4	0.061 885 01	0.043 473 22	0.042 112 50
HB9	+0.000 019 52	−0.000 823 27	−0.000 549 35
TDC7	+0.002 030 74	−0.002 360 04	−0.003 801 10
TDC9	+0.000 092 52	−0.003 184 65	−0.001 623 12
TDC11	−0.000 002 10	−0.001 831 87	−0.000 501 95
TDC13	−0.000 002 55	−0.000 212 16	−0.000 079 66
TDC15	−0.000 002 48	−0.000 020 04	−0.000 007 69

综上数值计算结果可知,HB9 的精度比 TDC9 的精度高。2006 年,Liu 等[12]在 Duffing 振子模型中研究了谐波平衡法和高维谐波平衡法(等价于时域配点法)的精度,指出 HBn 与 HDHB2n(或 TDC2n)精度相当。在当前研究中,数值算例证实 HBn 的精度不如 TDC2n。本研究表明,时域配点法只需要比谐波平衡法多几个谐波就可以取得与后者相当的精度。另外值得强调的是,基于高维谐波平衡法就是时域配点法的新观点,本质上高维谐波平衡法与谐波平衡法的精度差别就是配点法与 Galerkin 法的精度差别。

表 3-5 中列出了谐波平衡法和时域配点法计算出的主谐波幅值。我们知道增大谐波个数可以提高 TDCn 的精度,所以把 TDC40 作为标准值。对于 $U^*/U_{\mathrm{L}}^*=2$ 时的两个解,HBn 的精度好于 TDCn 的精度。对于第三个解,TDC9 与 HB9 精度相当。由表 3-4 和表 3-5 可知,TDC(n+4)的精度至少与 HBn 的精度相当,有时甚至略好于 HBn 的精度。

表 3-5　各种方法计算出的主谐波基频

方　法	$A_1=2$(上支)	$A_2=2$(下支)	$A_1=4$
TDC40	0.164 954 97	0.162 214 29	0.383 297 86
HB9	+0.000 042 53	−0.003 996 16	−0.005 249 28
TDC7	+0.002 064 64	−0.018 645 01	−0.011 961 97
TDC9	+0.000 087 56	−0.015 629 15	−0.004 547 95
TDC11	−0.000 001 35	−0.009 231 01	+0.000 661 97
TDC13	−0.000 000 20	−0.000 926 21	+0.000 708 45
TDC15	−0.000 000 02	−0.000 076 55	+0.000 202 14

3.6 本章小结

本章使用时域配点法、谐波平衡法求解非线性二元机翼的周期解。基于高维谐波平衡法本质上是时域配点法的事实,成功揭示了高维谐波平衡法产生混淆现象的机理,并给出了通用的混淆规则。

另外,首次发现了谐波平衡法产生数学混淆解的现象,并且使用数值算例证实了该混淆现象的存在。研究表明,谐波平衡法只有在系统为自激振动系统时才会产生数学混淆现象;对强迫振动系统来说,数学混淆解不会出现。

对时域配点法和谐波平衡法的精度进行了对比。结果表明,时域配点法与谐波平衡法的精度相当,一般来说,$n+4$ 阶时域配点法的精度略好于 n 阶谐波平衡法的精度。本质上来说,时域配点法(或高维谐波平衡法)与谐波平衡法的精度区别就是配点法与 Galerkin 法的区别。另外,数值实验表明,使用第 2 章中提出的拓展时域配点法不能消除非物理解;这个结论与研究 Duffing 模型时得到的结论不同。可见拓展时域配点法的鲁棒性有待提高。由于时域配点法的简便性,增加谐波个数能提高计算精度不会带来过多的计算负担,因此,使用时域配点法和参数扫描法相结合的方法是求取非线性系统响应曲线的一个强有力工具。

3.7 本章附录

方程组(3-4)中的系数为

$$c_0 = 1 + \frac{1}{\mu}$$

$$c_1 = x_\alpha - \frac{a_h}{\mu}$$

$$c_2 = \frac{2}{\mu}(1 - \psi_1 - \psi_2) + 2\zeta_\xi \frac{\bar{\omega}}{U^*}$$

$$c_3 = \frac{1}{\mu}[1 + (1 - 2a_h)(1 - \psi_1 - \psi_2)]$$

$$c_4 = \frac{2}{\mu}(\epsilon_1\psi_1 + \epsilon_2\psi_2)$$

$$c_5 = \frac{2}{\mu}\left[1 - \psi_1 - \psi_2 + \left(\frac{1}{2} - a_h\right)(\epsilon_1\psi_1 + \epsilon_2\psi_2)\right]$$

$$c_6 = \frac{2}{\mu}\epsilon_1\psi_1\left[1 - \epsilon_1\left(\frac{1}{2} - a_h\right)\right]$$

$$c_7 = \frac{2}{\mu}\epsilon_2\psi_2\left[1 - \epsilon_2\left(\frac{1}{2} - a_h\right)\right]$$

$$c_8 = -\frac{2}{\mu}\epsilon_1^2\psi_1$$

$$c_9 = -\frac{2}{\mu}\epsilon_2^2\psi_2$$

$$c_{10} = \left(\frac{\bar{\omega}}{U^*}\right)^2$$

$$d_0 = \frac{x_\alpha}{r_\alpha^2} - \frac{a_h}{\mu r_\alpha^2}$$

$$d_1 = 1 + \frac{1 + 8a_h^2}{8\mu r_\alpha^2}$$

$$d_2 = -\frac{1 + 2a_h}{\mu r_\alpha^2}(1 - \psi_1 - \psi_2)$$

$$d_3 = \frac{1 - 2a_h}{2\mu r_\alpha^2} - \frac{(1 - 4a_h^2)(1 - \psi_1 - \psi_2)}{2\mu r_\alpha^2} + \frac{2\zeta_\alpha}{U^*}$$

$$d_4 = -\frac{1 + 2a_h}{\mu r_\alpha^2}(\epsilon_1\psi_1 + \epsilon_2\psi_2)$$

$$d_5 = -\frac{1 + 2a_h}{\mu r_\alpha^2}(1 - \psi_1 - \psi_2) - \frac{(1 - 4a_h^2)(\epsilon_1\psi_1 + \epsilon_2\psi_2)}{2\mu r_\alpha^2}$$

$$d_6 = -\frac{(1 + 2a_h)\psi_1\epsilon_1}{\mu r_\alpha^2}\left[1 - \epsilon_1\left(\frac{1}{2} - a_h\right)\right]$$

$$d_7 = -\frac{(1+2a_h)\psi_2\epsilon_2}{\mu r_\alpha^2}\left[1-\epsilon_2\left(\frac{1}{2}-a_h\right)\right]$$

$$d_8 = \frac{(1+2a_h)\psi_1\epsilon_1^2}{\mu r_\alpha^2}$$

$$d_9 = \frac{(1+2a_h)\psi_2\epsilon_2^2}{\mu r_\alpha^2}$$

$$d_{10} = \left(\frac{1}{U^*}\right)^2$$

方程组(3-5)中的系数为

$$c = 1/(c_0d_1 - c_1d_0) \qquad a_{21} = c(-d_5c_0 + c_5d_0)$$
$$a_{22} = c(-d_3c_0 + c_3d_0) \qquad a_{23} = c(-d_4c_0 + c_4d_0)$$
$$a_{24} = c(-d_2c_0 + c_2d_0) \qquad a_{25} = c(-d_6c_0 + c_6d_0)$$
$$a_{26} = c(-d_7c_0 + c_7d_0) \qquad a_{27} = c(-d_8c_0 + c_8d_0)$$
$$a_{28} = c(-d_9c_0 + c_9d_0) \qquad a_{41} = c(d_5c_1 - c_5d_1)$$
$$a_{42} = c(d_3c_1 - c_3d_1) \qquad a_{43} = c(d_4c_1 - c_4d_1)$$
$$a_{44} = c(d_2c_1 - c_2d_1) \qquad a_{45} = c(d_6c_1 - c_6d_1)$$
$$a_{46} = c(d_7c_1 - c_7d_1) \qquad a_{47} = c(d_8c_1 - c_8d_1)$$
$$a_{48} = c(d_9c_1 - c_9d_1) \qquad g_{21} = cc_0d_{10}$$
$$g_{23} = cd_0c_{10} \qquad g_{41} = cc_1d_{10}$$
$$g_{43} = cd_1c_{10}$$

参考文献

[1] Price S J, Alighanbari H, Lee B H K. The aeroelastic response of a two-dimensional airfoil with bilinear and cubic structural nonlinearities[J]. Journal of Fluids and Structures, 1995, 9(2): 175-193.

[2] Price S J, Lee B H K, Alighanbari H. Poststability behavior of a two-dimensional airfoil with a structural nonlinearity[J]. Journal of Aircraft, 1994, 31(6): 1395-1401.

[3] Lee B H K, Gong L, Wong Y S. Analysis and computation of nonlinear dynamic response of a two-degree-of-freedom system and its application in aeroelasticity[J]. Journal of Fluids and Structures, 1997, 11(3): 225-246.

[4] Liu L, Dowell E H, Thomas J P. A high dimensional harmonic balance approach for an aeroelastic airfoil with cubic restoring forces[J]. Journal of Fluids and Structures, 2007, 23

(7): 351-363.

[5] Lee B H K, Price S J, Wong Y S. Nonlinear aeroelastic analysis of airfoils: Bifurcation and chaos[J]. Progress in Aerospace Sciences, 1999, 35(3): 205-334.

[6] Liu L, Dowell E H. The secondary bifurcation of an aeroelastic airfoil motion: Effect of high harmonics[J]. Nonlinear Dynamics, 2004, 37(1): 31-49.

[7] Liu J K, Chen F X, Chen Y M. Bifurcation analysis of aeroelastic systems with hysteresis by incremental harmonic balance method[J]. Applied Mathematics and Computation, 2012, 219(5): 2398-2411.

[8] Alighanbari H, Price S J. The post-hopf-bifurcation response of an airfoil in incompressible two-dimensional flow[J]. Nonlinear Dynamics, 1996, 10(4): 381-400.

[9] Lee B H K, Gong L, Wong Y S. Analysis and computation of nonlinear dynamic response of a two-degree-of-freedom system and its application in aeroelasticity[J]. Journal of Fluids and Structures, 1997, 11(3): 225-246.

[10] Alighanbari H, Hashemi S M. Derivation of odes and bifurcation analysis of a two-DOF airfoil subjected to unsteady incompressible flow[J]. International Journal of Aerospace Engineering, 2009, 2009: 1-7.

[11] Hall K C, Thomas J P, Clark W S. Computation of unsteady nonlinear flows in cascades using a harmonic balance technique[J]. AIAA Journal, 2002, 40(5): 879-886.

[12] Liu L, Thomas J P, Dowell E H, et al. A comparison of classical and high dimensional harmonic balance approaches for a duffing oscillator[J]. Journal of Computational Physics, 2006, 215(1): 298-320.

[13] LaBryer A, Attar P J. High dimensional harmonic balance dealiasing techniques for a duffing oscillator[J]. Journal of Sound and Vibration, 2009, 324(3-5): 1016-1038.

[14] Fung Y C. An introduction to the theory of aeroelasticity[M]. Chichester: John Wiley & Sons, 1955.

[15] Bisplinghoff R L, Ashley H. Aeroelasticity[M]. New York: Courier Dover Publications, 1996.

[16] Dai H H, Yue X K, Yuan J P, et al. A time domain collocation method for studying the aeroelasticity of a two dimensional airfoil with a structural nonlinearity[J]. Journal of Computational Physics, 2014, 270: 214-237.

[17] Dai H H, Schnoor M, Atluri S N. A simple collocation scheme for obtaining the periodic solutions of the duffing equation, and its equivalence to the high dimensional harmonic balance method: Subharmonic oscillations[J]. Computer Modeling in Engineering and Sciences, 2012, 84(5): 459-497.

[18] Liao H T. Constrained optimization multi-dimensional harmonic balance method for quasi-periodic motions of nonlinear systems[J]. Computer Modeling in Engineering and Sciences, 2013, 95(3): 207-234.

[19] Dai H H, Schnoor M, Atluri S N. A simple collocation scheme for obtaining the periodic solutions of the duffing equation, and its equivalence to the high dimensional harmonic balance method: Subharmonic oscillations[J]. Computer Modeling in Engineering and

Sciences, 2012, 84(5): 459.

[20] Liu L, Dowell E H, Hall K C. A novel harmonic balance analysis for the van der Pol oscillator[J]. International Journal of Non-Linear Mechanics, 2007, 42(1): 2-12.

[21] Boyd J P. Chebyshev and Fourier Spectral Methods [M]. New York: Courier Dover Publications, 2001.

[22] Kirby R M, Karniadakis G E. De-aliasing on non-uniform grids: Algorithms and applications [J]. Journal of Computational Physics, 2003, 191(1): 249-264.

第 4 章

快速谐波平衡技术

4.1 引言

本章继续研究亚声速流场中非线性二元机翼振动模型的半解析法。二元机翼的结构非线性一般有三种类型：立方非线性[1-5]、间隙非线性[6-9]和迟滞非线性[10-12]。本章研究俯仰方向含有立方非线性的情况，因此数学模型与第 3 章方程(3-4)一致。不同的是，第 3 章着重研究了时域配点法，而这里着力提高谐波平衡法的计算效率和精度。

文献[13]中首先使用谐波平衡法将二元机翼的常微分方程组转换为代数方程组，然后用牛顿迭代法进行求解，其每步迭代过程需要数值计算雅可比矩阵。本章为了提高计算效率，在推导出谐波平衡法代数方程后，直接推导其显式雅可比矩阵，从而提高牛顿迭代法的计算效率。另外，使用数值方法研究显式雅可比矩阵对谐波平衡法计算精度和效率的影响。

本章另外一个目标是研究谐波平衡法的“调频现象”对计算精度的影响。使用谱分析方法研究系统时间响应中各次谐波贡献度，指导谐波平衡法的使用。

4.2 谐波平衡法

第 3 章已经对谐波平衡法进行了详尽介绍，这里不再赘述。立方非线性二元机翼的谐波平衡法代数方程为如下形式：

$$(\boldsymbol{A}_2 - \boldsymbol{B}_2\boldsymbol{B}_1^{-1}\boldsymbol{A}_1)\boldsymbol{Q}_\alpha + d_{10}\boldsymbol{M}_\alpha = \boldsymbol{0} \tag{4-1}$$

谐波平衡法代数方程中的 $\boldsymbol{M}_\alpha$ 是立方项的 Fourier 级数展开分量，涉及大量符号运算。并且，随着谐波个数增多，推导 $\boldsymbol{M}_\alpha$ 的显式表达式也变得越来越困难，且耗时。本章借助代数运算软件 Mathematica 推导 $\boldsymbol{M}_\alpha$ 的数学表达式，从而减轻推导工作量。另外，我们推导代数方程组的显式雅可比矩阵，进一步提高谐波平衡法的计算效率。

在非线性代数方程组的求解中，雅可比矩阵是每次迭代所必需的。一般而言，雅可比矩阵用数值方法计算得出。下面给出了使用向前三点差分技术计算每步迭代过程中系统雅可比矩阵的具体步骤。谐波平衡法的代数方程(4－1)加上固定一次谐波相位的附加方程所构成的增广系统可表示为如下一般形式：

$$F_i(x_j)=0,\quad i,j=1,2,\cdots,n \tag{4-2}$$

其中，$n=2N+2$；$x_j=\alpha_{j-1}(j=1,2,\cdots,n-1)$；$x_n=\omega$。

方程(4－2)的雅可比矩阵为

$$\boldsymbol{J}=\begin{pmatrix}\dfrac{\partial F_1}{\partial x_1} & \dfrac{\partial F_1}{\partial x_2} & \cdots & \dfrac{\partial F_1}{\partial x_n}\\ \dfrac{\partial F_2}{\partial x_1} & \dfrac{\partial F_2}{\partial x_2} & \cdots & \dfrac{\partial F_2}{\partial x_n}\\ \vdots & \vdots & & \vdots\\ \dfrac{\partial F_n}{\partial x_1} & \dfrac{\partial F_n}{\partial x_2} & \cdots & \dfrac{\partial F_n}{\partial x_n}\end{pmatrix} \tag{4-3}$$

该雅可比矩阵的显式表达式将在 4.3 节推导，本节使用差分法计算其数值近似矩阵。

令 $\boldsymbol{F}=[F_1,F_2,\cdots,F_n]^{\mathrm{T}}$，因此 $\partial\boldsymbol{F}/\partial x_j$ 表示 $\boldsymbol{J}$ 的第 j 列。使用三点差分公式，有

$$\left(\frac{\partial\boldsymbol{F}}{\partial x_j}\right)_{\boldsymbol{x}=\boldsymbol{x}^k}=\frac{1}{2h}[-3\boldsymbol{F}(\boldsymbol{x}^k)+4\boldsymbol{F}(\boldsymbol{x}^k+h\boldsymbol{I}_j)-\boldsymbol{F}(\boldsymbol{x}^k+2h\boldsymbol{I}_j)],\quad j=1,2,\cdots,n \tag{4-4}$$

其中，$\boldsymbol{x}^k(k=1,2,\cdots)$ 是解向量 $\boldsymbol{x}$ 在第 k 步迭代时的值；h 为差分距离；向量 $\boldsymbol{I}_j$ 是 $n\times n$ 的单位矩阵 $\boldsymbol{I}$ 的第 j 列。

注意，第 k 步迭代的雅可比矩阵为

$$\boldsymbol{J}^k=\left[\frac{\partial \boldsymbol{F}}{\partial x_1},\ \frac{\partial \boldsymbol{F}}{\partial x_2},\ \cdots,\ \frac{\partial \boldsymbol{F}}{\partial x_n}\right]_{\boldsymbol{x}=\boldsymbol{x}^k} \tag{4-5}$$

当代数方程组的解满足收敛条件时迭代停止。方便起见,谐波平衡法中使用数值方法计算雅可比矩阵时,记为 HBNJ;当使用显式雅可比矩阵时,记为 HBEJ。

4.3　显式雅可比矩阵的推导

一般地,雅可比矩阵可用上述数值方法求出。当然,一旦雅可比矩阵的显式表达式可推导出来,那么迭代法速度会大大提高。

谐波平衡法代数方程(4-1)可用 $\boldsymbol{g}=\boldsymbol{0}$, $\boldsymbol{g}\in\mathbf{R}^{2N+1}$ 表示, 其中,

$$\boldsymbol{g}(\boldsymbol{\alpha},\ \omega)=(\boldsymbol{A}_2-\boldsymbol{B}_2\boldsymbol{B}_1^{-1}\boldsymbol{A}_1)\boldsymbol{Q}_\alpha+d_{10}\boldsymbol{M}_\alpha \tag{4-6}$$

$\boldsymbol{M}_\alpha$ 是立方项 $\alpha(\tau)^3$ 的 Fourier 分量。附加方程为 $g_{ic}=\alpha_1$, 用来固定一次谐波的相位。该方程组的雅可比矩阵可写为

$$\boldsymbol{B}=\begin{bmatrix}\dfrac{\partial \boldsymbol{g}}{\partial \boldsymbol{\alpha}} & \dfrac{\partial \boldsymbol{g}}{\partial \omega}\\[2ex] \dfrac{\partial g_{ic}}{\partial \boldsymbol{\alpha}} & 0\end{bmatrix} \tag{4-7}$$

其中,

$$\frac{\partial g_{ic}}{\partial \boldsymbol{\alpha}}=(1,\ \underbrace{0,\ \cdots,\ 0}_{2N}) \tag{4-8}$$

由上可见,雅可比矩阵 $\boldsymbol{B}$ 里面第一行两个元素 $\dfrac{\partial \boldsymbol{g}}{\partial \boldsymbol{\alpha}}$ 和 $\dfrac{\partial \boldsymbol{g}}{\partial \omega}$ 需要进行推导,第二行简单易得。

对于第一行的第一个元素:

$$\frac{\partial \boldsymbol{g}}{\partial \boldsymbol{\alpha}}\overset{\text{def}}{=}\left[\frac{\partial g_i}{\partial \alpha_j}\right]=(\boldsymbol{A}_2-\boldsymbol{B}_2\boldsymbol{B}_1^{-1}\boldsymbol{A}_1)+d_{10}\left[\frac{\partial \hat{m}_i}{\partial \alpha_j}\right] \tag{4-9}$$

其中, $\partial \hat{m}_i/\partial \alpha_j$ 的显式表达式可用 Mathematica 推导出。与之前一样,这里方程近似解仍取保留 N 次谐波的 Fourier 级数形式,那么立方项应该包含 $3N$ 次谐波分量:

$$(\alpha(\tau))^3 = \hat{m}_0 + \sum_{k=1}^{3N}[\hat{m}_{2k-1}\cos(k\omega\tau) + \hat{m}_{2k}\sin(k\omega\tau)] \tag{4-10}$$

其中,Fourier 系数 $\hat{m}_0$, $\hat{m}_1$, …, $\hat{m}_{6N}$ 表示为

$$\hat{m}_0 = \frac{1}{2\pi}\int_0^{2\pi}\left\{\alpha_0 + \sum_{n=1}^{N}[\alpha_{2n-1}\cos(n\theta) + \alpha_{2n}\sin(n\theta)]\right\}^3 \mathrm{d}\theta \tag{4-11a}$$

$$\hat{m}_{2k-1} = \frac{1}{\pi}\int_0^{2\pi}\left\{\alpha_0 + \sum_{n=1}^{N}[\alpha_{2n-1}\cos(n\theta) + \alpha_{2n}\sin(n\theta)]\right\}^3 \cos(k\theta)\mathrm{d}\theta \tag{4-11b}$$

$$\hat{m}_{2k} = \frac{1}{\pi}\int_0^{2\pi}\left\{\alpha_0 + \sum_{n=1}^{N}[\alpha_{2n-1}\cos(n\theta) + \alpha_{2n}\sin(n\theta)]\right\}^3 \sin(k\theta)\mathrm{d}\theta \tag{4-11c}$$

其中, $k = 1, 2, \cdots, 3N$; $\theta \overset{\text{def}}{=} \omega\tau$; n 是哑标。在谐波平衡法中只需要对常数项 $\hat{m}_0$ 和前 N 次谐波系数 ($\hat{m}_1$, …, $\hat{m}_{2N}$) 进行平衡,得到其代数方程组。所有高次谐波 ($k \geqslant N + 1$) 被略去不计。

实际使用谐波平衡法时,由于三角函数正交性,式(4-11)的积分运算是不必要的。取而代之的是,需要对式(4-11)中的被积函数进行积化和差运算以获得 Fourier 分量 ($\hat{m}_0$, $\hat{m}_1$, …, $\hat{m}_{2N}$) 。使用 Mathematica 软件中 TrigReduce 和 Coefficient 函数,可以轻松地实现该谐波平衡过程,得到代数方程表达式。另外, $\partial\hat{m}_i/\partial\alpha_j$ 表示为

$$\left[\frac{\partial\hat{m}_i}{\partial\alpha_j}\right] = \begin{bmatrix} \dfrac{\partial\hat{m}_1}{\partial\alpha_1} & \dfrac{\partial\hat{m}_1}{\partial\alpha_2} & \cdots & \dfrac{\partial\hat{m}_1}{\partial\alpha_{2N+1}} \\ \dfrac{\partial\hat{m}_2}{\partial\alpha_1} & \dfrac{\partial\hat{m}_2}{\partial\alpha_2} & \cdots & \dfrac{\partial\hat{m}_2}{\partial\alpha_{2N+1}} \\ \vdots & \vdots & & \vdots \\ \dfrac{\partial\hat{m}_{2N+1}}{\partial\alpha_1} & \dfrac{\partial\hat{m}_{2N+1}}{\partial\alpha_2} & \cdots & \dfrac{\partial\hat{m}_{2N+1}}{\partial\alpha_{2N+1}} \end{bmatrix} \tag{4-12}$$

由于已经推导出了 Fourier 分量 ($\hat{m}_0$, $\hat{m}_1$, …, $\hat{m}_{2N}$),那么 $\hat{m}_i/\partial\alpha_j$ 的显式形式也很容易在 Mathematica 中获得。

雅可比矩阵第一行第二个元素 $\partial\boldsymbol{g}/\partial\omega$ 为

$$\frac{\partial \boldsymbol{g}}{\partial \omega} = \frac{\partial}{\partial \omega}(\boldsymbol{A}_2 - \boldsymbol{B}_2\boldsymbol{B}_1^{-1}\boldsymbol{A}_1)\boldsymbol{Q}_\alpha \tag{4-13}$$

推导式(4-13)的表达式需要较多的公式推导。文献[14]使用了时域配点法求解了当前的二元机翼模型，并且推导出了时域配点法代数方程显式表达式。此外也推导了时域配点法代数系统的显式雅可比矩阵。我们发现 $\partial \boldsymbol{g}/\partial \omega$ 是时域配点法和谐波平衡法代数方程雅可比矩阵共有部分。因此，$\partial \boldsymbol{g}/\partial \omega$ 的显式表达式可以参考文献[14]中相应部分。

显然，$\partial \boldsymbol{g}/\partial \omega$ 含有两项：$\frac{\partial}{\partial \omega}(\boldsymbol{A}_2\boldsymbol{Q}_\alpha)$ 和 $-\frac{\partial}{\partial \omega}(\boldsymbol{B}_2\boldsymbol{B}_1^{-1}\boldsymbol{A}_1\boldsymbol{Q}_\alpha)$，并且 $\boldsymbol{Q}_\alpha$ 与 ω 无关，所以可以先推导 $\frac{\partial}{\partial \omega}(\boldsymbol{A}_2)$ 和 $-\frac{\partial}{\partial \omega}(\boldsymbol{B}_2\boldsymbol{B}_1^{-1}\boldsymbol{A}_1)$，然后对它们分别乘以 $\boldsymbol{Q}_\alpha$。

第一项为

$$\frac{\partial \boldsymbol{A}_2}{\partial \omega} = 2d_1\omega \boldsymbol{A}^2 + d_3\boldsymbol{A} + d_6\boldsymbol{W}_{\epsilon_1} + d_7\boldsymbol{W}_{\epsilon_2} \tag{4-14}$$

其中，

$$\boldsymbol{W}_{\epsilon_i} = \frac{\partial \boldsymbol{V}_{\epsilon_i}}{\partial \omega} = \begin{bmatrix} 0 & & & & \\ & \frac{\mathrm{d}\boldsymbol{v}_1^{\epsilon_i}}{\mathrm{d}\omega} & & & \\ & & \frac{\mathrm{d}\boldsymbol{v}_2^{\epsilon_i}}{\mathrm{d}\omega} & & \\ & & & \ddots & \\ & & & & \frac{\mathrm{d}\boldsymbol{v}_N^{\epsilon_i}}{\mathrm{d}\omega} \end{bmatrix}, \quad i = 1,\ 2 \tag{4-15}$$

其中，

$$\frac{\mathrm{d}\boldsymbol{v}_n^{\epsilon_i}}{\mathrm{d}\omega} = -\frac{2n^2\omega}{[\epsilon_i^2 + (n\omega)^2]^2}\begin{bmatrix} \epsilon_i & -n\omega \\ n\omega & \epsilon_i \end{bmatrix} + \frac{1}{\epsilon_i^2 + (n\omega)^2}\begin{bmatrix} 0 & -n \\ n & 0 \end{bmatrix}$$

第二项为

$$\frac{\partial}{\partial \omega}(\boldsymbol{B}_2\boldsymbol{B}_1^{-1}\boldsymbol{A}_1) = \boldsymbol{B}'_2\boldsymbol{B}_1^{-1}\boldsymbol{A}_1 + \boldsymbol{B}_2(\boldsymbol{B}_1^{-1})'\boldsymbol{A}_1 + \boldsymbol{B}_2\boldsymbol{B}_1^{-1}\boldsymbol{A}'_1 \tag{4-16}$$

在本节中( )′代表微分算子 d/dω, $\boldsymbol{A}_1'$和$\boldsymbol{B}_2'$ 为

$$\boldsymbol{A}_1' = 2c_1\omega\boldsymbol{A}^2 + c_3\boldsymbol{A} + c_6\boldsymbol{W}_{\epsilon_1} + c_7\boldsymbol{W}_{\epsilon_2} \tag{4-17}$$

$$\boldsymbol{B}_2' = 2d_0\omega\boldsymbol{A}^2 + d_2\boldsymbol{A} + d_8\boldsymbol{W}_{\epsilon_1} + d_9\boldsymbol{W}_{\epsilon_2} \tag{4-18}$$

另外, $\boldsymbol{B}_1^{-1}$ 和$(\boldsymbol{B}_1^{-1})'$ 为

$$\boldsymbol{B}_1^{-1} = \begin{bmatrix} \dfrac{1}{c_4 + c_{10} + \dfrac{c_8}{\epsilon_1} + \dfrac{c_9}{\epsilon_2}} & & & \\ & \boldsymbol{S}_1 & & \\ & & \boldsymbol{S}_2 & \\ & & & \ddots & \\ & & & & \boldsymbol{S}_N \end{bmatrix}$$

$$(\boldsymbol{B}_1^{-1})' = \begin{bmatrix} 0 & & & & \\ & \ddots & & & \\ & & \delta_n & & \\ & & & \ddots & \\ & & & & \delta_N \end{bmatrix} \tag{4-19}$$

其中,

$$\boldsymbol{S}_n = \boldsymbol{R}_n^{-1} = \frac{1}{r_1^2 + r_2^2}\begin{bmatrix} r_1 & -r_2 \\ r_2 & r_1 \end{bmatrix}$$

$$\delta_n = -\frac{2r_1r_1' + 2r_2r_2'}{(r_1^2 + r_2^2)^2}\begin{bmatrix} r_1 & -r_2 \\ r_2 & r_1 \end{bmatrix} + \frac{1}{r_1^2 + r_2^2}\begin{bmatrix} r_1' & -r_2' \\ r_2' & r_1' \end{bmatrix}$$

其中,

$$r_1 = -c_0\omega^2n^2 + c_4 + c_{10} + \frac{c_8\epsilon_1}{\epsilon_1^2 + (n\omega)^2} + \frac{c_9\epsilon_2}{\epsilon_2^2 + (n\omega)^2}$$

$$r_2 = c_2\omega n - \frac{c_8n\omega}{\epsilon_1^2 + (n\omega)^2} - \frac{c_9n\omega}{\epsilon_2^2 + (n\omega)^2}$$

$$r_1' = -2c_0n^2\omega - \frac{2c_8\epsilon_1n^2\omega}{(\epsilon_1^2 + n^2\omega^2)^2} - \frac{2c_9\epsilon_2n^2\omega}{(\epsilon_2^2 + n^2\omega^2)^2}$$

$$r'_2 = c_2 n - \frac{c_8 n(\epsilon_1^2 - n^2\omega^2)}{(\epsilon_1^2 + n^2\omega^2)^2} - \frac{c_9 n(\epsilon_2^2 - n^2\omega^2)}{(\epsilon_2^2 + n^2\omega^2)^2}$$

推导出 $\partial \boldsymbol{g}/\partial\omega$ 后，谐波平衡法代数方程的雅可比矩阵按式(4－7)组装即可。然后使用代数方程求解器求解。本章使用一种避免求雅可比逆矩阵的标量同伦法[15-18]，该方法与牛顿法相比，对初值不敏感且全局收敛，但计算效率略低。在之前的研究中[19-21]，使用标量同伦法求解了四边简支 von Kármán 板在力作用下的大变形问题，与本章类似，我们推导了 von Kármán 板方程代数方程组的显式雅可比矩阵，从而将计算效率提高了 1~2 个量级。

4.4　结果与分析

下面的计算中，二元机翼模型的系统参数若非特殊说明都取表 4－1 给出的值。谐波平衡法和 RK4 法被用来求解该系统。RK4 法的积分步长取得足够小，因此用作标准解。

表 4－1　系 统 参 数

$\bar{\omega}$	x_α	β	γ	μ	r_α	a_h	ζ_α	ζ_ξ
0.2	0.25	80	0	100	0.5	−0.5	0	0

4.4.1　RK4 的结果

针对表 4－1 给定模型，该二元机翼的线性颤振值为 $U_L^* = 6.285$。图 4－1 是用 RK4 法结合参数扫描法求得的振动基频－飞行速度的分岔图；其中扫描参数的增量为 $\Delta(U^*/U_L^*) = 0.01$。由图可见，分别使用正向、逆向扫描时在[1.84, 2.35]段出现了迟滞现象，因此存在两个共存的稳定周期解。

4.4.2　数值解的谱分析

本节使用快速 Fourier 变换谱方法(简称谱分析)研究时间响应的各次谐波分量的分布情况，从而为谐波平衡法的谐波个数选取提供依据。

在频率－速度响应曲线的上支选取四个速度 1.2、1.5、1.8、2 进行研究，在下支选取 2、3、3.5、4 四个速度进行研究。上支和下支表示图 4－1 中的上支和下支

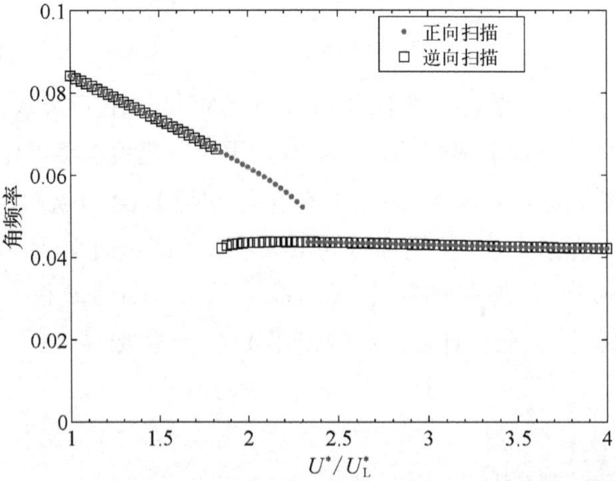

图 4-1 使用 RK4 法结合参数扫描法求得的振动基频-飞行速度分岔图

曲线。注意，速度 $U^*/U_L^*=2$ 时存在两个不同的稳定周期解。上支对应的幅值谱在图 4-2 中给出，其中 f_1、f_3、f_5 分别是一次、三次、五次谐波分量（即前三个主要分量）的频率。由图 4-2 可见，上支曲线对应的响应使用四个谐波足够描述。

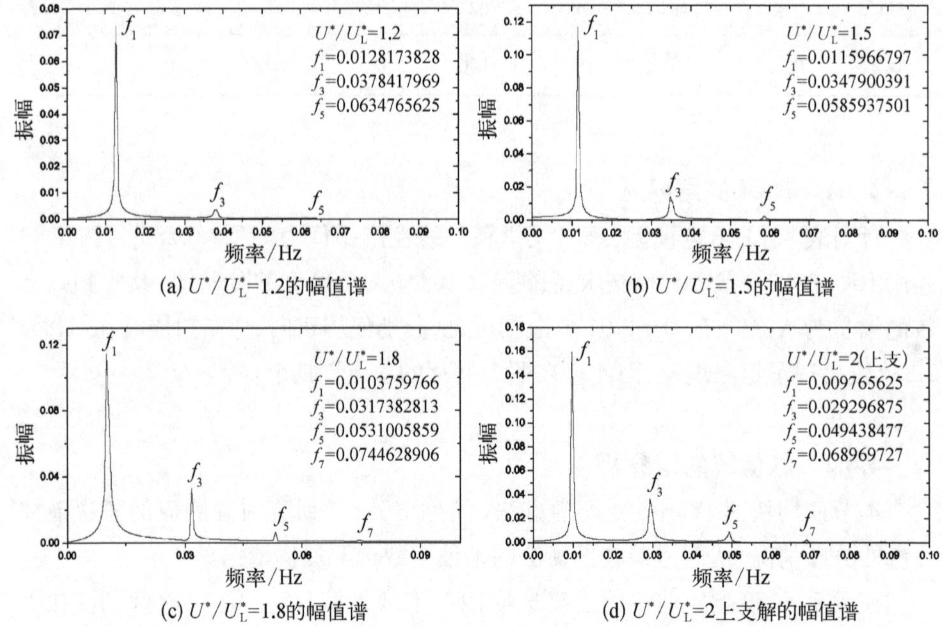

(a) U^*/U_L^*=1.2的幅值谱　(b) U^*/U_L^*=1.5的幅值谱

(c) U^*/U_L^*=1.8的幅值谱　(d) U^*/U_L^*=2上支解的幅值谱

图 4-2 不同飞行速度对应的俯仰角时间响应的幅值谱

当 $U^*/U_L^* = 1.2$ 时，基本(圆)频率 $\omega_f = 2\pi f_1 \approx 0.080\,534$。有趣的是，通过观察图 4－2(a) 中 f_1、f_3 和 f_5 的小数部分，我们发现：

$$f_3 = \left(3 - \frac{1}{21}\right) f_1, \quad f_5 = \left(5 - \frac{1}{21}\right) f_1$$

这表明，高频不是基频的整数倍，而是在整数倍的基础上偏移了一个小分数，本例中 $\Delta f = -1/21$。同一现象存在于 U^*/U_L^* 为 1.5、1.8 和 2 的例子中，这种现象称为“调频”。对于这些例子，高频和基频的关系见表 4－2。由表可知，调频量 Δf 是个小分数，并且不同例子的 Δf 不同。

表 4－2　U^*/U_L^* 为 1.2、1.5、1.8、2 时主要谐波的频率①

U^*/U_L^*	1.2	1.5	1.8	2(上支)
ω_f	0.080 534	0.072 864	0.065 194	0.061 359
ω_3	$\left(3 - \frac{1}{21}\right)\omega_f$	$3\omega_f$	$\left(3 + \frac{1}{17}\right)\omega_f$	$3\omega_f$
ω_5	$\left(5 - \frac{1}{21}\right)\omega_f$	$\left(5 + \frac{1}{19}\right)\omega_f$	$\left(5 + \frac{2}{17}\right)\omega_f$	$\left(5 + \frac{1}{16}\right)\omega_f$
ω_7	微弱	微弱	$\left(7 + \frac{3}{17}\right)\omega_f$	$\left(7 + \frac{1}{16}\right)\omega_f$

此外我们也对下支曲线做了类似的频谱分析，简洁起见，并未再次给出相关图表。研究发现，描述下支响应曲线所需要的谐波个数多于上支所需的谐波个数。具体地，至少要保留前 7 个谐波 $\omega_f,\ \omega_3,\ \cdots,\ \omega_{13}$ 才能准确描述下支响应曲线，而上支曲线仅需要 4 个即可。

4.4.3　调频对谐波平衡法精度的影响

因为谐波平衡法预先假设高频是低频的整数倍，所以当高频不是基频的严格整数倍时，谐波平衡法会产生额外误差。下面对调频引起的误差进行定量分析。

假设一个周期运动含有两个频率比近似 1∶3 的谐波分量，且调频现象存在。这样，可以把该周期运动写为

① 表中 $\omega_i = 2\pi f_i (i = 3,\ 5,\ \cdots)$。

$$\tilde{x}(t)=\tilde{a}_1\cos(\tilde{\omega}t)+\tilde{a}_3\cos[(3\tilde{\omega}+\Delta\tilde{\omega})t]+\tilde{b}_3\sin[(3\tilde{\omega}+\Delta\tilde{\omega})t] \tag{4-20}$$

其中，调频量 $\Delta\tilde{\omega}=1/n\tilde{\omega}$；$n$、$\tilde{a}_1$、$\tilde{a}_3$、$\tilde{b}_3$、$\tilde{\omega}$ 可用数值谱分析获得。不失一般性，将 $\sin(\tilde{\omega}t)$ 的系数 $\tilde{b}_1$ 设为零。

使用 HB3 去描述式中含有调频的周期运动。HB3 中，假设近似解为

$$x(t)=a_1\cos(\omega t)+a_3\cos(3\omega t)+b_3\sin(3\omega t) \tag{4-21}$$

注意，谐波平衡法 HB3 中必须假设高次谐波频率为基频的整数倍。

当前我们关心的是高频谐波分量迅速衰减的情况，即高频分量远小于低频分量。所以认为，高频分量不会使 ω 偏离 $\tilde{\omega}$ 太远；因此谐波平衡法的基频 ω 与数值响应的基频 $\tilde{\omega}$ 是非常接近的，可设为 $\omega=\tilde{\omega}+\delta\omega$。接下来分析谐波平衡法 Fourier 系数 a_1、a_3、b_3 和频率 ω 与数值响应的实际谐波分量 $\tilde{a}_1$、$\tilde{a}_2$、$\tilde{a}_2$ 及频率 $\tilde{\omega}$ 的关系。

引入最小二乘函数：

$$R(a_1,\ a_3,\ b_3,\ \omega)=\int_0^T[x(t)-\tilde{x}(t)]^2\mathrm{d}t \tag{4-22}$$

来描述式(4－20)和式(4－21)在一个周期 $[0,\ T]$ 上的误差，其中 $T=2\pi/\tilde{\omega}$ 是数值解的一个近似周期。

对式(4－22)取极小值，则要求 R 相对其所有变量取驻值，即

$$\frac{\partial R}{\partial a_1}=0,\quad \frac{\partial R}{\partial a_3}=0,\quad \frac{\partial R}{\partial b_3}=0,\quad \frac{\partial R}{\partial \omega}=0 \tag{4-23}$$

这样推导了关于 Fourier 系数和 ω 的关系式。并且该极值一定是 R 的极小值，因为 R 不存在极大值(变量可以不断变大使 R 不存在极大值)。

将式(4－20)和式(4－21)代入式(4－22)，然后将式(4－22)代入式(4－23)，可以得到 Fourier 系数的关系式。推导过程中使用了两个近似关系 $|\omega|\gg|\delta\omega|$ 及 $|\Delta\omega|\gg|\delta\omega|$。

对于第一个方程，得

$$\frac{\partial R}{\partial a_1}=0 \quad \Leftrightarrow\int_0^T[x(t)-\tilde{x}(t)]\cos(\omega t)\mathrm{d}t=0$$

$$\Leftrightarrow a_1=\tilde{a}_1-\frac{1}{2\pi}\left(\frac{n}{2n+1}+\frac{n}{4n+1}\right)\left[\sin\frac{2\pi}{n}\tilde{a}_3+\left(\cos\frac{2\pi}{n}-1\right)\tilde{b}_3\right]$$

第二、三个方程可以类似推出。

上式说明，三阶谐波平衡法 HB3 的一次谐波分量 a_1 与数值解的一次谐波分量 $\tilde{a}_1$ 近似，因为 $\tilde{a}_3$ 和 $\tilde{b}_3$ 都可以看为修正项（$|n|$ 一般大于 10，所以 $\tilde{a}_3$ 和 $\tilde{b}_3$ 相对 a_1 来说是次要的）。上式也解释了为什么 4.4.2 小节中得到的“描述下支曲线所需谐波个数比上支曲线多”，这是因为下支曲线对应的 $|n|$ 和高次谐波分量 $\tilde{A}_3 = \sqrt{\tilde{a}_3^2 + \tilde{b}_3^2}$ 都比上支曲线大。

前三个方程是描述 Fourier 系数关系的方程，第四个方程与前三个是解耦的，它是描述频率关系的方程，这里没有给出。前三个方程为

$$\begin{bmatrix} a_1 \\ a_3 \\ b_3 \end{bmatrix} = \begin{bmatrix} 1 & c_1 \sin\dfrac{2\pi}{n} & -c_1\left(\cos\dfrac{2\pi}{n} - 1\right) \\ 0 & c_2 \sin\dfrac{2\pi}{n} & -c_2\left(\cos\dfrac{2\pi}{n} - 1\right) \\ 0 & c_3\left(\cos\dfrac{2\pi}{n} - 1\right) & c_3 \sin\dfrac{2\pi}{n} \end{bmatrix} \begin{bmatrix} \tilde{a}_1 \\ \tilde{a}_3 \\ \tilde{b}_3 \end{bmatrix} \tag{4-24}$$

将方程(4 - 24)中的矩阵记为 $\boldsymbol{E}$，其中，

$$c_1 = \frac{n}{2\pi}\left(\frac{1}{2n+1} + \frac{1}{4n+1}\right)$$

$$c_2 = \frac{n}{2\pi}\left(1 + \frac{1}{6n+1}\right)$$

$$c_3 = \frac{n}{2\pi}\left(1 - \frac{1}{6n+1}\right)$$

方程组(4 - 24)中的第一个方程在上面已经进行了阐述。第二、三个方程说明 a_3 和 b_3 与 $\tilde{a}_1$ 无关，它们分别取决于 $\tilde{a}_3$ 和 $\tilde{b}_3$。验证关系式(4 - 24)的最直观办法就是令 $\sin 2\pi/n \sim 2\pi/n$，$\cos 2\pi/n \sim 1$，意味着 $|n|$ 足够大，调频很小，这样一来关系式退化为 $a_1 \sim \tilde{a}_1$，$a_3 \sim \tilde{a}_3$，$b_3 \sim \tilde{b}_3$。

需要说明的是，由于推导过程引入了两个近似关系，式(4 - 24)中 a_1、a_3、b_3 和 $\tilde{a}_1$、$\tilde{a}_3$、$\tilde{b}_3$ 的关系不是严格满足的。此外，简便起见，我们只研究了含有两个谐波分量的情况。对于含有多个谐波分量的运动，可用该方法进行类似的分析。

由图 4 - 2 可知，当 $U^*/U_L^* = 1.2$ 时，两个谐波便可以很精确地描述其周期运动，因此我们取该例子验证本节推导的关系式。对 RK4 计算的数值解进行谱分析，得到 $\tilde{a}_1 = 0.073\,33$，且已知有 $n = -21$（表 4 - 3）。在使用 HB3 时，不失一

般性地取 $\alpha_2 = 0$(也就是本节中的 $b_1 = 0$)。a_1、a_3 和 b_3 在表 4-3 中列出。表 4-3 表明方程给出的关系式是较精确的。

表 4-3 当 $U^*/U_L^* = 1.2$ 时使用 RK4 和 HB3 计算的各次谐波分量

n	数值解 $\tilde{a}_1$	HB3 的结果			方程(4-24)估计值 $\hat{a}_1$	误差/% $\lvert \hat{a}_1 - \tilde{a}_1 \rvert \tilde{a}_1 \times 100\%$
		a_1	a_3	b_3		
-21	0.073 33	0.076 55	0.005 13	-0.001 35	0.075 48	2.93

最后研究关系矩阵 $\boldsymbol{E}$。分别取 n 为 11 及 17,相应的 $\boldsymbol{E}$ 分别为

$$\boldsymbol{E}_{n=11} = \begin{bmatrix} 1.0000 & 0.0622 & 0.0183 \\ 0 & 0.9606 & 0.2821 \\ 0 & -0.2738 & 0.9324 \end{bmatrix}$$

$$\boldsymbol{E}_{n=17} = \begin{bmatrix} 1.0000 & 0.0421 & 0.0079 \\ 0 & 0.9869 & 0.1845 \\ 0 & -0.1809 & 0.9679 \end{bmatrix}$$

从上述矩阵对角线看出 $a_1 \sim \tilde{a}_1$, $a_3 \sim \tilde{a}_3$, $b_3 \sim \tilde{b}_3$。对于 $n = 11$ 时,$\boldsymbol{E}$ 的第一行表明修正项 $\tilde{a}_3$、$\tilde{b}_3$ 分别为 0.062 2 和 0.018 3; $n = 17$ 时分别为 0.042 1 和 0.007 9。这说明对于 $n =$ 11 和 17,谐波平衡法的一次谐波分量与数值解的一次谐波分量的最大可能误差为 $8.05\% \times \lvert \max(\tilde{a}_3, \tilde{b}_3) \rvert$ 和 $5.00\% \times \lvert \max(\tilde{a}_3, \tilde{b}_3) \rvert$。

4.4.4 HBEJ 和 HBNJ 的效率比较

表 4-4 给出了使用 HBEJ 和 HBNJ 两种不同类型雅可比矩阵的计算时间和迭代次数。计算中,使用了最优迭代算法(optimal iterative algorithm, OIA),并取收敛条件为 $\epsilon = 10^{-10}$, $h = 10^{-4}$, $U = 3.5$。我们也尝试使用牛顿法,但是它对初值过于敏感,经常导致结果发散。由表可知,HBEJ 比 HBNJ 的计算耗时要小两个量级。图 4-3 画出了两种雅可比矩阵形式下 HB9 的代数方程组残差随迭代次数收敛的过程。由图可知 HBEJ 的迭代次数为 HBNJ 的 1/2,这说明 HBEJ 比 HBNJ 收敛快得多。

更重要的是,HBEJ 的每步耗时还不到 HBNJ 的 10%,这是衡量两种方法绝对速度的重要指标。总体来说,HBEJ 在迭代次数和每步耗时两个指标上都优于 HBNJ。

表 4-4　HBEJ 与 HBNJ 的效率对比①

HBn	时间/s			迭代次数		每步耗时(TPI)		
	HBEJ	HBNJ	二者之比	HBEJ	HBNJ	HBEJ	HBNJ	二者之比
$n=9$	3.1	170.2	1.82%	356	1 173	0.008 7	0.145 1	6.00%
$n=11$	11.2	258.8	4.33%	588	988	0.019 0	0.261 9	7.25%
$n=13$	12.7	851.3	1.49%	614	1 583	0.020 7	0.537 8	3.85%

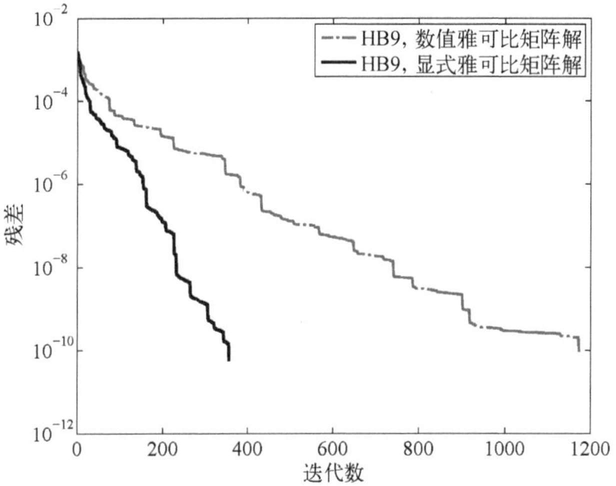

图 4-3　使用显式和数值雅可比矩阵时 HB9 代数方程组残差随迭代次数的收敛过程

4.4.5　使用数值算例分析谐波平衡法的精度

谱方法分析的各次谐波分布情况可以为谐波平衡法选取谐波的个数提供依据。本节使用数值算例研究谐波平衡法的谐波数对计算精度的影响。

1. 相平面图

图 4-4 为使用谐波平衡法和 RK4 求得的相平面图。图 4-4(b)表明 HB3 和 HB5 计算的沉浮运动与 RK4 结果一致。图 4-4(b)中的小图显示 HB5 比 HB3 精度高。对于俯仰运动来说,如图 4-4(a)所示,HB3 不能给出精确结果。事实上,至少需要三个谐波,即至少用 HB5 才能描述该速度下的俯仰运动。这个结论验证了图 4-2 中谱分析的结果。

① 用 MATLAB 编程,程序在 Intel Core i5 CPU@ 2.67GHz 计算机上运行。

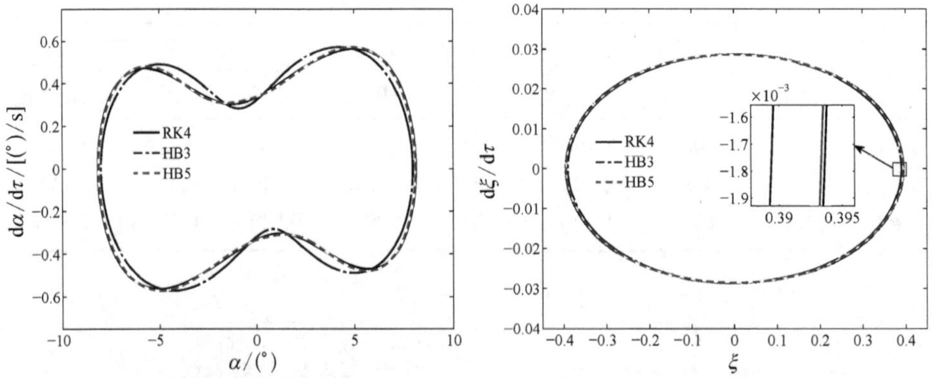

(a) 俯仰运动的相平面图　　(b) 沉浮运动的相平面图

图 4-4　当 U^*/U_L^* = 1.5 时，使用 HB3、HB5 和 RK4 求得的俯仰和沉浮运动的相平面图

2. 预测次级 Hopf 分岔点

本节使用频率-速度响应曲线来检测 U^*/U_L^* 的分岔值，并评估谐波平衡法的精度。

图 4-5(a)画出了正向参数扫描时，RK4 和各阶谐波平衡法计算的基频-速度响应曲线。从图 4-5(a)看出，HB3 的结果与 RK4 的结果直到 U^*/U_L^* = 1.5 保持一致；超过后，HB3 的结果开始偏离标准值。HB5 直到 U^*/U_L^* = 2 前与标准值一致，优于 HB3。HB7 的结果更好，一致性可以达到 2.2。但是 HB3、HB5 及 HB7 计算的曲线都没有预测出次级分岔点。

图 4-5(b)是逆向扫描图，结果表明 HB3、HB5 不能得到下支响应曲线，而 HB7 可以。并且 HB7 能检测出分岔点，其值为 U^*/U_L^* = 2.09，但是该值与 RK4 的标准值 1.85 有较大偏差。

综合图 4-5(a)、(b)可见，HB7 能计算出两个分支曲线，但是 HB3 和 HB5 仅能得出一个连续曲线。需要注意的是，HB7 的逆向扫描曲线仅在[2.09, 4]范围内存在，这是因为扫描到达分岔点 2.09 后，扫描法失效，无法给下一步提供合理初值导致代数方程组不收敛。计算中收敛条件为 $\epsilon = 10^{-10}$ 或 $N = 10\,000$，满足其一即停止。

为了研究谐波个数对次级分岔值预测精度的影响，HB9、HB11 和 HB13 在图 4-5(c)和(d)中相应给出。总体来看，谐波平衡法与 RK4 标准值吻合。对于正向、逆向扫描，在远离分岔点的地方，谐波平衡法的上支曲线比下支精度更高，这是因为下支比上支需要更多的谐波才能更好描述(佐证了谱分析的结

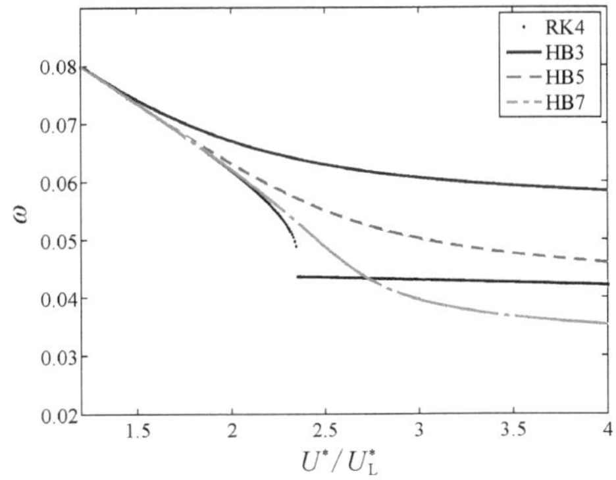

(a) 使用HB3、HB5和HB7正向扫描的频率-速度曲线

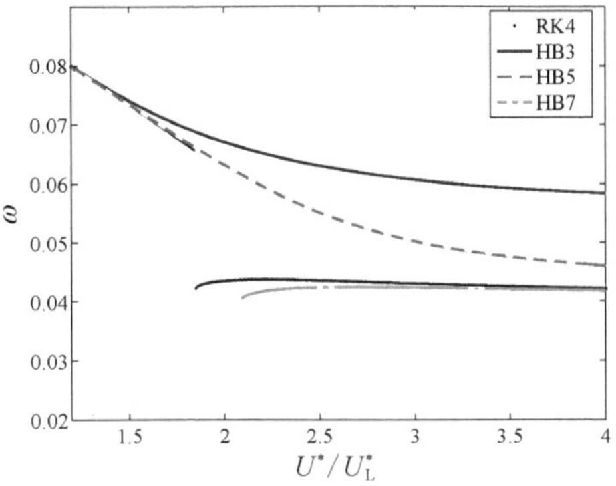

(b) 使用HB3、HB5和HB7逆向扫描的频率-速度曲线

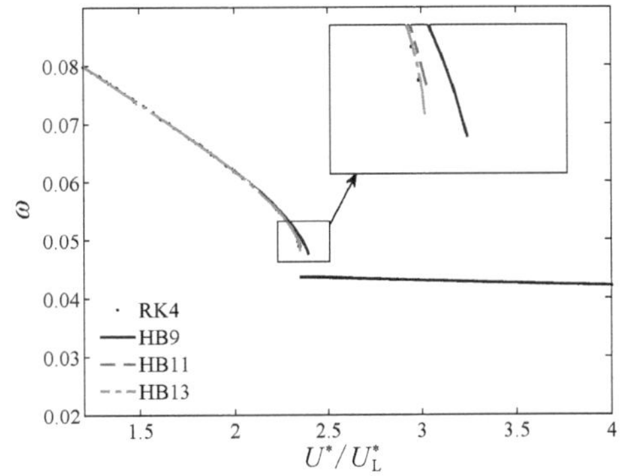

(c) 使用HB9、HB11和HB13正向扫描的频率-速度曲线

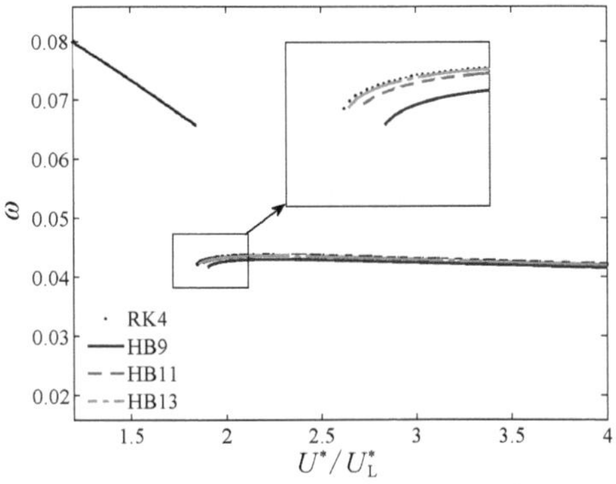

(d) 使用HB9、HB11和HB13逆向扫描的频率-速度曲线

图4-5 谐波平衡法计算的基频-速度曲线

果)。在下支曲线接近分岔点的地方需要更多的谐波才能够精确地描述相应的时间响应。图4-5(c)和(d)中的内图表明这三种谐波平衡法都能够预测出二次分岔点。具体地,正向扫描时,HB9、HB11和HB13求得的分岔值分别为2.396、2.354和2.352(标准值为2.347)。对于逆向扫描,这三种谐波平衡法的分岔值分别为1.904、1.875和1.855(标准值为1.850)。可见,HB13可以精确地求得系统正向和逆向扫描时对应的两个分岔值。

4.5 本章小结

本章使用谐波平衡法求解了二元机翼在含有俯仰立方非线性情况下的周期

振动解。具体地,推导了谐波平衡法的代数方程系统表达式,推导了该代数方程组的显式雅可比矩阵。数值实验表明,使用显式雅可比矩阵与传统的数值计算雅可比矩阵的方法相比可节省约95%的计算时间。

幅值谱分析被用来研究周期振动响应的各次谐波的分布情况。结果表明对于上支响应曲线,四个谐波足以精确描述其周期响应;但是对于下支响应,至少要七个谐波分量。另外,研究表明,系统的周期响应出现了有趣的"调频"现象。使用了数值和理论分析两种方法研究了调频现象对谐波平衡法精度的影响,并给出了误差预测的定量关系式。最后研究了谐波平衡法的谐波个数对次级Hopf分岔值预测精度的影响。研究表明,使用显式雅可比矩阵的谐波平衡法,结合幅值谱分析给出的谐波数建议,是一种求解动力学系统周期解的高效高精度方法。

参考文献

[1] Woolston D S, Runyan H L, Byrdsong T A. Some effects of system nonlinearities in the problem of aircraft flutter[R]. NACA Technical Note No. 3539, 1955.

[2] Price S J, Alighanbari H, Lee B H K. The aeroelastic response of a two-dimensional airfoil with bilinear and cubic structural nonlinearities[J]. Journal of Fluids and Structures, 1995, 9(2): 175-193.

[3] Lee B H K, Gong L, Wong Y S. Analysis and computation of nonlinear dynamic response of a two-degree-of-freedom system and its application in aeroelasticity[J]. Journal of Fluids and Structures, 1997, 11(3): 225-246.

[4] Liu L, Wong Y S, Lee B H K. Application of the centre manifold theory in non-linear aeroelasticity[J]. Journal of Sound and Vibration, 2000, 234(4): 641-659.

[5] 陈衍茂,刘济科,孟光.二元机翼非线性颤振系统的若干分析方法[J].振动与冲击,2011,30(3): 129-134.

[6] Hauenstein A J, Laurenson R M. Chaotic response of aerosurfaces with structural nonlinearities[R]. AIAA Report No. 90-1034-CP, 1990.

[7] Alighanbari H, Price S J. The post-hopf-bifurcation response of an airfoil in incompressible two-dimensional flow[J]. Nonlinear Dynamics, 1996, 10(4): 381-400.

[8] Chung K W, Chan C L, Lee B H K. Bifurcation analysis of a two-degree-of-freedom aeroelastic system with freeplay structural nonlinearity by a perturbation-incremental method[J]. Journal of Sound and Vibration, 2007, 299(3): 520-539.

[9] Li D, Guo S, Xiang J. Study of the conditions that cause chaotic motion in a two-dimensional airfoil with structural nonlinearities in subsonic flow[J]. Journal of Fluids and Structures, 2012, 33(1): 109-126.

[10] Chung K W, He Y B, Lee B H K. Bifurcation analysis of a two-degree-of-freedom aeroelastic system with hysteresis structural nonlinearity by a perturbation-incremental method[J].

Journal of Sound and Vibration, 2009, 320(1-2): 163-183.

[11] Liu J K, Chen F X, Chen Y M. Bifurcation analysis of aeroelastic systems with hysteresis by incremental harmonic balance method[J]. Applied Mathematics and Computation, 2012, 219(5): 2398-2411.

[12] 李道春,向锦武.非线性二元机翼气动弹性近似解析研究[J].航空学报,2007,28(5):1080-1084.

[13] Liu L, Dowell E H. The secondary bifurcation of an aeroelastic airfoil motion: effect of high harmonics[J]. Nonlinear Dynamics, 2004, 37(1): 31-49.

[14] Dai H H, Yue X K, Yuan J P, et al. A time domain collocation method for studying the aeroelasticity of a two dimensional airfoil with a structural nonlinearity [J]. Journal of Computational Physics, 2014, 270(1): 214-237.

[15] Liu C S, Dai H H. Atluri S N. A further study on using $\dot{x} = \lambda \mid \alpha \boldsymbol{r} + \beta \boldsymbol{p} \mid (\boldsymbol{p} = \boldsymbol{f} - \boldsymbol{r}(\boldsymbol{f} \cdot \boldsymbol{r}) / \| r \|^2)$ and $\dot{x} = \lambda \mid \alpha \boldsymbol{r} + \beta \boldsymbol{p}^* \mid (\boldsymbol{p}^* = \boldsymbol{f} - \boldsymbol{f}(\boldsymbol{f} \cdot \boldsymbol{r}) / \| f \|^2)$ in iteratively solving the nonlinear system of algebraic equations $\boldsymbol{f}(x) = 0$[J]. Computer Modeling in Engineering & Sciences, 2011, 81(2): 195-227.

[16] Liu C S, Yeih W, Kuo C L, et al. A scalar homotopy method for solving an over/under-determined system of non-linear algebraic equations[J]. Computer Modeling in Engineering and Sciences, 2009, 53(1): 47-71.

[17] Liu C S, Atluri S N. An iterative algorithm for solving a system of nonlinear algebraic equations, $f(x) = 0$, using the system of odes with an optimum α in $x = \lambda[\alpha f + (1 - \alpha) b^t f]$; $b_{ij} = \partial f_i / \partial x_j$ [J]. Computer Modeling in Engineering & Sciences, 2011, 73(4): 395-431.

[18] Liu C S, Atluri S N. A globally optimal iterative algorithm using the best descent vector $\boldsymbol{x} = \lambda[\alpha_c \boldsymbol{f} + b^t \boldsymbol{f}]$, with the critical value α_c, for solving a system of nonlinear algebraic equations $\boldsymbol{f}(\boldsymbol{x}) = 0$[J]. Computer Modeling in Engineering & Sciences, 2012, 84(6): 575-601.

[19] Dai H H, Paik J K, Atluri S N. The global nonlinear galerkin method for the analysis of elastic large deflections of plates under combined loads: A scalar homotopy method for the direct solution of nonlinear algebraic equations[J]. Computers Materials and Continua, 2011, 23(1): 69-99.

[20] Dai H H, Paik J K, Atluri S N. The global nonlinear Galerkin method for the solution of von Kármán nonlinear plate equations: An optimal & faster iterative method for the direct solution of nonlinear algebraic equations $\boldsymbol{f}(\boldsymbol{x}) = 0$, using $\boldsymbol{x} = \lambda[\alpha \boldsymbol{f} + (1 - \alpha) b^{\mathrm{T}} \boldsymbol{f}]$ [J]. Computers Materials and Continua, 2011, 23(2): 155-185.

[21] Dai H H, Yue X K, Atluri S N. Solutions of the von Kármán plate equations by a Galerkin method, without inverting the tangent stiffness matrix[J]. Journal of Mechanics of Materials and Structures, 2014, 9(2): 195-226.

第 5 章

全局法及其典型应用

5.1 引言

前面几章主要介绍了全局法的基本理论,本章以航天器相对运动动力学模型为例介绍全局法的应用。

20 世纪中叶至今,航天器的相对运动吸引了许多学者的关注。各种相对运动动力学模型相继提出,并成功应用在航天任务中。其中,Clohessy - Wiltshire (C - W)方程在航天器交会对接的研究中最具代表性。虽然 C - W 方程提供了一种求解相对运动周期轨道的方法,但是其中采用的一些假设条件导致计算结果在某些情况下严重偏离实际。由 C - W 方程得到的相对周期轨道初始条件只在符合某些特殊条件(参考轨道为圆轨道、忽略地球扁率、重力场线性化处理)的情况下才适合。由于航天器的周期性相对运动在编队飞行构型保持等方面具有重要意义,更加精确的相对运动模型及求解周期轨道的计算方法至关重要。文献中有很多对 C-W 方程进行一般化的尝试。Tschauner 和 Hempel[1] 在参考轨道中考虑了偏心率的影响,推导了相对运动的封闭解析解。此外,针对任意偏心率参考轨道的相对运动状态转移矩阵也相继提出[2, 3]。Inalhan 等[4] 使用 Lawden[5]、Carter 和 Humi[6]、Carter[7] 等研究得到的相对运动线性方程组的齐次解,得到了 T-H 方程的周期轨道初始条件,该结果可以对椭圆参考轨道航天器集群飞行进行初始化。然而,当同时考虑重力场的非线性、地球 $\boldsymbol{J}_2$ 摄动和大偏心率参考轨道时,Inalhan 等提出的初始条件就不再适用。为了考虑多种摄动因素,许多研究致力于提出更加精确的相对运动模型。Euler 和 Shulman[8] 首次提出了考虑非线性重力场的 T-H 方程。之后,又有许多针对各种非线性和摄动因素(如大气摄动、三体的影响等)的建模工作。Xu 和 Wang[9] 提出了同时考虑 $\boldsymbol{J}_2$

摄动项、重力场非线性项以及参考轨道偏心率的一般化相对运动动力学模型，由于推导中没有引入估计，所以这是一个精确的 J_2 非线性相对运动模型。

然而，不论哪种非线性相对运动模型，其解析解都无法获得。本章使用时域配点法求解相对运动模型，得到其相对运动周期轨道。时域配点法本质上是一种加权残余法，已被成功应用于各种非线性动力学问题[10-12]。在时域配点法中，待求的周期解首先被假设为一组 Fourier 级数[13, 14]。然后，将 Fourier 级数形式的近似解代入非线性动力学方程得到残差函数，通过令残差在选取的一系列配点上为零，得到一组以 Fourier 级数待定系数为未知量的非线性代数方程。这一非线性代数方程组通过非线性代数方程求解器求解即可。

本章中，时域配点法将用于估计周期性相对轨道的初始条件。当不考虑 J_2 摄动和椭圆参考轨道时，C－W 方程就能给出周期轨道的初始条件。然而，使用这一初始条件在真实动力学系统中会随时间的演化产生大漂移，本章通过时域配点法对非线性系统直接求解，可以得到更加精确的初始条件。

5.2　周期轨道求解方法

令周期轨道的近似解为 Fourier 级数形式，表示如下：

$$f(t)=f_0+\sum_{n=1}^{N}\left[f_{2n-1}\sin(n\omega_f t)+f_{2n}\cos(n\omega_f t)\right] \tag{5-1}$$

其中，N 为近似解中的谐波数；ω_f 为假设的周期运动频率；$f_i(i=0,\ 1,\ \cdots,\ 2N)$ 为谐波系数。在 $f(t)$ 的一个周期 T 上选择 K 个配点，从而得到 $f(t_j)(j=1,\ 2,\ \cdots,\ K)$，由式(5－1)得

$$f(t_j)=f_0+\sum_{n=1}^{N}\left[f_{2n-1}\sin(n\omega_f t_j)+f_{2n}\cos(n\omega_f t_j)\right] \tag{5-2}$$

可以看出 $2N+1$ 个谐波系数 f_i 与时域配点 $f(t_j)$ 之间具有如下的变换关系：

$$\begin{bmatrix} f(t_1) \\ f(t_2) \\ \vdots \\ f(t_K) \end{bmatrix}_{K\times 1}=\begin{bmatrix} 1 & \sin(\omega_f t_1) & \cos(\omega_f t_1) & \cdots & \cos(n\omega_f t_1) \\ 1 & \sin(\omega_f t_2) & \cos(\omega_f t_2) & \cdots & \cos(n\omega_f t_2) \\ \vdots & \vdots & \vdots & & \vdots \\ 1 & \sin(\omega_f t_K) & \cos(\omega_f t_K) & \cdots & \cos(n\omega_f t_K) \end{bmatrix}_{K\times(2N+1)}\begin{bmatrix} f_0 \\ f_1 \\ \vdots \\ f_{2N} \end{bmatrix}_{(2N+1)\times 1} \tag{5-3}$$

为了方便叙述，将变换矩阵定义为

$$
\boldsymbol{E}=\begin{bmatrix} 1 & \sin(\omega_f t_1) & \cos(\omega_f t_1) & \cdots & \cos(n\omega_f t_1) \\ 1 & \sin(\omega_f t_2) & \cos(\omega_f t_2) & \cdots & \cos(n\omega_f t_2) \\ \vdots & \vdots & \vdots & \ddots & \vdots \\ 1 & \sin(\omega_f t_K) & \cos(\omega_f t_K) & \cdots & \cos(n\omega_f t_K) \end{bmatrix}_{K\times(2N+1)} \tag{5-4}
$$

因此，如果能得到 K 个时间点上的 $f(t_j)$，那么谐波系数 f_i 就能够通过 $[f_0, f_1, \cdots, f_{2N}]^{\mathrm{T}}=\boldsymbol{E}^{-1}[f(t_1), f(t_2), \cdots, f(t_K)]^{\mathrm{T}}$ 进行确定，其中 $\boldsymbol{E}^{-1}$ 是矩阵 $\boldsymbol{E}$ 的逆 $(K=2N+1)$ 或者伪逆 $(K\neq 2N+1)$。

通过式(5-1)，时间函数 $f(t)$ 的一阶导数可以写成

$$
\dot{f}(t)=\frac{\mathrm{d}f(t)}{\mathrm{d}t}=\sum_{n=1}^{N} n\omega_f[f_{2n-1}\cos(n\omega_f t)-f_{2n}\sin(n\omega_f t)] \tag{5-5}
$$

对 $\dot{f}(t)$ 在 t_j 上配点，得到

$$
\dot{f}(t_j)=\sum_{n=1}^{N} n\omega_f[f_{2n-1}\cos(n\omega_f t_j)-f_{2n}\sin(n\omega_f t_j)] \tag{5-6}
$$

参考表达式(5-3)的推导，可以得到谐波系数和时间导数 $\dot{f}(t_j)\,(j=1, 2, \cdots, K)$ 之间的矩阵变换关系：

$$
\begin{bmatrix} \dot{f}(t_1) \\ \dot{f}(t_2) \\ \vdots \\ \dot{f}(t_K) \end{bmatrix}=\omega_f\begin{bmatrix} 0 & \cos(\omega_f t_1) & -\sin(\omega_f t_1) & \cdots & -N\sin(N\omega_f t_1) \\ 0 & \cos(\omega_f t_2) & -\sin(\omega_f t_2) & \cdots & -N\sin(N\omega_f t_2) \\ \vdots & \vdots & \vdots & & \vdots \\ 0 & \cos(\omega_f t_K) & -\sin(\omega_f t_K) & \cdots & -N\sin(N\omega_f t_K) \end{bmatrix}\begin{bmatrix} f_0 \\ f_1 \\ \vdots \\ f_{2N} \end{bmatrix} \tag{5-7}
$$

式(5-7)也能够表示成更加简洁的形式：

$$
\begin{bmatrix} \dot{f}(t_1) \\ \dot{f}(t_2) \\ \vdots \\ \dot{f}(t_K) \end{bmatrix}=\omega_f\boldsymbol{EA}\begin{bmatrix} f_0 \\ f_2 \\ \vdots \\ f_{2N} \end{bmatrix} \tag{5-8}
$$

其中，

$$\boldsymbol{A}=\begin{bmatrix}0 & & & & \\ & \boldsymbol{A}_1 & & & \\ & & \boldsymbol{A}_2 & & \\ & & & \ddots & \\ & & & & \boldsymbol{A}_N\end{bmatrix}_{(2N+1)\times(2N+1)},\quad \boldsymbol{A}_n=\begin{bmatrix}0 & n \\ -n & 0\end{bmatrix} \tag{5-9}$$

注意到通过方程(5-2)，f_i 能够通过 $f(t_j)$ 表示出来。将式(5-2)代入式(5-5)，得到

$$\begin{bmatrix}\dot{f}(t_1)\\ \dot{f}(t_2)\\ \vdots \\ \dot{f}(t_K)\end{bmatrix}=\omega_f\boldsymbol{EAE}^{-1}\begin{bmatrix}f(t_1)\\ f(t_2)\\ \vdots \\ f(t_K)\end{bmatrix} \tag{5-10}$$

这样就建立了 $f(t_j)$ 到 $\dot{f}(t_j)$ 的矩阵变换。

下面使用上述方程和变换关系来推导非线性运动模型的时域配点法代数方程，并借此估计其周期解。

本章采用了 Xu 和 Wang[9] 提出的椭圆轨道卫星精确 J_2 非线性相对运动模型。该模型中采用了两组笛卡儿坐标系，如图 5-1 所示。其中地心惯性坐标系由一组单位向量 $\boldsymbol{X}$、$\boldsymbol{Y}$、$\boldsymbol{Z}$ 表示，星体坐标系的坐标原点与参考卫星 S_0 的质心重合，x 轴为主星矢径方向，z 轴为主星轨道平面法向，y 轴由右手坐标系法则确定。

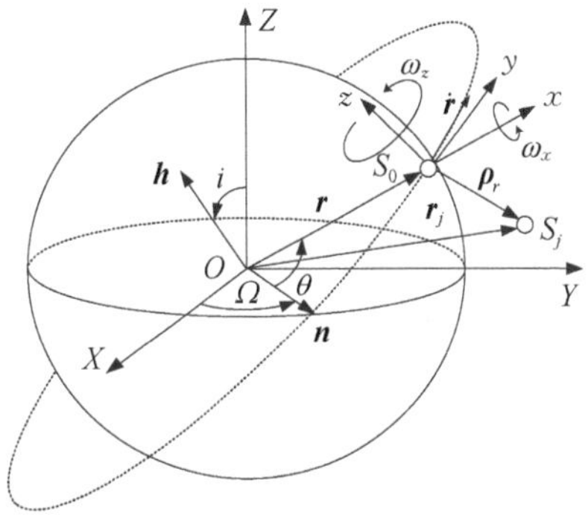

图 5-1　ECI 和 LVLH 坐标系

考虑地球引力场的 J_2 摄动项，从星 S_j 相对于主星 S_0 在星体坐标系下的相对运动方程是

$$\begin{aligned}
\ddot{x}_r &= 2\dot{y}_r\omega_z - x_r(\eta_r^2-\omega_z^2)+y_r\alpha_z - z_r\omega_x\omega_z - (\varsigma_r-\varsigma)s_i s_\theta - r(\eta_r^2-\eta^2)+F_x\\
\ddot{y}_r &= -2\dot{x}_r\omega_z + 2\dot{z}_r\omega_x - x_r\alpha_z - y_r(\eta_r^2-\omega_z^2-\omega_x^2)+z_r\alpha_x-(\varsigma_r-\varsigma)s_i c_\theta+F_y\\
\ddot{z}_r &= -2\dot{y}_r\omega_x - x_r\omega_x\omega_z - y_r\alpha_x - z_r(\eta_r^2-\omega_x^2)-(\varsigma_r-\varsigma)c_i+F_z
\end{aligned} \tag{5-11}$$

令 $v_x=\dot{x}_r$，$v_y=\dot{y}_r$，$v_z=\dot{z}_r$，可得

$$
\begin{aligned}
\dot{x}_r &= v_x \\
\dot{y}_r &= v_y \\
\dot{z}_r &= v_z \\
\dot{v}_x &= 2v_y\omega_z - x_r(\eta_r^2 - \omega_z^2) + y_r\alpha_z - z_r\omega_x\omega_z - (\varsigma_r - \varsigma)s_is_\theta - r(\eta_r^2 - \eta^2) + F_x \\
\dot{v}_y &= -2v_x\omega_z + 2v_z\omega_x - x_r\alpha_z - y_r(\eta_r^2 - \omega_z^2 - \omega_x^2) + z_r\alpha_x - (\varsigma_r - \varsigma)s_ic_\theta + F_y \\
\dot{v}_z &= -2v_y\omega_x - x_r\omega_x\omega_z - y_r\alpha_x - z_r(\eta_r^2 - \omega_x^2) - (\varsigma_r - \varsigma)c_i + F_z
\end{aligned}
\tag{5-12}
$$

其中，ω_x、ω_z、α_x、α_z、r、ς、η、i、θ 是随着主星轨道运动而变化的周期性时变参数。这些变量由地心惯性坐标系中的一组独立于相对运动的微分方程描述。由于主星轨道的描述方程在后文的周期轨道求解中可以被直接应用而无须进行任何其他处理，因此这些方程在此不作赘述，详见附录。F_x、F_y 和 F_z 是从星 S_j 在星体坐标系下的控制力。η_r、ς_r 是相对位置 x_r、y_r、z_r 的函数，可由式(5-13)得到

$$
\eta_r^2 = \frac{\mu}{r_r^3} + \frac{k_{J2}}{r_r^5} - \frac{5k_{J2}r_{rZ}^2}{r_r^7},\ \varsigma_r = \frac{2k_{J2}r_{rZ}}{r_r^5} \tag{5-13}
$$

其中，

$$
r_r = \sqrt{(r + x_r)^2 + y_r^2 + z_r^2},\ r_{rZ} = (r + x_r)s_is_\theta + y_rs_ic_\theta + z_rc_i,\ k_{J2} = 3J_2\mu R_e^2/2 \tag{5-14}
$$

需要注意的是，虽然式(5-11)和式(5-12)在数学上等价，但是前者更加适合使用时域配点法进行处理。通过增加系统中的方程个数，原来系统中的二阶导数项被替代掉。这种做法的好处是相对速度 v_x、v_y 和 v_z 的近似解能够区别于相对位置 x_r、y_r、z_r 的估计独立选取。也就是说，在求解该系统方程所进行的迭代计算中，速度信息和位置信息都能够参与并影响迭代过程，仿真结果说明这样能够减少估计误差。

为了叙述方便，将方程(5-12)表示成 $\dot{\boldsymbol{X}} = \boldsymbol{G}(\boldsymbol{X})$ 的形式，其中 $\boldsymbol{X} = (x_r \quad y_r \quad z_r \quad v_x \quad v_y \quad v_z)^{\mathrm{T}}$，也就是相对运动的状态矢量。如果该非线性相对运动模型存在周期解 $\boldsymbol{X}(t)$，那么其各个分量就能够用类似 $f(t)$ 的 Fourier 级数表示。

考虑到相对运动在星体坐标系三个方向上的分量可能具有不同的周期(或

运动频率),故假设

$$
\begin{aligned}
x_r(t) &= x_{r0} + \sum_{n=1}^{N} x_{r2n-1}\sin(n\omega_{xr}t) + x_{r2n}\cos(n\omega_{xr}t) \\
y_r(t) &= y_{r0} + \sum_{n=1}^{N} y_{r2n-1}\sin(n\omega_{yr}t) + y_{r2n}\cos(n\omega_{yr}t) \\
z_r(t) &= z_{r0} + \sum_{n=1}^{N} z_{r2n-1}\sin(n\omega_{zr}t) + z_{r2n}\cos(n\omega_{zr}t) \\
v_x(t) &= v_{x0} + \sum_{n=1}^{N} v_{x2n-1}\sin(n\omega_{xr}t) + v_{x2n}\cos(n\omega_{xr}t) \\
v_y(t) &= v_{y0} + \sum_{n=1}^{N} v_{y2n-1}\sin(n\omega_{yr}t) + v_{y2n}\cos(n\omega_{yr}t) \\
v_z(t) &= v_{z0} + \sum_{n=1}^{N} v_{z2n-1}\sin(n\omega_{zr}t) + v_{z2n}\cos(n\omega_{zr}t)
\end{aligned} \tag{5-15}
$$

其中,x_r、y_r、z_r、v_x、v_y、v_z 采用了和 $f(t)$ 类似的形式,不同的是围绕轴 x、y、z 的相对运动频率是 ω_{xr}、ω_{yr}、ω_{zr}。为了求解式(5-15)中的未知系数和频率,首先需要推导式(5-12)的时域配点法代数方程组。

在 $\dot{\boldsymbol{X}} = \boldsymbol{G}(\boldsymbol{X})$ 的一个周期 T 上选取 K 个点,从而得到

$$
(\dot{\boldsymbol{X}}(t_1),\ \dot{\boldsymbol{X}}(t_2),\ \cdots,\ \dot{\boldsymbol{X}}(t_K))^{\mathrm{T}} = (\boldsymbol{G}(\boldsymbol{X}(t_1)),\ \boldsymbol{G}(\boldsymbol{X}(t_2)),\ \cdots,\ \boldsymbol{G}(\boldsymbol{X}(t_K)))^{\mathrm{T}} \tag{5-16}
$$

回顾方程(5-10),式(5-16)的左端可以转换为

$$
\begin{bmatrix} \dot{\boldsymbol{X}}_r \\ \dot{\boldsymbol{Y}}_r \\ \dot{\boldsymbol{Z}}_r \\ \dot{\boldsymbol{V}}_x \\ \dot{\boldsymbol{V}}_y \\ \dot{\boldsymbol{V}}_z \end{bmatrix} = \begin{bmatrix} \omega_{xr}\boldsymbol{E}_x\boldsymbol{A}\boldsymbol{E}_x^{-1} & & & & & \\ & \omega_{yr}\boldsymbol{E}_y\boldsymbol{A}\boldsymbol{E}_y^{-1} & & & & \\ & & \omega_{zr}\boldsymbol{E}_z\boldsymbol{A}\boldsymbol{E}_z^{-1} & & & \\ & & & \omega_{xr}\boldsymbol{E}_x\boldsymbol{A}\boldsymbol{E}_x^{-1} & & \\ & & & & \omega_{yr}\boldsymbol{E}_y\boldsymbol{A}\boldsymbol{E}_y^{-1} & \\ & & & & & \omega_{zr}\boldsymbol{E}_z\boldsymbol{A}\boldsymbol{E}_z^{-1} \end{bmatrix} \begin{bmatrix} \boldsymbol{X}_r \\ \boldsymbol{Y}_r \\ \boldsymbol{Z}_r \\ \boldsymbol{V}_x \\ \boldsymbol{V}_y \\ \boldsymbol{V}_z \end{bmatrix} \tag{5-17}
$$

其中,各分量的顺序是重新排列过的。例如 $\boldsymbol{X}_r = (x_r(t_1),\ x_r(t_2),\ \cdots,\ x_r(t_K))^{\mathrm{T}}$,其他类似。此外,$\boldsymbol{E}_x$、$\boldsymbol{E}_y$ 和 $\boldsymbol{E}_z$ 是对应于频率 ω_{xr}、ω_{yr} 和 ω_{zr} 的变换矩阵。简洁起

见,后文以 $\tilde{\boldsymbol{E}}$ 表示式(5-17)右端的分块矩阵。

将式(5-17)代入式(5-16)中,并对方程组顺序做出一些调整,就能得到式(5-12)对应的时域配点法代数方程:

$$\tilde{\boldsymbol{G}}(\boldsymbol{Q}) - \tilde{\boldsymbol{E}}\boldsymbol{Q} = \boldsymbol{0} \tag{5-18}$$

其中,$\boldsymbol{Q} = (\boldsymbol{X}_r, \boldsymbol{Y}_r, \boldsymbol{Z}_r, \boldsymbol{V}_x, \boldsymbol{V}_y, \boldsymbol{V}_z)^{\mathrm{T}}$。$\tilde{\boldsymbol{G}}(\boldsymbol{Q})$ 是对$(\boldsymbol{G}(\boldsymbol{X}(t_1)), \boldsymbol{G}(\boldsymbol{X}(t_2)), \cdots, \boldsymbol{G}(\boldsymbol{X}(t_K)))^{\mathrm{T}}$ 重新排列后得到的矢量。

为了求解这一代数方程组,可以使用牛顿迭代法。考虑到式(5-18)过于复杂,我们采用数值方法推导其雅可比矩阵。令 $\boldsymbol{R} = \tilde{\boldsymbol{G}}(\boldsymbol{Q}) - \tilde{\boldsymbol{E}}\boldsymbol{Q}$, 并假设 $\boldsymbol{Q}'_i = \boldsymbol{Q} + (0, \cdots, \delta q_i, \cdots, 0)^{\mathrm{T}}$,其中 δq_i 是 q_i 的一个微小增量,q_i 是 $\boldsymbol{Q}$ 的第 i 个分量。这样雅可比矩阵就能通过 $\boldsymbol{J}_i(\boldsymbol{Q}) = (\boldsymbol{R}(\boldsymbol{Q}'_i) - \boldsymbol{R}(\boldsymbol{Q}))/\delta q_i$ 求出,其中 $\boldsymbol{J}_i(\boldsymbol{Q})$ 是 $\boldsymbol{J}$ 的第 i 列。一旦 $\boldsymbol{Q}$ 被求出,式(5-3)中的关系就能用来给出相对运动模型的估计周期解 $\boldsymbol{X}(t)$。

有了 $\boldsymbol{Q}$ 给出的 $\boldsymbol{X}(t_j)$,也就是 $\boldsymbol{X}(t)$ 在时间配点 $t_j(j = 1, 2, \cdots, K)$ 上的值,就能够用它对相对轨道进行初始化。如果估计解 $\boldsymbol{X}(t)$ 与真实的周期解足够接近,就能得到慢漂移的轨道。在实际应用中,初始化过程往往发生在某一特定的相对位置。这能够通过引入关于起始点,或者第一个配点位置的约束方程来实现。对应的表达式将在 5.3 节中给出。需要注意的是,不同的配点选取方案会导致不同的估计结果,因此,合理选择配点的数量和空间分布对于减小估计偏差至关重要。

5.3　时域配点法迭代初值的选取

5.3.1　Clohessy-Wiltshire 方程

经典 C-W 相对运动方程是线性的,很容易进行处理并得出周期解。现已知初始条件约束 $\dot{y}_r = -2\omega \dot{x}_r$ 能够给出周期相对运动,其中 $\omega = \sqrt{\mu/a^3}$,a 是主星轨道的半径。

将上述条件应用于 Xu 和 Wang 提出的精确 J_2 相对运动模型,将会得到无法闭合的漂移轨道。假设一圈轨道的时间周期为 T,那么时域配点法代数方程组的迭代初值 $\boldsymbol{Q}_0$ 可以通过在该漂移轨道的一个周期内进行配点得到,这一过程如图 5-2 所示。

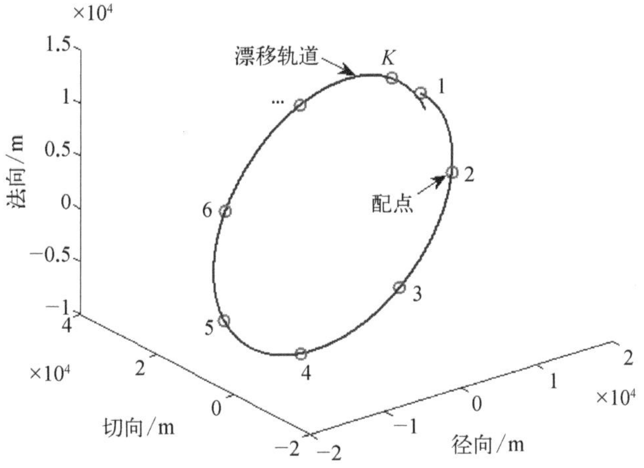

图 5 - 2　配点的选取

实线：时间 T 内的漂移轨道；小圆圈：选取的配点

一般来说，配点个数的选取与近似解中谐波系数个数一致。由于频率 ω_{xr}、ω_{yr}、ω_{zr} 在上述分析中也是未知量，因此为了求解式(5 - 18)，还需要 3 个额外约束。在此，引入一个关于起始点的条件：$x_r(t_0)=p_1$，$y_r(t_0)=p_2$，$z_r(t_0)=p_3$，其中 p_1、p_2、p_3 事先确定。这些额外条件如下表示：

$$x_{r0}+\sum_{n=1}^{N}x_{r2n-1}\sin(n\omega_{xr}t_0)+x_{r2n}\cos(n\omega_{xr}t_0)=p_1 \tag{5-19a}$$

$$y_{r0}+\sum_{n=1}^{N}y_{r2n-1}\sin(n\omega_{yr}t_0)+y_{r2n}\cos(n\omega_{yr}t_0)=p_2 \tag{5-19b}$$

$$z_{r0}+\sum_{n=1}^{N}z_{r2n-1}\sin(n\omega_{zr}t_0)+z_{r2n}\cos(n\omega_{zr}t_0)=p_3 \tag{5-19c}$$

鉴于式(5 - 18)是关于配点速度和位置的方程，故式(5 - 19)还应进一步表示为

$$[1\quad \sin(\omega_{xr}t_0)\quad \dots\quad \cos(N\omega_{xr}t_0)]\,\boldsymbol{E}_x^{-1}[x_r(t_1)\quad x_r(t_2)\quad \cdots\quad x_r(t_K)]^{\mathrm{T}}=p_1 \tag{5-20a}$$

$$[1\quad \sin(\omega_{yr}t_0)\quad \cdots\quad \cos(N\omega_{yr}t_0)]\,\boldsymbol{E}_y^{-1}[y_r(t_1)\quad y_r(t_2)\quad \cdots\quad y_r(t_K)]^{\mathrm{T}}=p_2 \tag{5-20b}$$

$$[1\quad \sin(\omega_{zr}t_0)\quad \cdots\quad \cos(N\omega_{zr}t_0)]\,\boldsymbol{E}_z^{-1}[z_r(t_1)\quad z_r(t_2)\quad \cdots\quad z_r(t_K)]^{\mathrm{T}}=p_3 \tag{5-20c}$$

已知配点并对频率做出假设后,通过式(5－1)和式(5－3)中的变换,就能够得到一个闭合的轨道。显然,这一轨道并不满足式(5－18)的描述,然而,通过牛顿迭代法或者其他迭代算法,可以对配点的位置和速度信息以及运动的频率做出修正,减小式(5－18)的余量。当所得到的余量足够小时,就说明已经得到了足够精确的相对周期轨道估计。

由于C－W相对运动模型是在近距离相对运动、圆形参考轨道以及中心引力场假设下得到的,当主星轨道偏心率不为零时,C－W方程不能为迭代提供合理初值。

5.3.2 Tschauner-Hempel 方程

C-W 方程使得我们能够求得相对运动模型的简单解析解,然而这一理论只适用于圆形参考轨道。当考虑椭圆轨道时,可以使用 T-H 方程。许多研究者曾致力于求 T-H 方程的解析解,各种状态转移矩阵相继提出。Inalhan 等[4]给出了 T-H 方程的周期解条件。

假设主星的初始位置是在地球轨道的近地点,那么相对运动周期轨道的约束条件可以表示为

$$\frac{\dot{y}(0)}{x(0)}=-\frac{n(2+e)}{(1+e)^{1/2}(1-e)^{2/3}} \tag{5-21}$$

其中,$n=\sqrt{\mu/a^3}$; a 是主星轨道的长半轴。当偏心率 $e\to 0$ 时,式(5－21)就变成了C-W方程给出的约束条件。

在Inalhan等的文章中,式(5－21)被进一步扩展,使得初始化过程能够在其他位置进行。本章只考虑初始化过程发生在远地点的情况。

5.4 时域配点法求解方案评估

在实际任务中,卫星编队飞行要求从星沿着一条设计好的轨道飞行。虽然时域配点法能够得到近似闭合或慢漂移的相对运动轨道,但是在长时间的任务中仍然会有相对轨道漂移问题。为此,我们将其投影到一个周期性的闭合轨道上,并以该轨道为基础设计控制策略。

5.4.1　闭合投影轨道

假设闭合投影轨道可以表示成式(5－15)的形式,并且认为 x_r、y_r、z_r、v_x、v_y、v_z 都具有同样的运动频率 ω_c。在慢漂移轨道的某一段上选择均匀分布的 M 个配点。如果闭合投影轨道的参数 ω_c 事先已被设定,那么通过简单的变换就能得到其表达式,这一变换形式与式类似:

$$\boldsymbol{Q}_c = \widehat{\boldsymbol{E}}\hat{\boldsymbol{Q}} \tag{5-22}$$

其中,$\widehat{\boldsymbol{E}}$ 是一个分块矩阵,$\widehat{\boldsymbol{E}} = \mathrm{diag}(\boldsymbol{E},\ \boldsymbol{E},\ \boldsymbol{E},\ \boldsymbol{E},\ \boldsymbol{E},\ \boldsymbol{E})$;$\hat{\boldsymbol{Q}}$ 是由谐波系数组成的矢量 $\hat{\boldsymbol{Q}} = (x_0,\ \cdots,\ x_{2n},\ y_0,\ \cdots y_{2n},\ \cdots,\ v_{z0},\ \cdots,\ v_{z2n})^{\mathrm{T}}$;$\boldsymbol{Q}_c$ 是由 M 个时域配点的状态矢量组成,$\boldsymbol{Q}_c = (x(t_1),\ \cdots,\ x(t_M),\ y(t_1),\ \cdots,\ y(t_M),\ \cdots,\ v_z(t_M))^{\mathrm{T}}$。

然后在方程两边同时乘以 $\widehat{\boldsymbol{E}}$ 的伪逆;这样就直接得到了式(5－22)的最小二乘解 $\hat{\boldsymbol{Q}} = \widehat{\boldsymbol{E}}^{-1}\boldsymbol{Q}_c$。这样,我们就能得到投影轨道 $\boldsymbol{F}(t) = \boldsymbol{E}(t)\hat{\boldsymbol{Q}}$,$\boldsymbol{E}(t) = \mathrm{diag}(\boldsymbol{E}_1,\ \boldsymbol{E}_1,\ \boldsymbol{E}_1,\ \boldsymbol{E}_1,\ \boldsymbol{E}_1,\ \boldsymbol{E}_1)$,其中 $\boldsymbol{E}_1 = (1,\ \sin(\omega_c t),\ \cos(\omega_c t),\ \cdots,\ \cos(n\omega_c t))$。

然而,如果 ω_c 未知,那么确定投影轨道的过程就会稍微烦琐。首先,定义余量函数 $\boldsymbol{R} = \widehat{\boldsymbol{E}}\hat{\boldsymbol{Q}} - \boldsymbol{Q}_c$,通过最小二乘法,寻找使 $\boldsymbol{R}^{\mathrm{T}}\boldsymbol{R}$ 取最小值的 ω_c^* 和 $\hat{\boldsymbol{Q}}^*$,也就是求解:

$$\frac{\partial(\boldsymbol{R}^{\mathrm{T}}\boldsymbol{R})}{\partial\omega_c^*} = \boldsymbol{0},\quad \frac{\partial(\boldsymbol{R}^{\mathrm{T}}\boldsymbol{R})}{\partial\hat{\boldsymbol{Q}}^*} = \boldsymbol{0} \tag{5-23}$$

将余量函数代入式(5－23),可以得到

$$\begin{aligned}&\frac{\partial(\boldsymbol{R}^{\mathrm{T}}\boldsymbol{R})}{\partial\omega_c^*} = 2\hat{\boldsymbol{Q}}^{*\mathrm{T}}\widehat{\boldsymbol{A}}^{\mathrm{T}}\widehat{\boldsymbol{E}}^{*\mathrm{T}}\boldsymbol{T}^{\mathrm{T}}(\widehat{\boldsymbol{E}}^*\hat{\boldsymbol{Q}}^* - \boldsymbol{Q}_c) = \boldsymbol{0}\\ &\frac{\partial(\boldsymbol{R}^{\mathrm{T}}\boldsymbol{R})}{\partial\hat{\boldsymbol{Q}}^*} = \widehat{\boldsymbol{E}}^*(\widehat{\boldsymbol{E}}^*\hat{\boldsymbol{Q}}^* - \boldsymbol{Q}_c) = \boldsymbol{0}\end{aligned} \tag{5-24}$$

其中,矩阵 $\widehat{\boldsymbol{A}}$、$\boldsymbol{T}$ 及雅可比阵 $\boldsymbol{J}$ 的具体表达式见本章附录。为了求解该非线性代数方程,可以使用全局最优迭代算法进行计算。

5.4.2　闭环控制策略

从星沿着投影轨道飞行的燃料消耗可以采用离散时间线性二次型最优

控制器(discrete-time linear quadratic regulator, DLQR)进行仿真模拟。其适用性和简便性是本章采用这一方法的原因。

假设编队保持仅仅通过调节从星的运动来完成,可以得到相对运动的线性化模型:

$$\dot{\boldsymbol{X}}_d = \bar{\boldsymbol{A}}\boldsymbol{X}_d + \bar{\boldsymbol{B}}\boldsymbol{u} \tag{5-25}$$

其中,$\bar{\boldsymbol{A}} = \partial \boldsymbol{G}/\partial \boldsymbol{X}_p$;$\boldsymbol{X}_r$ 是投影轨道的状态矢量;$\boldsymbol{X}_d = \boldsymbol{X} - \boldsymbol{X}_p$ 是真实轨迹相对投影轨道的漂移量;矩阵 $\bar{\boldsymbol{B}}$ 表示如下:

$$\bar{\boldsymbol{B}} = \begin{bmatrix} 0 & 0 & 0 \\ 0 & 0 & 0 \\ 0 & 0 & 0 \\ 1 & 0 & 0 \\ 0 & 1 & 0 \\ 0 & 0 & 1 \end{bmatrix} \tag{5-26}$$

矩阵 $\bar{\boldsymbol{A}}$ 的具体形式见附录。

接下来定义控制矢量 $\boldsymbol{u}$,其与控制间隔 T_s 和有效推进时间 d 有关:

$$\boldsymbol{u}(t) = \begin{cases} \boldsymbol{u}_k/d, & t_k < t < t_k + d \\ 0, & t_k + d < t < t_k + T_s \end{cases} \tag{5-27}$$

其中,t_k 是时间瞬量,$t_k = kT_s$;$\boldsymbol{u}_k$ 是控制器的控制信号,$\boldsymbol{u}_k = [\Delta v_x, \Delta v_y, \Delta v_z]^{\mathrm{T}}$。从而得到离散化的模型:

$$\boldsymbol{X}_{dk+1} = \tilde{\boldsymbol{A}}\boldsymbol{X}_{dk} + \tilde{\boldsymbol{B}}\boldsymbol{u}_k \tag{5-28}$$

其中,$\tilde{\boldsymbol{A}} = \mathrm{e}^{\bar{\boldsymbol{A}}T_s}$;$\tilde{\boldsymbol{B}} = \mathrm{e}^{\bar{\boldsymbol{A}}T_s}\int_0^d \mathrm{e}^{-\bar{A}r}\mathrm{d}r\bar{\boldsymbol{B}}/d$。

使用 DLQR 控制策略,使如下的二次型性能指标最小化:

$$\boldsymbol{J} = \frac{1}{2}\sum_{k=0}^{\infty}[\boldsymbol{X}_{dk}^{\mathrm{T}}\boldsymbol{Q}\boldsymbol{X}_{dk} + \boldsymbol{u}_k^{\mathrm{T}}\boldsymbol{R}\boldsymbol{u}_k] \tag{5-29}$$

通过著名的 Riccati 方程就能得到最优控制律:

$$\boldsymbol{u}_k = -\boldsymbol{K}(\boldsymbol{X}(t_k) - \boldsymbol{X}_p(t_k)) \tag{5-30}$$

5.5　结果与分析

本节中,数值仿真结果表明了时域配点法在求解周期轨道问题上的有效性,以及闭合投影轨道在节省燃料方面的效果。

假设初始化过程在主星轨道的远地点进行, $r_0=(1+e)a$, $a=8\,000\ \text{km}$, $\dot{r}_0=0\ \text{km/s}$, 且从星的相对位置为 $x_{r0}=10\ \text{km}$, $y_{r0}=10\ \text{km}$, $z_{r0}=10\ \text{km}$。为了简化分析,假设主星轨道在远地点的角动量 h_0 就是对应的开普勒轨道中的值。在下文的仿真中,令假设的近似周期解中的谐波个数为 $N=4$, 时域配点法配点个数为 $K=9$。所得到的结果在星体坐标系中进行表示。

图 5-3(a)给出了当主星偏心率 $e=0.005$、倾斜角 $i=0$ 时,由时域配点法得到的相对运动轨道。图 5-3(b)则给出了由 C-W 方程给出的周期条件得到的漂移轨道。图中第一圈轨道用不同颜色的实线标出,且每幅图中时域配点法得到的轨道都包含了 10 个周期的轨道信息。

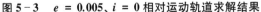

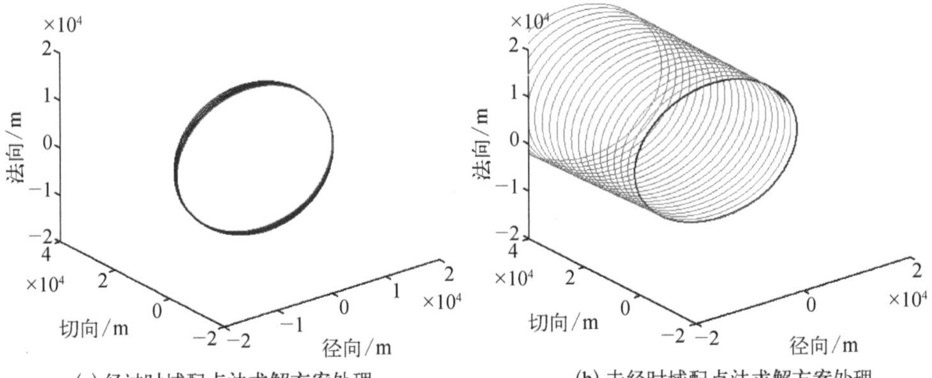

(a) 经过时域配点法求解方案处理　(b) 未经时域配点法求解方案处理

图 5-3　$e=0.005$、$i=0$ 相对运动轨道求解结果

图 5-3 中的结果是在同样的假设条件下得出的,由二者的对比可见处理后的结果得到了十分显著的改善。图 5-3(a)中的相对轨迹在经过 10 个周期后仍然是闭合的,而图 5-3(b)中的轨迹则出现了明显的漂移。

以下仿真结果进一步说明了时域配点法的有效性。令轨道偏心率 e 和倾斜角 i 取不同值,从而观察当 C-W 方程或 T-H 方程给出的约束条件完全失效时时域配点法的表现。

令 $e = 0.02$, $i = \pi/6$, 取 T 为 7 151 s,结果如图 5-4 所示。

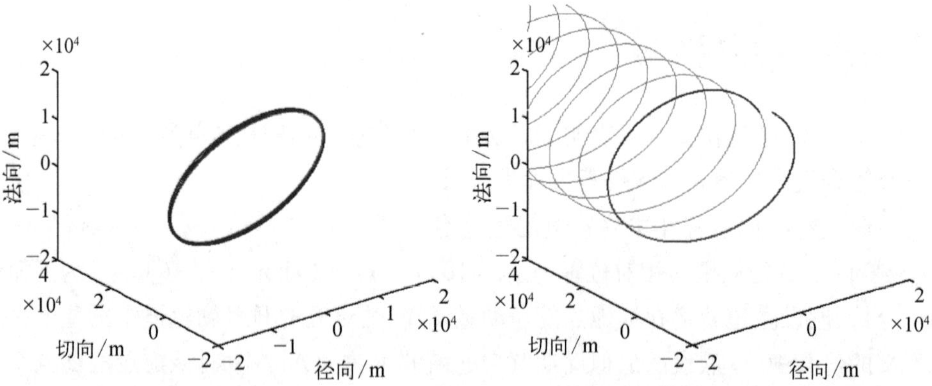

(a) 经过时域配点法求解方案处理　　(b) 经过时域配点法求解方案处理

图 5-4　$e = 0.02$、$i = \pi/6$ 相对运动轨道求解结果

图 5-4 对 T-H 方程和时域配点法求解方案得出的相对轨迹进行了比对,很明显时域配点法使原来的结果得到了极大改善。

当倾斜角增加到 $i = \pi/3$ 时,所得到的周期轨道仍然是闭合的,如图 5-5 所示, T = 7 161 s。

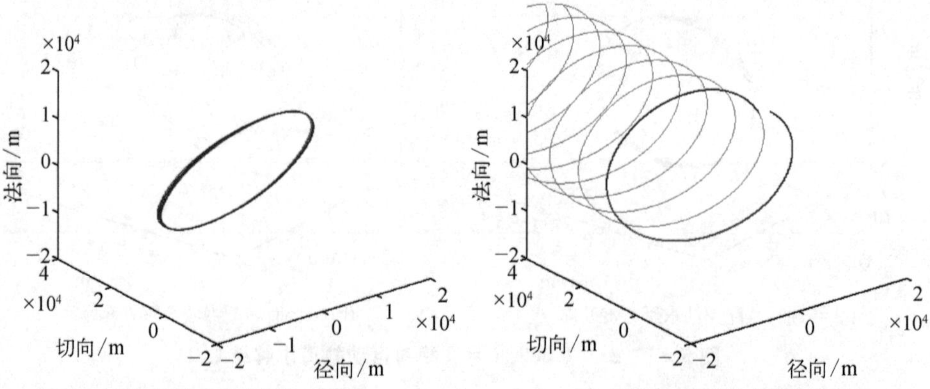

(a) 经过时域配点法求解方案处理　　(b) 未经时域配点法求解方案处理

图 5-5　$e = 0.02$、$i = \pi/3$ 相对运动轨道求解结果

为了更直观地说明这一改善,将图 5-5 部分放大后得到图 5-6。

由时域配点法得到的轨迹用 D1 标出,为红色的实线,而蓝线则表示由 T-H 方程得到的轨迹 D2。虽然 D1 和 D2 从同一个位置 O(10 km, 10 km, 10 km)出发,所得到的轨迹却完全不同。由图 5-6(b)看出,轨道 D1 的漂移速率明显

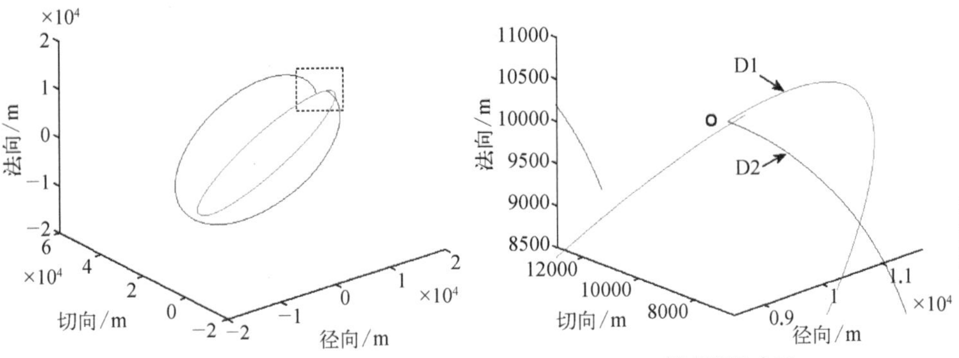

(a) 轨道计算结果　　(b) 局部放大图

图 5-6　$e=0.02$、$i=\pi/3$ 时计算结果

低于轨道 D2，此外，D1 闭合得更好，因此更有可能用于建立节省燃料的控制策略。

在此值得注意的是，虽然 D1 和 D2 的运行方向看起来是相反的，但这是图 5-6 中采取的视角所致。事实上，D1 的方向大体上和 D2 是一致的，只不过二者的轨道平面确实存在着一个小角度的夹角，这是由 T-H 方程和时域配点方案给出的初始速度不同导致的。

在图 5-7 中，参考轨道的偏心率是 $e=0.1$，倾斜角是 $i=\pi/3$，选取的周期 T 为 7 191 s。在这种情况下，由 T-H 方程得到的周期条件已经完全失效了。如图 5-7(b) 所示，由于 J_2 摄动的存在和大倾角的缘故，所得到的轨迹在切线方向的漂移速率已经远超前面的任何一种情况。然而，时域配点法仍然在该轨迹的基础上给出了一条慢漂移的轨迹。如图 5-7(a) 所示，虽然轨道的漂移速度随轨

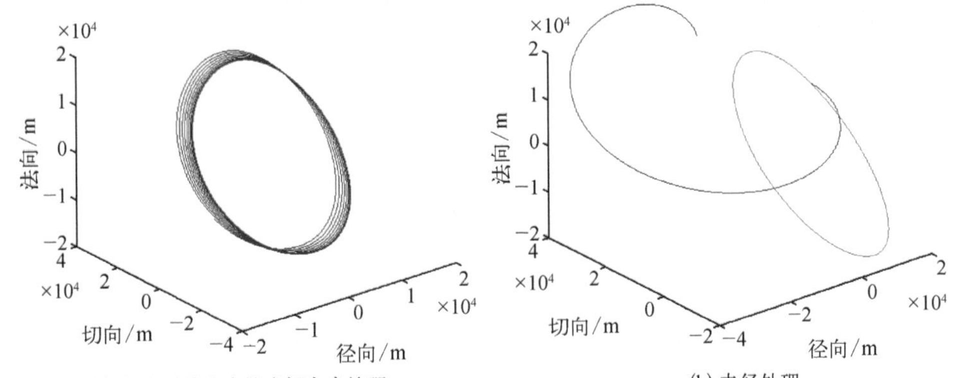

(a) 经过时域配点法求解方案处理　　(b) 未经处理

图 5-7　$e=0.1$、$i=\pi/3$ 时相对运动轨道求解结果

道运行圈数增加而变大,但是初始轨道和之后的数条轨道仍然可以认为是近似闭合的。

表 5-1 列出了使用 T-H 方程和时域配点法得到的周期轨道初始条件,分别表示为 IC1 和 IC2。所有的初始化过程均在同样的位置 O(10 km, 10 km, 10 km)进行。在 T-H 方程给出的条件 IC1 中,速率 v_{x0} 和 v_{z0} 的取值都是 0,因为在 Inalhan 推导的周期轨道约束条件中没有涉及 v_{x0} 和 v_{z0}。然而,表中时域配点法的结果说明当考虑 J_2 引力项时,这两个方向上的速度也会决定相对运动是否是周期的。

表 5-1 T-H 方程和时域配点法给出的相对运动周期轨道初始条件

方 案	$e = 0.005, i = 0$		$e = 0.02, i = \pi/6$		$e = 0.02, i = \pi/3$		$e = 0.1, i = \pi/3$	
	IC1	IC2	IC1	IC2	IC1	IC2	IC1	IC2
v_{x0}/(m/s)	0	0.299 0	0	−1.575 1	0	−1.459 3	0	4.337 5
v_{y0}/(m/s)	−17.647 4	−17.534 7	−17.658 2	−17.152 3	−17.658 2	−17.155 9	−17.935 1	−15.319 7
v_{z0}/(m/s)	0	−0.428 5	0	3.984 1	0	5.556 7	0	−8.971 9

表 5-2 给出了周期解的频率估计。其中 ω_x、ω_y、ω_z 稍微有些不同,因此所得到的估计解是伪周期的。在 J_2 摄动条件下,已知周期运动的频率对于设计和调节控制系统具有重要意义。因此,能够较精确地估计轨道面内和轨道面外的相对运动频率也是时域配点法的一个优势。表 5-2 还给出了求解由时域配点方案得出的代数方程[即式(5-18)和式(5-19)]的迭代步数。结果表明迭代过程能够快速收敛,因此不需要消耗太多的计算资源。

表 5-2 时域配点法得到的周期解频率和每次求解计算的迭代步数(IS)

方 案	$e = 0.005$, $i = 0$	$e = 0.02$, $i = \pi/6$	$e = 0.02$, $i = \pi/3$	$e = 0.1$, $i = \pi/3$
ω_x/(rad/s)	$8.832\,3\times10^{-4}$	$8.840\,5\times10^{-4}$	$8.855\,3\times10^{-4}$	$8.852\,3\times10^{-4}$
ω_y/(rad/s)	$8.832\,3\times10^{-4}$	$8.865\,8\times10^{-4}$	$8.911\,6\times10^{-4}$	$8.866\,9\times10^{-4}$
ω_z/(rad/s)	$8.850\,7\times10^{-4}$	$8.849\,0\times10^{-4}$	$8.845\,0\times10^{-4}$	$8.855\,3\times10^{-4}$
IS	14	6	8	16

相对轨道在星体坐标系三个方向上的漂移情况如图 5-8 所示,$e = 0.02$,$i = \pi/3$。图中绘制了 20 个轨道周期,大约相当于两天的仿真时间。总体来说,前几个轨道的漂移速度很小,因此是完全可以接受的。然而,随着时间累积,这

些轨道最终会发散。因此，为了得到一条可靠的、能用于有效控制的闭合投影轨道，我们需要在慢漂移轨道没有出现明显发散前进行投影。

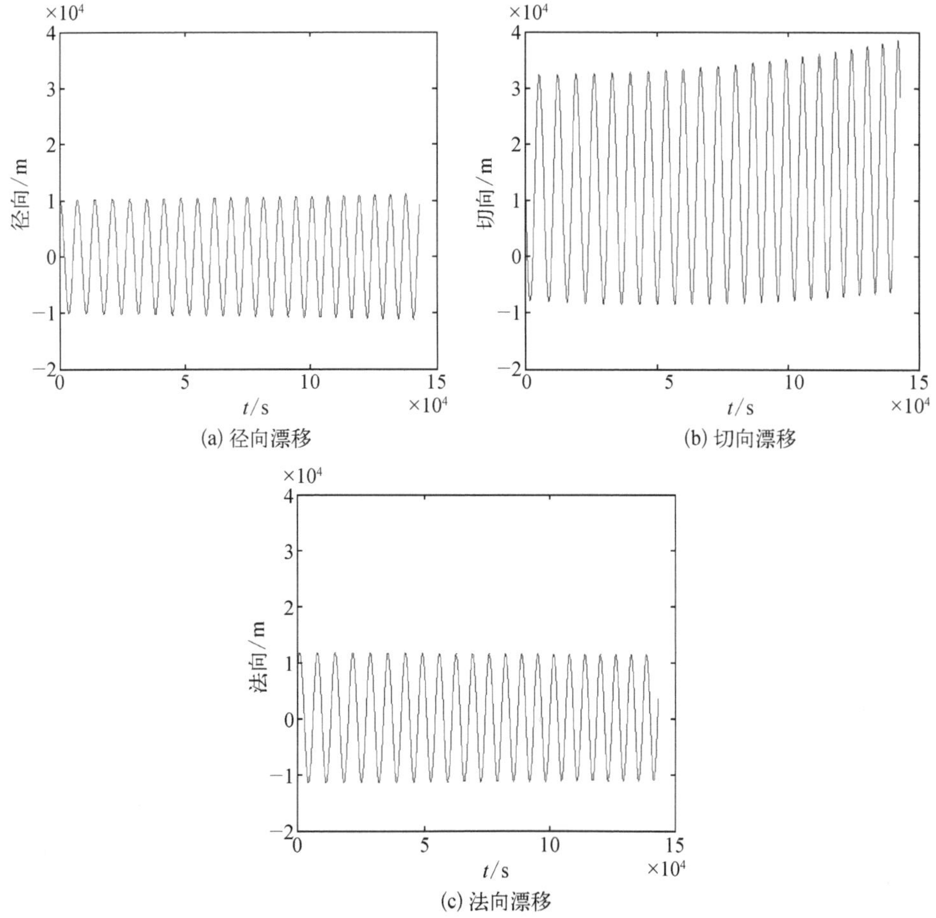

(a) 径向漂移　(b) 切向漂移　(c) 法向漂移

图 5-8　相对轨道在 LVLH 三个方向上的漂移情况（$e = 0.02$，$i = \pi/3$）

仔细观察图 5-8，容易发现轨迹切线方向上的漂移速度明显快于其他方向。因此，使用多少个轨道的信息来生成投影轨道主要取决于轨迹切线方向的相对运动。一般来说 10 个左右的轨道信息就能满足我们的计算需求。

图 5-9 给出了不同情况下得到的投影轨道，以及使用该投影轨道作为参考进行一圈无控飞行的卫星轨迹。其飞行偏差如表 5-3 所示。可以看出，跟踪飞行的偏差随轨道的偏心率和倾斜角的增大而变大。这一现象主要是因为大偏心率和倾斜角的轨道更容易受到摄动影响。为了得到投影轨道，我们共选取了 $M = 50$ 个配点。如图 5-9 所示，投影轨道（红线）十分完整地保留了前文给出

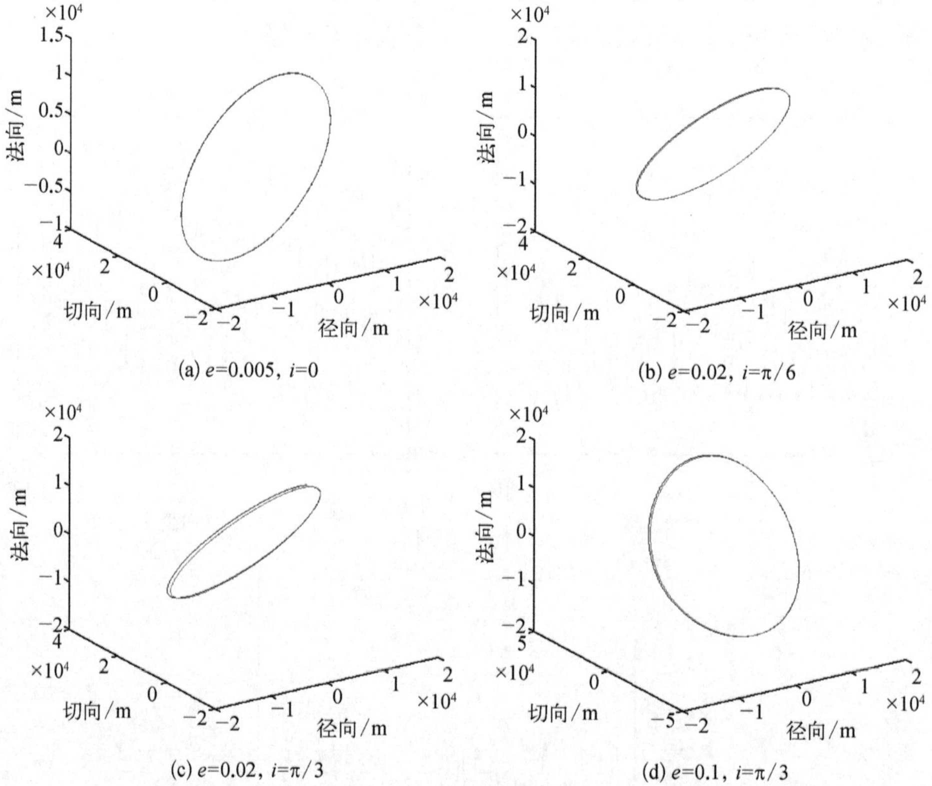

图 5-9 无控条件下卫星的相对运动轨迹和闭合投影轨道

的慢漂移轨道的特性。不管是轨道面内还是轨道面外的信息特征都得到了体现。无控飞行的卫星相对运动轨迹(蓝线)说明投影轨道是很有效的。在有些子图中,卫星的飞行偏差在当前尺度下几乎无法分辨。表 5-3 列出了投影轨道的频率,这些频率和表 5-2 中所列的各分运动频率相差不大。在编队飞行中,这些频率信息能有效应用于设计和调节控制器。

表 5-3 无控飞行一圈后卫星轨迹相对于投影轨道的偏差以及投影轨道的频率

轨 道 类 型	跟踪偏差/m	ω_c/(rad/s)
$e = 0.005,\ i = 0$	57.585 3	$8.834\,5\times10^{-4}$
$e = 0.02,\ i = \pi/6$	423.021 2	$8.862\,8\times10^{-4}$
$e = 0.02,\ i = \pi/3$	$1.249\,7\times10^{3}$	$8.887\,0\times10^{-4}$
$e = 0.1,\ i = \pi/3$	888.135 4	$8.857\,2\times10^{-4}$

为了进一步说明闭合投影轨道的效果，我们以 $e=0.005$ 和 $i=0$ 为例进行仿真。仿真时间持续了 40 个轨道周期，大约相当于 4 天时间，仿真结果是基于 DLQR 控制方案得到的相对运动轨迹。控制时间间隔 T_s 分别取为 10 000 s、1 000 s、100 s 和 10 s。如图 5－10 所示，所有的相对运动轨迹都是近似闭合的，只不过随控制时间间隔的不同而有程度上的变化。在图 5－10(a)中，所采用的时间间隔明显过大，以至于相对运动轨迹不能够收敛到投影轨道上，即便如此，所得到的轨迹仍然没有发散，这说明了本章给出的闭合投影轨道在相对运动控制上是非常有效的。表 5－4 列出了仿真过程中的燃料消耗以及最大控制误差，其中燃料消耗用 Delta V 表示。

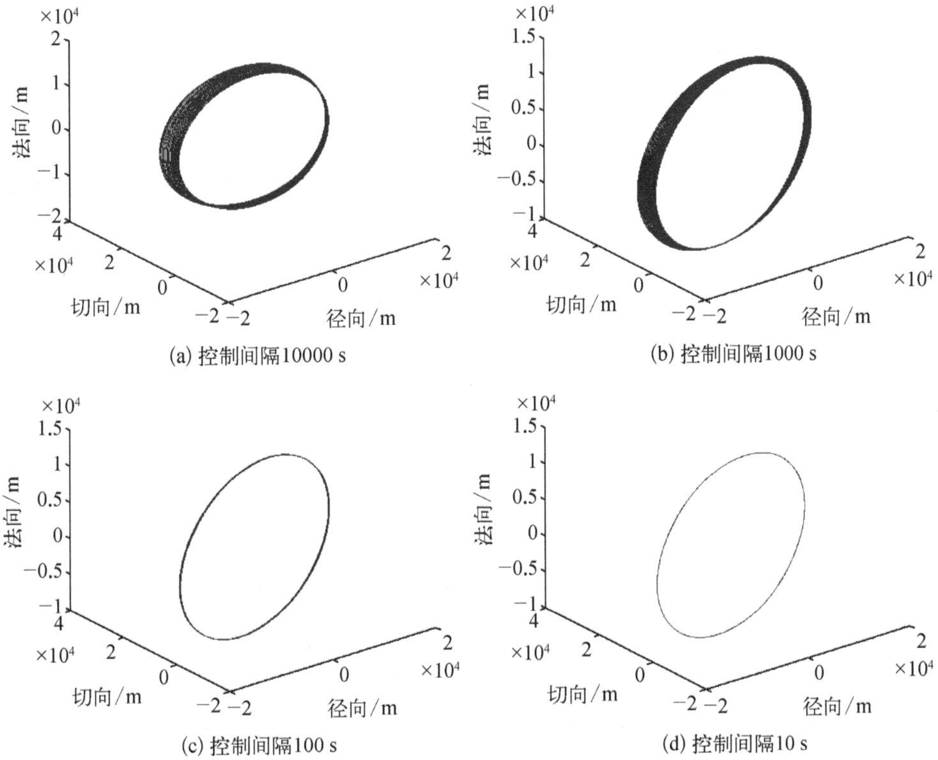

图 5－10　DLQR 控制策略下的相对运动轨迹

本节中的 Delta V 由式 $\sum_{k=0}^{N_u} \|\boldsymbol{u}_k\|$ 表示，其中 $\|\boldsymbol{u}_k\| = (\Delta v_x^2 + \Delta v_y^2 + \Delta v_z^2)^{\frac{1}{2}}$ 是控制信号 $\boldsymbol{u}_k$ 的范数，$N_u = \mathrm{floor}(40T/T_s)$ 是推进器在 40 个轨道周期内的工作次数。在仿真中，推进喷射的持续时间假定为 $d = 1$ s，并且总是在每个控制间隔开始时进行。

表 5-4 使用 LQR 控制方法仿真的燃料消耗 Delta V 和轨道偏差

$e = 0.005$, $i = 0$, $x_r = 10$ km, $y_r = 10$ km, $z_r = 10$ km, 轨道圈数 $n = 40$		
控制间隔 /s	Delta V /(m/s)	最大控制偏差/m
10 000	5.832 0	$6.495\ 2\times10^3$
1 000	11.075 5	$5.437\ 4\times10^3$
100	15.852 8	418.159 1
10	9.086 8	25.011 1

如表 5-4 所示,控制间隔对于采用 LQR 的相对运动控制来说具有重要影响。控制间隔越短,控制效果就越好。当 $T_s = 10$ s 时,整个仿真过程中的最大轨道偏差为 25.011 1 m。这和整个相对运动的尺度(10^5 m)相比显得微不足道。反观飞行中的燃料消耗 Delta V 却并没有太大变化。当 $T_s = 10$ s 时,用于维持时间周期为 4 天的相对运动所需的燃料指标仅仅是 9.086 8 m/s,平均下来大约是每圈消耗 0.227 m/s 的燃料。另外,可以看到控制间隔为 $T_s = 100$ s 和 $T_s = 1000$ s 时,Delta V 比 $T_s = 10$ s 时要大。于是通过数值仿真我们发现控制间隔和燃料消耗之间存在取舍,长的控制间隔对星载计算机造成的计算负担较轻,但是会带来更多的燃料消耗。

5.6 本章小结

本章使用时域配点法来求解 J_2 摄动相对运动模型。首先将周期解假设为 Fourier 级数展开形式,代入相对运动动力学方程,进行配点离散,我们得到相应的非线性代数方程组,然后使用牛顿迭代法求解得到近似闭合轨道的初始化条件。数值仿真表明,由 C-W 方程或 T-H 方程的解析初始条件得到的相对运动轨道会产生大漂移,而采用时域配点法可以得到慢漂移轨道,大大提升无控情况下相对轨道保持度。所得的近似闭合轨道可进一步处理成闭合投影轨道,基于此设计保持策略可以有效减少燃料消耗。

5.7 本章附录

主星 S_0 的运动可以由如下的方程组描述:

$$
\begin{aligned}
&\dot r = v_x \\
&\dot v_x = -\frac{\mu}{r^2} + \frac{h^2}{r^3} - \frac{k_{J2}}{r^4}(1 - 3s_i^2 s_\theta^2) \\
&\dot h = -\frac{k_{J2}s_i^2 s_{2\theta}}{r^3} \\
&\dot \theta = \frac{h}{r^2} + \frac{2k_{J2}c_i^2 s_\theta^2}{hr^3} \\
&\dot i = -\frac{k_{J2}s_{2i}s_{2\theta}}{2hr^3} \\
&\dot \Omega = -\frac{2k_{J2}c_i s_\theta^2}{hr^3}。
\end{aligned}
\tag{A.1}
$$

为了求解投影轨道，需要有矩阵 $\hat{\boldsymbol{A}}$、$\boldsymbol{T}$ 和雅可比矩阵 $\boldsymbol{J}$。这些矩阵表示如下：

$$
\hat{\boldsymbol{A}} = \begin{bmatrix} \boldsymbol{A} & & & \\ & \boldsymbol{A} & & \\ & & \ddots & \\ & & & \boldsymbol{A} \end{bmatrix}_{6\times 6},\quad \boldsymbol{T} = \begin{bmatrix} \boldsymbol{t} & & & \\ & \boldsymbol{t} & & \\ & & \ddots & \\ & & & \boldsymbol{t} \end{bmatrix}_{6\times 6},\quad \boldsymbol{J} = \begin{bmatrix} J_{11} & \boldsymbol{J}_{1n} \\ \boldsymbol{J}_{m1} & \boldsymbol{J}_{mn} \end{bmatrix}
$$

其中，

$$
\boldsymbol{t} = \begin{bmatrix} t_1 & & & \\ & t_2 & & \\ & & \ddots & \\ & & & t_k \end{bmatrix}
$$

$$
J_{11} = \hat{\boldsymbol{Q}}^{*\mathrm{T}}\hat{\boldsymbol{A}}^{\mathrm{T}}\hat{\boldsymbol{A}}^{\mathrm{T}}\hat{\boldsymbol{E}}^{*\mathrm{T}}\boldsymbol{T}^{\mathrm{T}}\boldsymbol{T}^{\mathrm{T}}(\hat{\boldsymbol{E}}^{*}\hat{\boldsymbol{Q}}^{*} - \boldsymbol{Q}_c) + \hat{\boldsymbol{Q}}^{*\mathrm{T}}\hat{\boldsymbol{A}}^{\mathrm{T}}\hat{\boldsymbol{E}}^{*\mathrm{T}}\boldsymbol{T}^{\mathrm{T}}\boldsymbol{T}\hat{\boldsymbol{E}}^{*}\hat{\boldsymbol{A}}\hat{\boldsymbol{Q}}^{*}
$$

$$
\boldsymbol{J}_{1n} = \hat{\boldsymbol{A}}^{\mathrm{T}}\hat{\boldsymbol{E}}^{*\mathrm{T}}\boldsymbol{T}^{\mathrm{T}}(\hat{\boldsymbol{E}}^{*}\hat{\boldsymbol{Q}}^{*} - \boldsymbol{Q}_c) + \hat{\boldsymbol{E}}^{*\mathrm{T}}\boldsymbol{T}\hat{\boldsymbol{E}}^{*}\hat{\boldsymbol{A}}\hat{\boldsymbol{Q}}^{*}
$$

$$
\boldsymbol{J}_{m1} = \boldsymbol{J}_{1n}^{\mathrm{T}},\ \boldsymbol{J}_{mn} = \hat{\boldsymbol{E}}^{*\mathrm{T}}\hat{\boldsymbol{E}}^{*}
$$

方程中的矩阵 $\bar{\boldsymbol{A}}$ 可以表示成 $\bar{\boldsymbol{A}} = \bar{\boldsymbol{A}}_1 + \bar{\boldsymbol{A}}_2$，其中，

$$\bar{A}_1 = \begin{bmatrix} 0 & 0 & 0 & 1 & 0 & 0 \\ 0 & 0 & 0 & 0 & 1 & 0 \\ 0 & 0 & 0 & 0 & 0 & 1 \\ -\eta_r^2+\omega_z^2 & \alpha_z & -\omega_x\omega_z & 0 & 2\omega_z & 0 \\ -\alpha_z & -(\eta_r^2-\omega_z^2-\omega_x^2) & \alpha_x & -2\omega_z & 0 & 2\omega_x \\ -\omega_x\omega_z & -\alpha_x & -(\eta_r^2-\omega_x^2) & 0 & -2\omega_x & 0 \end{bmatrix}$$

$$\bar{A}_2 = \begin{bmatrix} 0 & 0 & 0 & 0 & 0 & 0 \\ 0 & 0 & 0 & 0 & 0 & 0 \\ 0 & 0 & 0 & 0 & 0 & 0 \\ -2k_{J2}r^{-5}(\sin i\sin\theta)^2+3ur^{-3} & -2k_{J2}r^{-5}\sin^2 i\cos\theta\sin\theta & -2k_{J2}r^{-5}\cos i\sin i\sin\theta & 0 & 0 & 0 \\ -2k_{J2}r^{-5}\sin^2 i\sin\theta\cos\theta & -2k_{J2}r^{-5}\sin^2 i\cos^2\theta & -2k_{J2}r^{-5}\cos i\sin i\cos\theta & 0 & 0 & 0 \\ -2k_{J2}r^{-5}\sin i\sin\theta\cos\theta & -2k_{J2}r^{-5}\cos i\sin i\cos\theta & -2k_{J2}r^{-5}\cos^2 i & 0 & 0 & 0 \end{bmatrix}$$

$\bar{A}$ 作为时间的函数,是随着参考轨道的运动而改变的。然而,在数值仿真中,为了计算方便,也可以认为 $\bar{A}$ 是常值矩阵。未在本章展示的一部分仿真结果表明这一估计不会带来明显的区别。

参考文献

[1] Tschauner J, Hempel P. Optimale beschleunigeungs programme für das Rendezvous-Manover [J]. Astronautica Acta, 1964, 10: 296 - 307.

[2] Melton R G. Time-explicit representation of relative motion between elliptical orbits [J]. Journal of Guidance, Control, and Dynamics, 2000, 23(4): 604 - 610.

[3] Broucke R A. Solution of the elliptic rendezvous problem with the time as independent variable [J]. Journal of Guidance, Control, and Dynamics , 2003, 26(4): 615 - 621.

[4] Inalhan G, Tillerson M, How J P. Relative dynamics and control of spacecraft formations in eccentric orbits [J]. Journal of Guidance, Control, and Dynamics, 2002, 25(1): 48 - 59.

[5] Lawden D F. Optimal Trajectories for Space Navigation [M]. London: Butterworths, 1963.

[6] Carter T E, Humi M. Fuel-optimal rendezvous near a point in general keplerian orbit [J]. Journal of Guidance, Control, and Dynamics, 1987, 10(6): 567 - 573.

[7] Carter T E. New form for the optimal rendezvous equations near a keplerian orbit [J]. Journal of Guidance, Control, and Dynamics, 1990, 13(1): 183 - 186.

[8] Euler E A, Shulman Y. Second-order solution to the elliptical rendezvous problem [J]. AIAA Journal, 1967, 5(5): 1033 - 1035.

[9] Xu G Y, Wang D W. Nonlinear dynamic equations of satellite relative motion around an oblate earth [J]. Journal of Guidance, Control, and Dynamics, 2008, 31(5): 1521 - 1524.

[10] Dai H H, Schnoor M, Alturi S N. A simple collocation scheme for obtaining the periodic

solutions of the Duffing equation, and its equivalence to the high dimensional harmonic balance method: Subharmonic oscillations [J]. Computer Modeling in Engineering and Sciences, 2012, 84 (5): 459 - 497.

[11] Dai H H, Yue X K, Yuan J P. A time domain collocation method for obtaining the third superharmonic solutions to the Duffing oscillator [J]. Nonlinear Dynamics, 2013, 73 (1 - 2): 593 - 609.

[12] Dai H H, Yue X K, Yuan J P, et al. A time domain collocation method for studying the aeroelasticity of a two dimensional airfoil with a structural nonlinearity [J]. Journal of Computational Physics, 2014, 270(1): 214 - 237.

[13] Wang W, Yuan J P, Zhao Y B, et al. Fourier series approximations to J_2-bounded equatorial orbits [J]. Mathematical Problems in Engineering, 2014: 1 - 8.

[14] Kasdin N J, Gurfil P. Hamiltonian Modeling of Relative Motion [M]. New York: Academy of Sciences, 2004: 138 - 157.

第 6 章

变分迭代法：全局估计到局部估计

6.1 引言

第 2~5 章主要介绍了求解非线性动力学系统全局法，在求解过程中将未知函数在自变量整个时间域内使用一组基函数的线性组合近似，通过求出满足方程和约束条件的基函数系数，得到问题的近似解。全局法的特点在于不需要问题域离散，一般仅适用于求解周期解，通过求解一个周期内的未知函数解得到在整个自变量变化范围内的解。针对非周期问题，往往很难通过一组线性组合的基函数对未知函数精确拟合。因此，必须借助局部法。局部法首先将整个问题域分割为多个子区间，分区域处理。在每个子区间内使用各种方法，逐步求出每个子区间内近似函数值，最终得到整个问题的解。通过问题域离散化，既能够降低问题维度以提高计算效率，又能够减少函数拟合区间内的自变量变化范围以保证计算精度。本章首先介绍几类重要的半解析迭代算法，分析其内在关联。然后将局部求解思想引入变分迭代法，介绍一种高效的局部变分迭代法（LVIM）。

6.2 变分迭代方法回顾

在求解非线性问题的众多半解析法中，变分迭代法、Adomian 解耦法及 Picard 迭代方法（常与其他方法结合使用，如 Chebyshev-Picard 迭代方法[1]）受到了广泛关注。不同于经典摄动法，上述三种方法不依赖小参数假设，不局限于弱非线性问题。文献[2]和[3]对这些方法的有效性和应用范围进行了对比，并对其优势和局限性进行了讨论。

变分迭代方法能够用于求解一大类非线性问题，包括常微分方程和偏微分方程。该方法为解析渐近法，其中初始估计函数通过迭代逐步修正，最终逼近真实解。变分迭代法的迭代修正方程和牛顿迭代法有着内在的联系，前者适用于求解非线性微分方程，而后者适用于求解非线性代数方程。Inokuti 等[4]认为，变分迭代法就是牛顿-拉弗森方法在函数空间的一般化，且这种一般化思想能够延伸到代数方程、微分方程、积分方程、有限差分方程以及混合方程求解。这一思想在 Inokuti 等的文章中有详细说明，称为拉格朗日乘子的一般化应用。然而，对于常见的非线性问题，无法得到拉格朗日乘子的真实解[2]。因此，在变分迭代法中往往忽略非线性项对拉格朗日乘子的影响。

Adomian 解耦法将非线性问题的解假设为一组函数的和，并将方程中的非线性项解耦为 Adomian 多项式形式的泰勒展开。在初始估计基础上，通过在每一步迭代过程中加入新的 Adomian 多项式，从而得到逐步修正解。尽管该方法为修正函数的计算提供了极大的方便，但是构造 Adomian 多项式的过程较为复杂。由于该方法以泰勒开展为数学基础，因此该方法是局部收敛的。

Picard 方法形式相比于变分迭代法和 Adomian 解耦法更为简洁。然而，其应用范围也更为有限。由于 Picard 方法在每一步迭代过程中都需要对非线性项积分，复杂度很大。相比于 Adomian 解耦方法，Picard 方法缺乏计算的简便性且适用范围限制于一阶方程。不过，通过与其他方法结合，Picard 方法仍能发挥优势。如修正 Chebyshev－Picard 方法，结合了 Chebyshev 多项式的正交性质和 Picard 迭代方法，在二体及三体轨道递推问题中成功应用。

变分迭代法、Adomian 解耦法和 Picard 迭代法常被认为是三种不同方法，本章将深入研究这三种方法的内在联系，研究表明 Picard 方法和 Adomian 解耦法能够完全由变分迭代法导出。说明这些方法存在共同的数学原理，即拉格朗日乘子一般化思想。

在全局变分迭代法的基础上，我们提出一种局部变分迭代法。该算法使用微分变换方法来得到一般拉格朗日乘子，并使用得到的解析解对整个时间域离散。局部变分迭代法的优势包括：

（1）初始估计函数选取较为简单，传统变分迭代法对于初始估计的要求很高，容易出现迭代不收敛问题，而局部变分迭代法可以直接使用线性初始估计函数；

（2）传统变分迭代法忽略非线性项，而局部变分迭代法考虑非线性项对拉格朗日乘子的影响，因此其迭代修正公式更加有效；

（3）通过引入微分变换法，将拉格朗日乘子估计为泰勒级数形式，使得拉格朗日乘子的求解更加简单，方便了迭代修正公式的计算；

（4）局部变分迭代法能够应用于多种复杂非线性动力学问题的长期估计，包括预测混沌运动；

（5）局部变分迭代法的精度和效率更高。

6.2.1 Picard 方法

为了论述简便，本章考虑一阶常微分方程组，相关的结果和推论也同样适用于高阶常微分方程组。一般高阶方程组通过降阶增维总能够转化为一阶方程组，以如下高阶常微分方程为例：

$$\frac{\mathrm{d}^n x}{\mathrm{d}\tau^n}=f\left(\frac{\mathrm{d}^n x}{\mathrm{d}\tau^n},\ \cdots \frac{\mathrm{d}x}{\mathrm{d}\tau},\ x,\ \tau\right) \tag{6-1}$$

该方程与如下方程组等价：

$$\frac{\mathrm{d}x_0}{\mathrm{d}\tau}=x_1,\ \frac{\mathrm{d}x_1}{\mathrm{d}\tau}=x_2,\ \cdots,\ \frac{\mathrm{d}x_{n-1}}{\mathrm{d}\tau}=f\left(\frac{\mathrm{d}x_{n-1}}{\mathrm{d}\tau},\ \cdots,\ x_1,\ x_0,\ \tau\right) \tag{6-2}$$

因此，非线性常微分方程组可以表示成如下的一般形式：

$$\frac{\mathrm{d}\boldsymbol{x}}{\mathrm{d}\tau}=\boldsymbol{F}(x,\ \tau) \tag{6-3}$$

其中，$\boldsymbol{x}=(x_1,\ x_2,\ \cdots)^{\mathrm{T}}$，$\boldsymbol{F}=(f_1,\ f_2,\ \cdots)^{\mathrm{T}}$，$\tau\in[t_0,\ t]$，$\boldsymbol{F}(\boldsymbol{x},\ \tau)$ 是状态向量 $\boldsymbol{x}$ 和独立变量 τ 的非线性函数。

考虑如下的一阶微分方程组：

$$\boldsymbol{L}\boldsymbol{x}=\boldsymbol{F}(x,\ \tau),\ \tau\in[t_0,\ t],\ \boldsymbol{x}(t_0)=[x_1(t_0),\ x_2(t_0),\ \cdots]^{\mathrm{T}} \tag{6-4}$$

其中，$\boldsymbol{L}$ 为线性微分算子。上式的等价积分形式可以写为

$$\boldsymbol{x}(t)=\boldsymbol{x}(t_0)+\int_{t_0}^{t}\boldsymbol{F}[\tau,\ \boldsymbol{x}(\tau)]\mathrm{d}\tau,\ \tau\in[t_0,\ t] \tag{6-5}$$

Picard 方法的迭代求解过程如下：

（1）给出一个初始估计函数 $\boldsymbol{x}_0(\tau)$，并使其满足初始条件 $\boldsymbol{x}_0(t_0)=\boldsymbol{x}(t_0)$；

（2）使用如下的迭代公式进行迭代修正：

$$\boldsymbol{x}_{n+1}(t)=\boldsymbol{x}(t_0)+\int_{t_0}^{t}\boldsymbol{F}[\tau,\ \boldsymbol{x}_n(\tau)]\mathrm{d}\tau,\ n\geqslant 0 \tag{6-6}$$

6.2.2 Adomian 解耦法

为叙述方便,可将上文中初值问题的动力学方程表示为 $\boldsymbol{L}\boldsymbol{x}=\boldsymbol{F}(\boldsymbol{x},\ \tau)$，其中 L 代表一阶微分算子。令 L^{-1} 表示 L 的逆运算,即定积分算子。式(6－6)可重新表示为

$$\boldsymbol{x}=\boldsymbol{x}(t_0)+\boldsymbol{L}^{-1}\boldsymbol{F}(\boldsymbol{x},\ \tau) \tag{6-7}$$

其中，$\boldsymbol{x}(t_0)$ 是初始条件。

Adomian 解耦法的优点在于该方法将问题的解以及问题中的非线性项都表示为函数级数的形式：

$$\boldsymbol{x}=\sum_{n=0}^{\infty}\bar{\boldsymbol{x}}_n,\quad \boldsymbol{F}(\boldsymbol{x},\ \tau)=\sum_{n=0}^{\infty}\boldsymbol{A}_n(\bar{\boldsymbol{x}}_0,\ \bar{\boldsymbol{x}}_1,\ \cdots\bar{\boldsymbol{x}}_n) \tag{6-8}$$

其中，$\boldsymbol{A}_n$ 为 Adomian 多项式。如此可将式(6－8)改写为

$$\sum_{n=0}^{\infty}\bar{\boldsymbol{x}}_n=\boldsymbol{x}(t_0)+\boldsymbol{L}^{-1}\sum_{n=0}^{\infty}\boldsymbol{A}_n(\bar{\boldsymbol{x}}_0,\ \bar{\boldsymbol{x}}_1,\ \cdots\bar{\boldsymbol{x}}_n) \tag{6-9}$$

因此,初值问题的解可以通过如下的迭代计算得到：

$$\begin{aligned}\bar{\boldsymbol{x}}_1&=\boldsymbol{x}(t_0)+\boldsymbol{L}^{-1}\boldsymbol{A}_0\\ \bar{\boldsymbol{x}}_{n+1}&=\boldsymbol{L}^{-1}\boldsymbol{A}_n\end{aligned} \tag{6-10}$$

其中,Adomian 多项式 $\boldsymbol{A}_n$ 可以简单地对 $\boldsymbol{F}(\boldsymbol{x},\ \tau)$ 在 $\bar{\boldsymbol{x}}_0=\boldsymbol{x}(t_0)$ 处的泰勒级数重新排列得到。其具体形式为

$$\boldsymbol{A}_0=\boldsymbol{F}(\bar{\boldsymbol{x}}_0),\ \boldsymbol{A}_1=\boldsymbol{F}'(\bar{\boldsymbol{x}}_0)\bar{\boldsymbol{x}}_1,\ \boldsymbol{A}_2=\boldsymbol{F}'(\bar{\boldsymbol{x}}_0)\bar{\boldsymbol{x}}_2+\boldsymbol{F}''(\bar{\boldsymbol{x}}_0)\frac{\bar{\boldsymbol{x}}_1^2}{2!},\ \cdots \tag{6-11}$$

其中，

$$\boldsymbol{F}'(\bar{x}_0)=\frac{\partial\boldsymbol{F}}{\partial\bar{\boldsymbol{x}}_0}=\begin{bmatrix}\dfrac{\partial F_1}{\partial\bar{x}_{1,\ 0}} & \dfrac{\partial F_1}{\partial\bar{x}_{2,\ 0}} & \cdots\\ \dfrac{\partial F_2}{\partial\bar{x}_{1,\ 0}} & \dfrac{\partial F_2}{\partial\bar{x}_{2,\ 0}} & \\ \vdots & & \ddots\end{bmatrix}$$

$$
\boldsymbol{F}''(\bar{\boldsymbol{x}}_0)=\frac{\partial^2\boldsymbol{F}}{\partial\bar{\boldsymbol{x}}_0^2}=\begin{bmatrix}\dfrac{\partial^2F_1}{\partial\bar{x}_{1,0}\partial\bar{x}_{1,0}} & \dfrac{\partial^2F_1}{\partial\bar{x}_{1,0}\partial\bar{x}_{2,0}} & \cdots & \dfrac{\partial^2F_1}{\partial\bar{x}_{2,0}\partial\bar{x}_{1,0}} & \dfrac{\partial^2F_1}{\partial\bar{x}_{2,0}\partial\bar{x}_{2,0}} & \cdots\\ \dfrac{\partial^2F_2}{\partial\bar{x}_{1,0}\partial\bar{x}_{1,0}} & \dfrac{\partial^2F_2}{\partial\bar{x}_{1,0}\partial\bar{x}_{2,0}} & \cdots & \dfrac{\partial^2F_2}{\partial\bar{x}_{2,0}\partial\bar{x}_{1,0}} & \dfrac{\partial^2F_2}{\partial\bar{x}_{2,0}\partial\bar{x}_{2,0}} & \\ \vdots & & \ddots & \vdots & & \ddots\end{bmatrix}
$$

6.2.3 变分迭代法

考虑如下的一般非线性系统：

$$
\boldsymbol{Lx}=\boldsymbol{F}(\boldsymbol{x},\tau),\ \tau\in[t_0,t] \tag{6-12}
$$

该系统的解可通过初始估计及如下的迭代修正方法得到：

$$
\boldsymbol{x}_{n+1}(t)=\boldsymbol{x}_n(t)+\int_{t_0}^{t}\boldsymbol{\lambda}(\tau)\{\boldsymbol{Lx}_n(\tau)-\boldsymbol{F}[\boldsymbol{x}_n(\tau),\tau]\}\mathrm{d}\tau \tag{6-13}
$$

其中，$\boldsymbol{\lambda}(\tau)$ 是待求的拉格朗日乘子。假设 $\boldsymbol{\Pi}[\boldsymbol{x}(\tau),\boldsymbol{\lambda}(\tau)]$ 为关于 $\boldsymbol{x}(\tau)$ 和 $\boldsymbol{\lambda}(\tau)$ 的泛函矢量，即

$$
\boldsymbol{\Pi}[\boldsymbol{x}(\tau),\boldsymbol{\lambda}(\tau)]=\boldsymbol{x}(\tau)\Big|_{\tau=t}+\int_{t_0}^{t}\boldsymbol{\lambda}(\tau)\{\boldsymbol{Lx}(\tau)-\boldsymbol{F}[\boldsymbol{x}(\tau),\tau]\}\mathrm{d}\tau,\quad t_0\leqslant\tau\leqslant t \tag{6-14}
$$

令 $\hat{\boldsymbol{x}}(\tau)$ 为 $\boldsymbol{Lx}(\tau)=\boldsymbol{F}[\boldsymbol{x}(\tau),\tau]$ 的精确解。该解自然满足如下方程：

$$
\boldsymbol{\Pi}[\hat{\boldsymbol{x}}(t),\boldsymbol{\lambda}(t)]=\hat{\boldsymbol{x}}(\tau)\Big|_{\tau=t}+\int_{t_0}^{t}\boldsymbol{\lambda}(\tau)\{\boldsymbol{L}\hat{\boldsymbol{x}}(\tau)-\boldsymbol{F}[\hat{\boldsymbol{x}}(\tau),\tau]\}\mathrm{d}\tau=\hat{\boldsymbol{x}}(\tau)\Big|_{\tau=t} \tag{6-15}
$$

若使泛函 $\boldsymbol{\Pi}[\boldsymbol{x}(t),\boldsymbol{\lambda}(t)]$ 在 $\boldsymbol{x}(t)=\hat{\boldsymbol{x}}(t)$ 处关于 $\boldsymbol{x}$ 不变，则变分

$$
\begin{aligned}
\delta\boldsymbol{\Pi}[\boldsymbol{x}(t),\boldsymbol{\lambda}(t)]&=\delta\boldsymbol{x}(\tau)\Big|_{\tau=t}+\delta\int_{t_0}^{t}\boldsymbol{\lambda}(\tau)\{\boldsymbol{Lx}(\tau)-\boldsymbol{F}[x(\tau),\tau]\}\mathrm{d}\tau\\
&=\delta\boldsymbol{x}(\tau)\Big|_{\tau=t}+\int_{t_0}^{t}\delta\boldsymbol{\lambda}(\tau)\{\boldsymbol{Lx}(\tau)-\boldsymbol{F}[x(\tau),\tau]\}\mathrm{d}\tau\\
&\quad+\int_{t_0}^{t}\boldsymbol{\lambda}(\tau)\delta\{\boldsymbol{Lx}(\tau)-\boldsymbol{F}[x(\tau),\tau]\}\\
&=\int_{t_0}^{t}\delta\boldsymbol{\lambda}(\tau)\{\boldsymbol{Lx}(\tau)-\boldsymbol{F}[\boldsymbol{x}(\tau),\tau]\}\mathrm{d}\tau
\end{aligned}
$$

$$
\begin{aligned}
&+\delta \boldsymbol{x}(\tau)\Big|_{\tau=t}+\boldsymbol{\lambda}(\tau)\delta \boldsymbol{x}(\tau)\Big|_{\tau=t_0}^{\tau=t}\\
&-\int_{t_0}^{t}\left[\boldsymbol{L}\boldsymbol{\lambda}(\tau)+\boldsymbol{\lambda}(\tau)\frac{\partial \boldsymbol{F}(\boldsymbol{x},\tau)}{\partial \boldsymbol{x}}\right]\delta \boldsymbol{x}(\tau)\mathrm{d}\tau\\
&-\int_{t_0}^{t}\boldsymbol{\lambda}(\tau)\frac{\partial \boldsymbol{F}(\boldsymbol{x},\tau)}{\partial \tau}\delta\tau\mathrm{d}\tau
\end{aligned}
\tag{6-16}
$$

为零。假设 $\boldsymbol{F}$ 不显式包含时间 τ，则式(6－16)中 $[\partial \boldsymbol{F}(\boldsymbol{x},\tau)/\partial\tau]\delta\tau$ 可以略去。

根据式(6－16)可以得到包含 $\delta \boldsymbol{x}(\tau)\Big|_{\tau=t}$ 和 $\delta \boldsymbol{x}(\tau)$ 的项，即

$$
\delta \boldsymbol{x}(\tau)\Big|_{\tau=t}+\boldsymbol{\lambda}(\tau)\delta \boldsymbol{x}(\tau)\Big|_{\tau=t},\quad \int_{t_0}^{t}\left[\boldsymbol{L}\boldsymbol{\lambda}(\tau)+\boldsymbol{\lambda}(\tau)\frac{\partial \boldsymbol{F}(\boldsymbol{x},\tau)}{\partial \boldsymbol{x}}\right]\delta \boldsymbol{x}(\tau)\mathrm{d}\tau
\tag{6-17}
$$

由于 $\boldsymbol{x}(\tau)$ 在 $\tau=t_0$ 处的边界值已经给定，即 $\delta \boldsymbol{x}(\tau)\Big|_{\tau=t_0}=\boldsymbol{0}$，因此泛函 $\boldsymbol{\Pi}[\boldsymbol{x}(\tau),\boldsymbol{\lambda}(\tau)]$ 不变的条件为

$$
\begin{cases}
\delta \boldsymbol{x}(\tau)\Big|_{\tau=t}:\ \mathrm{diag}[1,1,\cdots]+\boldsymbol{\lambda}(\tau)\Big|_{\tau=t}=\boldsymbol{0}\\
\delta \boldsymbol{x}(\tau):\ \boldsymbol{L}\boldsymbol{\lambda}(\tau)+\boldsymbol{\lambda}(\tau)\dfrac{\partial \boldsymbol{F}(\boldsymbol{x},\tau)}{\partial \boldsymbol{x}}=\boldsymbol{0}\\
\delta\boldsymbol{\lambda}(\tau):\ \boldsymbol{L}\boldsymbol{x}(\tau)=\boldsymbol{F}[\boldsymbol{x}(\tau),\tau]
\end{cases}
\tag{6-18}
$$

由于精确解 $\hat{\boldsymbol{x}}$ 未知，因此最优的 $\boldsymbol{\lambda}(\tau)$ 实际上无法得到。退而求其次，我们使用 $\boldsymbol{x}_n$ 替代 $\hat{\boldsymbol{x}}$，从而得到估计的 $\boldsymbol{\lambda}(\tau)$。如果 $\boldsymbol{x}_n$ 是 $\hat{\boldsymbol{x}}$ 的邻近函数，即 $\hat{\boldsymbol{x}}-\boldsymbol{x}_n=\delta\hat{\boldsymbol{x}}$，则估计误差不会超过 $O^2(\delta\hat{\boldsymbol{x}})$。

在某些版本的变分迭代法中，动力学方程中的非线性项被人为定义为不可变分量，以简化拉格朗日乘子的求解，这一做法实际上并不可靠，这在后文中会加以说明。由于变分迭代法对于初始估计函数的选择没有限制，甚至允许在初始估计函数中存在未知量，因此该方法在使用上具有较大的自由度。

6.3　变分迭代法、Picard 法和 Adomian 解耦法的数学关联

若使用变分迭代法求解初值问题 $\boldsymbol{L}\boldsymbol{x}=\boldsymbol{F}(\boldsymbol{x},\tau)$，$\tau\in[t_0,t]$，$\boldsymbol{x}(t_0)=[x_1(t_0),x_2(t_0),\cdots]^{\mathrm{T}}$，可以得到如下迭代修正公式：

$$\boldsymbol{x}_{n+1}(t)=\boldsymbol{x}_n(t)+\int_{t_0}^{t}\boldsymbol{\lambda}[\boldsymbol{L}\boldsymbol{x}_n-\tilde{\boldsymbol{F}}(\boldsymbol{x}_n,\tau)]\mathrm{d}\tau=\boldsymbol{0} \tag{6-19}$$

其中，$\tilde{\boldsymbol{F}}(\boldsymbol{x}_n,\tau)$ 被人为定义为不可变分项，拉格朗日乘子(矩阵)可由如下条件得到：

$$\begin{cases}\boldsymbol{\lambda}(\tau)\mid_{\tau=t}+\mathrm{diag}[1,1,\cdots]=\boldsymbol{0}\\ \boldsymbol{L}\boldsymbol{\lambda}(\tau)=\boldsymbol{0}\end{cases} \tag{6-20}$$

根据式(6-20)易知拉格朗日乘子为 $\boldsymbol{\lambda}(\tau)=\mathrm{diag}[-1,-1,\cdots]$，即单位矩阵。由此，我们得到如下的迭代公式：

$$\boldsymbol{x}_{n+1}(t)=\boldsymbol{x}_n(t)-\int_{t_0}^{t}\{\boldsymbol{L}\boldsymbol{x}_n(\tau)-\boldsymbol{F}[\boldsymbol{x}_n(\tau),\tau]\}\mathrm{d}\tau=\boldsymbol{x}_n(t_0)+\int_{t_0}^{t}\boldsymbol{F}[x_n(\tau),\tau]\mathrm{d}\tau \tag{6-21}$$

由于 $\boldsymbol{x}_n(t_0)$ 在迭代过程中不发生变化，因此式(6-21)即 Picard 迭代公式。

在文献[2]中，Adomian 解耦法被证明是变分迭代法的一种，其证明过程如下。

考虑一维一阶微分方程 $Lx+Rx+Nx=g(\tau)$，其中 L 为一阶微分算子，R 为线性组合算子，N 为非线性算子。使用变分迭代法求解该方程，其迭代计算公式为

$$x_{n+1}=x_n+L^{-1}\{\lambda[Lx_n+Rx_n+Nx_n-g(\tau)]\} \tag{6-22}$$

若限定 Rx_n+Nx_n 为不可变分项，则拉格朗日乘子 λ 为-1。假设 $x_0=\bar{x}_0=x(t_0)-L^{-1}g(\tau)$，将其代入变分迭代公式得到

$$x_1=\bar{x}_0-L^{-1}\{L\bar{x}_0+R\bar{x}_0+N\bar{x}_0\}=\bar{x}_0+\bar{x}_1 \tag{6-23}$$

由于 $L^{-1}L\bar{x}_0=0$，因此由式(6-23)得到

$$\bar{x}_1=-L^{-1}\{L\bar{x}_0+R\bar{x}_0+N\bar{x}_0\}=-L^{-1}R\bar{x}_0-L^{-1}A_0 \tag{6-24}$$

类似的，由该迭代计算可以得到

$$x_2=(\bar{x}_0+\bar{x}_1)-L^{-1}\{L(\bar{x}_0+\bar{x}_1)+R(\bar{x}_0+\bar{x}_1)+N(\bar{x}_0+\bar{x}_1)\}=\bar{x}_0+\bar{x}_1+\bar{x}_2 \tag{6-25}$$

如果 $\bar{x}_1$ 为小量，将非线性项关于 $\bar{x}_0$ 展开并忽略高阶小量可以得到

$$N(\bar{x}_0+\bar{x}_1)=N(\bar{x}_0)+\bar{x}_1N'(\bar{x}_0) \tag{6-26}$$

因此，

$$
\begin{aligned}
\bar{x}_2 &= -L^{-1}\{L(\bar{x}_0+\bar{x}_1)+R(\bar{x}_0+\bar{x}_1)+N(\bar{x}_0+\bar{x}_1)\} \\
&= -L^{-1}\{L\bar{x}_1+R(\bar{x}_0+\bar{x}_1)+N(\bar{x}_0)+\bar{x}_1N'(\bar{x}_0)\} \\
&= -L^{-1}\{L(-L^{-1}R\bar{x}_0-L^{-1}A_0)+R(\bar{x}_0+\bar{x}_1)+A_0+\bar{x}_1N'(\bar{x}_0)\} \\
&= -L^{-1}R\bar{x}_1-L^{-1}A_1
\end{aligned}
\tag{6-27}
$$

以此类推，在第 n 步迭代中，将 $\bar{x}_{n-1}$ 认为是小量并忽略小量项 $O(\bar{x}_{m1}\bar{x}_{m2}\cdots\bar{x}_{mk})$，且

$$
m1+m2+\cdots+mk \geqslant n
$$

由此得到 $\bar{x}_n=-L^{-1}R\bar{x}_{n-1}-L^{-1}A_{n-1}$，即 Adomian 解耦法。

值得一提的是,以上结论可以进一步推广到高维系统。以如下方程为例：

$$
\boldsymbol{Lx}=\boldsymbol{F}(x,\ \tau) \tag{6-28}
$$

Adomian 解耦法的迭代公式如下：

$$
\bar{\boldsymbol{x}}_{n+1}=\boldsymbol{L}^{-1}\boldsymbol{A}_n,\quad \boldsymbol{x}_n=\sum_{i=0}^{n}\bar{\boldsymbol{x}}_i \tag{6-29}
$$

而变分迭代法的迭代公式为

$$
\boldsymbol{x}_{n+1}(t)=\boldsymbol{x}_n(t)+\int_{t_0}^{t}\boldsymbol{\lambda}[\boldsymbol{Lx}_n-\boldsymbol{F}(\boldsymbol{x}_n,\ t)]\mathrm{d}\tau \tag{6-30}
$$

令 $\boldsymbol{\lambda}$ 为 $\mathrm{diag}[-1,\ -1,\ \cdots]$,假设 $\boldsymbol{x}_0=\bar{\boldsymbol{x}}_0$，由变分迭代法得到

$$
\boldsymbol{x}_1=\bar{\boldsymbol{x}}_0+\boldsymbol{L}^{-1}\boldsymbol{F}(\bar{\boldsymbol{x}}_0,\ \tau)=\bar{\boldsymbol{x}}_0+\boldsymbol{L}^{-1}\boldsymbol{A}_0=\bar{\boldsymbol{x}}_0+\bar{\boldsymbol{x}}_1 \tag{6-31}
$$

进一步迭代得到 $\boldsymbol{x}_2=\bar{\boldsymbol{x}}_0+\boldsymbol{L}^{-1}\boldsymbol{F}[(\bar{\boldsymbol{x}}_0+\bar{\boldsymbol{x}}_1),\ \tau]$。

假设 $\bar{\boldsymbol{x}}_1$ 为相对小量,则非线性项可表示为

$$
\boldsymbol{F}[(\bar{\boldsymbol{x}}_0+\bar{\boldsymbol{x}}_1),\ \tau]=\boldsymbol{F}(\bar{\boldsymbol{x}}_0)+\boldsymbol{F}'(\bar{\boldsymbol{x}}_0)\bar{\boldsymbol{x}}_1+O(\bar{\boldsymbol{x}}_1^2) \tag{6-32}
$$

忽略其中的小量 $O(\bar{\boldsymbol{x}}_1^2)$，可以得到

$$
\boldsymbol{x}_2=\bar{\boldsymbol{x}}_0+\boldsymbol{L}^{-1}[\boldsymbol{F}(\bar{\boldsymbol{x}}_0)+\boldsymbol{F}'(\bar{\boldsymbol{x}}_0)\bar{\boldsymbol{x}}_1]=\bar{\boldsymbol{x}}_0+\boldsymbol{L}^{-1}(\boldsymbol{A}_0+\boldsymbol{A}_1)=\bar{\boldsymbol{x}}_0+\bar{\boldsymbol{x}}_1+\bar{\boldsymbol{x}}_2 \tag{6-33}
$$

随着迭代继续,可以得到

$$\begin{aligned}\boldsymbol{x}_n &= \bar{\boldsymbol{x}}_0 + \boldsymbol{L}^{-1}[\boldsymbol{F}(\bar{\boldsymbol{x}}_0) + \boldsymbol{F}'(\bar{\boldsymbol{x}}_0)(\bar{\boldsymbol{x}}_1 + \bar{\boldsymbol{x}}_2 + \cdots + \bar{\boldsymbol{x}}_{n-1}) \\ &\quad + \frac{1}{2!}\boldsymbol{F}''(\bar{\boldsymbol{x}}_0)(\bar{\boldsymbol{x}}_1 + \bar{\boldsymbol{x}}_2 + \cdots + \bar{\boldsymbol{x}}_{n-1})^2 + \cdots] \\ &= \bar{\boldsymbol{x}}_0 + \bar{\boldsymbol{x}}_1 + \bar{\boldsymbol{x}}_2 + \cdots + \bar{\boldsymbol{x}}_n + O(\bar{\boldsymbol{x}}_{m1}\bar{\boldsymbol{x}}_{m2}\cdots\bar{\boldsymbol{x}}_{mk})\end{aligned} \tag{6-34}$$

将小量项 $O(\bar{\boldsymbol{x}}_{m1}\bar{\boldsymbol{x}}_{m2}\cdots\bar{\boldsymbol{x}}_{mk})$ 忽略后,式(6-34)即 Adomian 解耦法的修正公式。

可知,Aomian 解耦法和 Picard 迭代法都是变分迭代法的变形。虽然文献中这三种方法被认为是不同方法,并发展出修正 Adomian 解耦法和修正 Chebyshev-Picard 迭代方法等,但是这些方法都使用到了一个共同的思想,即拉格朗日乘子的一般化使用。

6.4 局部变分迭代

6.4.1 全局变分迭代法的缺陷

以自由振动的 Duffing 振子为例,其动力学方程为

$$\begin{cases}\dot{x}_1 - x_2 = 0 \\ \dot{x}_2 - cx_2 + k_1 x_1 + k_2 x_1^3 = 0\end{cases} \tag{6-35}$$

其中, $c = 0$; $k_1 = 1$; $k_2 = 1$。

先假定方程中的非线性项不可变分,当初始条件为 $x_1(t_0)=A$, $x_2(t_0)=0$, 初始估计选为 $x_1(t) = A\cos(\omega t)$, 变分迭代法的迭代公式为

$$\begin{bmatrix} x_1 \\ x_2 \end{bmatrix}_{n+1} = \begin{bmatrix} x_1 \\ x_2 \end{bmatrix}_n + \int_{t_0}^{t} \begin{bmatrix} \boldsymbol{\lambda}_{11} & \boldsymbol{\lambda}_{12} \\ \boldsymbol{\lambda}_{21} & \boldsymbol{\lambda}_{22} \end{bmatrix} \begin{bmatrix} \dot{x}_1 - x_2 \\ \dot{x}_2 - cx_2 + k_1 x_1 + k_2 \tilde{x}_1^3 \end{bmatrix}_n \mathrm{d}\tau \tag{6-36}$$

由于非线性项 $\tilde{x}_1^3$ 不可变分,因此拉格朗日乘子需满足如下条件:

$$\delta \boldsymbol{x}(\tau)\big|_{\tau=t}:\ \boldsymbol{\lambda}(\tau)\big|_{\tau=t} = \begin{bmatrix} -1 & 0 \\ 0 & -1 \end{bmatrix}$$

$$\delta \boldsymbol{x}(\tau):\ -\dot{\boldsymbol{\lambda}}(\tau) + \boldsymbol{\lambda}(\tau)\begin{bmatrix} 0 & -1 \\ k_1 & -c \end{bmatrix} = \boldsymbol{0}$$

由此得到拉格朗日乘子为

$$\boldsymbol{\lambda}(\tau)=\begin{bmatrix}-\cos(\tau-t) & \sin(\tau-t)\\ -\sin(\tau-t) & -\cos(\tau-t)\end{bmatrix} \tag{6-37}$$

在这种情况下，通过变分迭代法迭代计算一次得到的结果就能够达到较高的精度。比如当初始条件为 $x(0)=1$，$\dot{x}'(0)=0$，初始估计为 $x_1(t)=\cos(\omega t)$ 时，迭代计算一次并消去久期项 $(2-17\omega^2+9\omega^4)\cos(t)$ 可以得到 $\omega=1.327\,74$。其计算结果在图 6－1 中给出，通过与四阶 Runge－Kutta 方法的结果进行比较，可以看出变分迭代法在这一例子中具有较高的估计精度。

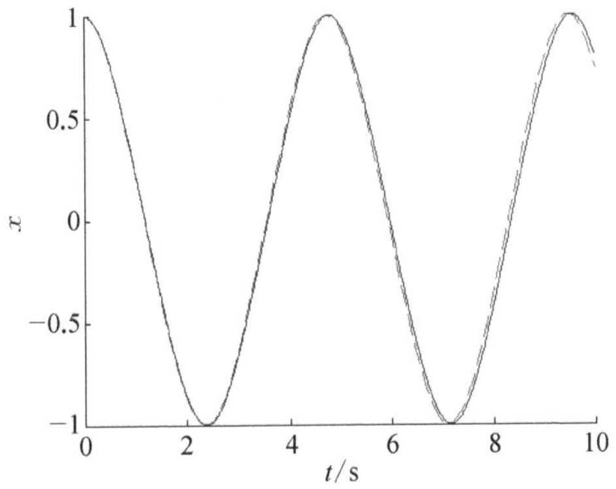

图 6－1　$x_1(0)=1$，$x_2(0)=0$ 时，变分迭代法（虚线）和四阶 Runge－Kutta 方法（实线）结果对比

然而，在一般情况下，若初始条件为 $\boldsymbol{x}(t_0)=[A\quad B]^{\mathrm{T}}$，则变分迭代法的求解精度较低。假设初始估计为 $x(t)=A\cos(\omega t)+(B/\omega)\sin(\omega t)$。令 $A=1$，$B=1$，变分迭代法迭代一次得到的结果中包含 $\sin t$ 和 $\cos t$ 的项为

$$\frac{-4-17\omega^2+9\omega^4}{1-10\omega^2+9\omega^4}\cos t,\quad \frac{-2-19\omega^2+9\omega^4}{1-10\omega^2+9\omega^4}\sin t$$

显然 $\sin t$ 和 $\cos t$ 的系数不能同时为零。只消除包含 $\cos t$ 的项，得到 $\omega\approx1.449\,3$。将其代入修正解中，得到

$$\begin{aligned}x_1(t)=&\,1.005\,98\cos(1.449\,3t)-0.005\,979\,62\cos(4.347\,91t)-0.111\,705\sin(t)\\&+0.694\,112\sin(1.449\,3t)+0.024\,316\,3\sin(4.347\,91t)\end{aligned} \tag{6-38}$$

图 6－2 为该方法与四阶 Runge－Kutta 方法的对比图。

通过上面的例子，我们想到如果能令包含 $\sin t$ 和 $\cos t$ 的久期项同时消除，那么得到的结果可能会有一定改善。但是初始估计中只包含一个参变量 ω 是

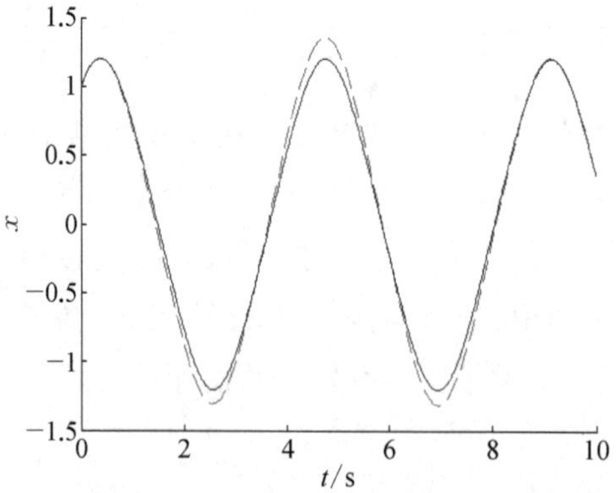

图 6－2 $x_1(0) = 1$, $x_2(0) = 1$ 时，变分迭代法（虚线）和四阶 Runge－Kutta 方法（实线）结果对比

不可能实现这一目的的。因此，我们试图在初始估计函数中引入两个参变量 ω_1 和 ω_2。然而，这一形式的初始估计使得变分迭代法的计算变得极其复杂，我们发现即使使用符号计算软件 Mathematica 也难以完成其中的计算。

此外，该方法对初始估计函数的选取较为敏感。如果估计函数的形式为 $x_1(t) = A + Bt$，而不是 $x_1(t) = A\cos(\omega t)$，那么由变分迭代法得到的解将无法收敛到真实解。比如当 $A = 1$，$B = 1$ 时，初始估计函数 $x_{1,0}(t) = 1 + t$ 通过变分迭代法修正两次以后的结果为

$$x_{1,1}(t) = 5 + 3t - 3t^2 - t^3 - 4\cos t - 2\sin t \tag{6-39}$$

$$\begin{aligned} x_{2,2}(t) = {} & 393\,349 + 252\,477t + \cdots + t^9 + \left(-\frac{7\,083\,587}{18} + \frac{999t}{4}\cdots - \frac{3t^7}{7}\right)\cos t \\ & + \left(\frac{1\,666}{9} + 6t - 50t^2 - 6t^3\right)\cos(2t) - \frac{1}{2}\cos(3t) \\ & + \left(-\frac{505\,575}{2} + 378t\cdots + \frac{6t^7}{7}\right)\sin t \\ & + \left(32 + \frac{424}{3}t - 8t^3\right)\sin(2t) - \frac{11}{4}\sin(3t) \end{aligned} \tag{6-40}$$

其中，$x_{1,1}(t)$ 和四阶 Runge－Kutta 方法的对比结果如图 6－3 所示。

以上算例说明变分迭代法对问题的初始条件要求苛刻，对初始估计函数敏感。这一缺陷类似于求解非线性代数方程的牛顿迭代法。此外，该方法也无法求解复杂非线性问题的长期响应，如混沌运动和伪周期运动。因为这些运动模

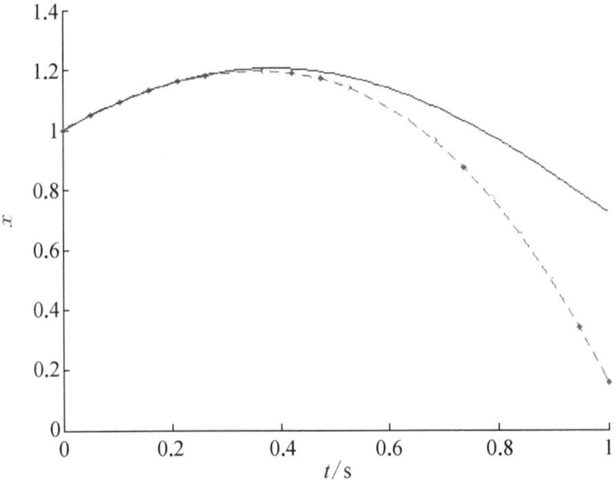

图 6－3　变分迭代法（虚线）和四阶 Runge－Kutta 方法（实线）结果对比

式为非周期，几乎不可能用解析表达式描述。

6.4.2　局部变分迭代法

在求解初值问题和边界值问题时，局部法比全局法的性能要好得多。采取如下措施弥补变分迭代法的固有缺陷。首先，在推导拉格朗日乘子的过程中，非线性项被认为是可以变分的，这有助于获得更加精确的拉格朗日乘子。然后，整个时间域被分割成多个小区间 $t_{i-1} \leqslant \tau \leqslant t_i$，在每个区间中使用局部变分迭代法得到其近似解。在每个区间内，假如使用 $\boldsymbol{x}(\tau) = \boldsymbol{A} + \boldsymbol{B}\tau$ 作为初始估计函数，那么修正后的解就是包含 $\boldsymbol{A}$ 和 $\boldsymbol{B}$ 的函数。而 $\boldsymbol{A}$ 和 $\boldsymbol{B}$ 其实就是每个小区间上解的初始值，因此通过逐步更新 $\boldsymbol{A}$ 和 $\boldsymbol{B}$ 的值，就能得到整个时间域上的解。

基于以上思路，我们求解非受迫 Duffing 方程，初始条件为 $x_1(t_0) = 1$，$x_2(t_0) = 1$。按照局部变分迭代法的思想，得到如下修正公式：

$$\begin{bmatrix} x_1 \\ x_2 \end{bmatrix}_{n+1} = \begin{bmatrix} x_1 \\ x_2 \end{bmatrix}_n + \int_{t_{i-1}}^{t} \begin{bmatrix} \boldsymbol{\lambda}_{11} & \boldsymbol{\lambda}_{12} \\ \boldsymbol{\lambda}_{21} & \boldsymbol{\lambda}_{22} \end{bmatrix} \begin{bmatrix} \dot{x}_1 - x_2 \\ \dot{x}_2 - cx_2 + k_1 x_1 + k_2 x^3 \end{bmatrix}_n \mathrm{d}\tau, \quad t_{i-1} \leqslant t \leqslant t_i \tag{6-41}$$

其中，拉格朗日乘子需满足如下静态条件：

$$\delta \boldsymbol{x}(\tau)\Big|_{\tau=t}: \boldsymbol{\lambda}(\tau)\Big|_{\tau=t} = \begin{bmatrix} -1 & 0 \\ 0 & -1 \end{bmatrix}$$

$$\delta \boldsymbol{x}(\tau): -\dot{\boldsymbol{\lambda}}(\tau) + \boldsymbol{\lambda}(\tau)\begin{bmatrix} 0 & -1 \\ k_1 + 3k_2 x_1^2 & -c \end{bmatrix} = \boldsymbol{0}$$

其中，$t_{i-1} \leqslant \tau \leqslant t_i$ 且 $t_{i-1} \leqslant t \leqslant t_i$。

为了提高求解精度，在求解拉格朗日乘子时需要保留非线性项。这使得关于拉格朗日乘子的静态条件更加难以求解。为此，可以采用微分变换法来推导拉格朗日乘子的估计形式。相比于原始的微分变换法，由于加入了非线性项，这一估计形式的拉格朗日乘子能够更好地修正初始估计函数。

假设解 x_1 的初始估计为 $x_{1,0}(\tau) = B\tau + A$，通过微分变换法可以得到拉格朗日乘子的级数展开。保留前四项得到的拉格朗日乘子为

$$\begin{aligned}
\lambda_{11} = & -1 + \frac{1}{2}(-t+\tau)^2[k_1 + 3(A+B\tau)^2 k_2] \\
& + \frac{1}{3}(-t+\tau)^3\left\{6B(A+B\tau)k_2 - \frac{1}{2}c[k_1 + 3(A+B\tau)^2 k_2]\right\}
\end{aligned}$$

$$\begin{aligned}
\lambda_{12} = & -t + \tau - \frac{1}{2}c(-t+\tau)^2 \\
& + \frac{1}{3}(-t+\tau)^3\left\{\frac{c^2}{2} + \frac{1}{2}[-k_1 - 3(A+B\tau)^2 k_2]\right\}
\end{aligned}$$

$$\begin{aligned}
\lambda_{21} = & (-t+\tau)[-k_1 - 3(A+B\tau)^2 k_2] \\
& + \frac{1}{2}(-t+\tau)^2\{-6B(A+B\tau)k_2 + c[k_1 + 3(A+B\tau)^2 k_2]\} \\
& + \frac{1}{3}(-t+\tau)^3\left\{-3B^2 k_2 + 6Bc(A+B\tau)k_2\right. \\
& \left. + \frac{1}{2}[k_1 + 3(A+B\tau)^2 k_2][-c^2 + k_1 + 3(A+B\tau)^2 k_2]\right\}
\end{aligned}$$

$$\begin{aligned}
\lambda_{22} = & -1 + c(-t+\tau) + \frac{1}{2}(-t+\tau)^2[-c^2 + k_1 + 3(A+B\tau)^2 k_2] \\
& + \frac{1}{3}(-t+\tau)^3 \times \left(-\frac{1}{2}c[-c^2 + k_1 + 3(A+B\tau)^2 k_2]\right. \\
& \left. + \frac{1}{2}\{6B(A+B\tau)k_2 - c[k_1 + 3(A+B\tau)^2 k_2]\}\right)
\end{aligned}$$

其中，$t_{i-1} \leqslant t \leqslant t_i$，且 $t_{i-1} \leqslant \tau \leqslant t_i$。使用局部变分迭代法对初始估计函数修正一次得到

$$
\begin{aligned}
x_{1,1} = A + Bt + \frac{1}{5\,040}t^2 \Bigg[& 42\Bigg(5Bc[12 + ct(4 + ct)] \\
& + k_1 \left\{ \begin{array}{l} -5A[12 + ct(4 + ct)] - \\ Bt[20 + ct(10 + ct)] + \\ t^2(5A + Bt)k_1 \end{array} \right\} \Bigg) - 6\{35A^3[12 + ct(4 + ct)] \\
& + 21A^2Bt[20 + ct(10 + ct)] + 7AB^2t^2[30 + ct(12 + ct)] \\
& + B^3t^3[42 + ct(14 + ct)] - 4t^2(35A^3 + 21A^2Bt \\
& + 7AB^2t^2 + B^3t^3)k_1\}k_2 + 5t^2(126A^5 + 126A^4Bt + 84A^3B^2t^2 \\
& + 36A^2B^3t^3 + 9AB^4t^4 + B^5t^5)k_2^2 \Bigg]
\end{aligned}
$$

图 6-4 对以上结果和 ode45 的数值结果进行了对比，其中 ode45 的绝对精度和相对精度均被设置为 10^{-15}。图 6-4(a)为局部变分迭代法相对于 ode45 方法的计算误差，其中局部变分迭代法的步长为 $\Delta t = 0.01$，计算时间为 $t = [0, 100]$。由图 6-4(b)可以看出局部变分迭代法的计算误差在 $t = 100$ 时仍小于 10^{-3}。

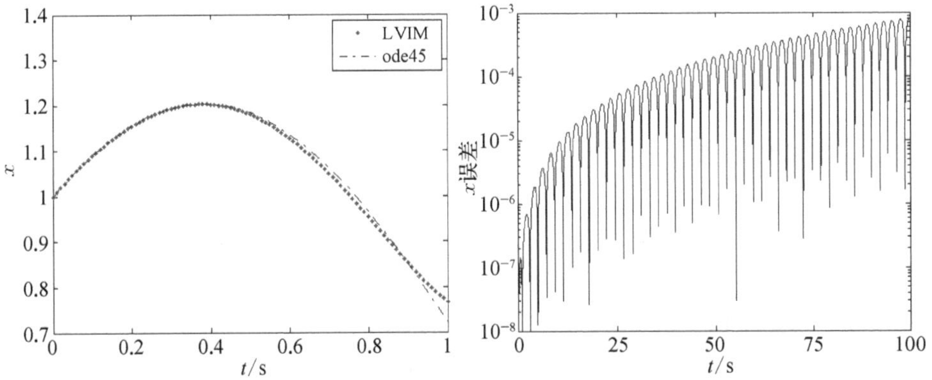

(a) 迭代步长Δt=1　　(b) 迭代步长Δt=0.01

图 6-4　计算结果及误差曲线

为了进一步观察局部变分迭代法预测复杂响应的能力，我们对如下受迫 Duffing 方程进行了求解。

$$\ddot{x} + c\dot{x} + k_1 x + k_2 x^3 = f\cos(\omega t) \tag{6-42}$$

其中，$c = 0.15$；$k_1 = -1$；$k_2 = 1$；$f = 0.41$；$\omega = 0.4$。

通过四阶 Runge - Kutta 方法以及其他可靠方法发现，该系统能够表现出混沌运动。显然原始的变分迭代法无法对这样的运动形式做出预测，因为这样的运动形式过于复杂，全局估计方法难以对其做出描述。为了使用局部变分迭代法求解该系统，首先需要求解如下的静态条件得到拉格朗日乘子：

$$\delta x(t): 1 - \dot{\lambda}(\tau)\Big|_{\tau=t} = 0$$

$$\delta \dot{x}(t): \lambda(\tau)\Big|_{\tau=t} = 0$$

$$\delta x(\tau): \dot{\lambda}(\tau) - c\dot{\lambda}(\tau) + k_1\lambda(\tau) + 3k_2 x_n^2\lambda(\tau) = 0$$

其中，$t_{i-1} \leqslant \tau \leqslant t$ 且 $t_{i-1} \leqslant t \leqslant t_i$。

假设每个小区间 $t_{i-1} \leqslant \tau \leqslant t_i$ 中采用的初始估计函数为 $x_0(\tau) = A + B\tau$。通过微分变换法可以得到包含参数 A 和 B 的拉格朗日乘子的四阶估计，即

$$\begin{aligned}\lambda(\tau, t) = & -t + \frac{1}{2}c(t-\tau)^2 + \tau + \frac{1}{6}(t-\tau)^3[-c^2 + k_1 + 3(A+Bt)^2 k_2] \\ & - \frac{1}{24}(t-\tau)^4[-c^3 + 2ck_1 + 6(A+Bt)(2B + Ac + Bct)k_2]\end{aligned} \tag{6-43}$$

将式(6-43)代入修正公式中得到修正后的估计函数为

$$\begin{aligned}x_1(t) = & A + Bt + \frac{1}{2}[-Bc + f\cos(C\omega) - Ak_1 - A^3 k_2]t^2 \\ & + \frac{1}{6}\begin{bmatrix}Bc^2 - cf\cos(C\omega) - f\omega\sin(C\omega) \\ + (-B + Ac)k_1 + A^2(-3B + Ac)k_2\end{bmatrix}t^3 \\ & + \frac{1}{24}\left\{\begin{matrix}-Bc^3 + c^2 f\cos(C\omega) - f\omega^2\cos(C\omega) + cf\omega\sin(C\omega) + Ak_1^2 \\ -A[6B^2 - 6ABc + A^2c^2 + 3Af\cos(C\omega)]k_2 + 3A^5k_2^2 + \\ k_1[2Bc - Ac^2 - f\cos(C\omega) + 4A^3k_2]\end{matrix}\right\}t^4\end{aligned}$$

$$+\frac{1}{120}\begin{pmatrix} Bc^4 - c^3 f\cos(C\omega) + cf\omega^2\cos(C\omega) - c^2 f\omega\sin(C\omega) + f\omega^3\sin(C\omega) \\ + (B - 2Ac)k_1^2 + \begin{bmatrix} -6B^3 + 24AB^2c - 9A^2Bc^2 \\ + A^3c^3 + 6A(-3B + Ac)f\cos(C\omega) \\ + 3A^2 f\omega\sin(C\omega) \end{bmatrix} k_2 \\ + 3A^4(9B - 2Ac)k_2^2 \\ + k_1\begin{bmatrix} -3Bc^2 + Ac^3 + 2cf\cos(C\omega) \\ + f\omega\sin(C\omega) - 8A^2(-3B + Ac)k_2 \end{bmatrix} \end{pmatrix} t^5$$

$$+ O[t]^6$$

其中，$t_{i-1} \leqslant t \leqslant t_i$。该表达式中共包含三个参数 A，B，t_{i-1}（在估计函数中 t_{i-1} 用 C 代替）。当需要计算多个子区间时，只需要重新计算每个子区间中 A，B，t_{i-1} 的值，即每个子区间的末位置、末速度和末时刻，并将其代入修正后的估计函数 $x_1(t)$ 中即可。数值计算结果表明局部变分迭代法能够快速、精确、有效地求解非线性方程。图 6-5 对局部变分迭代法和四阶 Runge-Kutta 方法得到的混沌运动仿真结果进行了对比。其中局部变分迭代法的步长为 0.2，四阶 Runge-Kutta 方法的步长需设置为 0.02 才能达到相近的精度。通过 MATLAB 仿真计算表明，在这一算例中，局部变分迭代法的计算效率为四阶 Runge-Kutta 方法的 10 倍。二者的计算时间分别为 0.013 471 s（局部变分迭代法）和 0.135 445 s（四阶 Runge-Kutta 方法）。

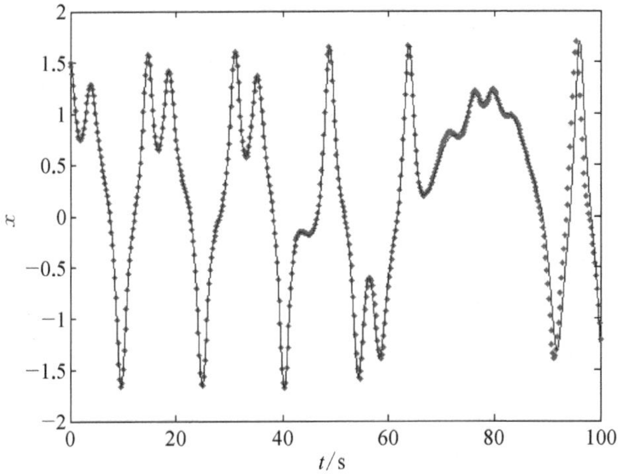

图 6-5　求解受迫 Duffing 方程的局部变分迭代法（点线）和四阶 Runge-Kutta 方法（实线）结果对比

6.5 本章小结

本章将三种全局迭代算法——Picard 方法、Adomian 解耦法和变分迭代法从数学原理上进行了统一。结合一般化拉格朗日乘子理论框架发现并证明了这三种方法具有相同的数学基础。研究发现,通过进行简单的数学变换,可以从变分迭代法中推导出 Picard 迭代法和 Adomian 解耦法。

虽然全局变分迭代法能计算出解析形式的估计解,但是在使用时往往比较复杂,且不能求解非线性动力学系统的长期响应解。为此,本章结合局部求解思想,提出了一种局部变分迭代法。该方法使用微分变换原理推导矩阵形式的拉格朗日乘子,通过将整个时间域分割成多个子区间,可在每个子区间中分别进行高效的求解。数值仿真表明局部变分迭代法能够高效、高精度地求解非线性动力学系统。

参考文献

[1] Bai X, Junkins J L. Modified Chebyshev-Picard iteration methods for solution of boundary value problems [J]. The Journal of Astronautical Sciences, 2011, 58 (4): 615-642.

[2] He J H. Some asymptotic methods for strongly nonlinear equations [J]. International Journal of Modern Physics B, 2006, 20(10): 1141-1199.

[3] Rach R. On the Adomian decomposition method and comparisons with Picard iteration [J]. Journal of Mathematical Analysis and Applications, 1987, 128: 480-483.

[4] Inokuti M, Sekine H, Mura T. General use of the Lagrange multiplier in nonlinear mathematical physics [M]//Nemat-Nasser S, Fung Y C. Variational Method in the Mechanics of Solids. Oxford: Pergamon Press, 1978: 156-162.

第 7 章

局部变分迭代配点法

7.1 引言

第 7 章中将变分迭代法与局部求解思想结合，介绍非线性动力学系统新的求解方法——局部变分迭代法。然而该算法在实际应用时需对系统泛函求变分，这一过程涉及复杂的符号运算，难以用于复杂非线性方程求解。此外，大量繁复的符号运算严重制约了该算法在计算机求解中的使用。为了克服该问题，本章将配点法[1]和变分迭代法[2]结合，通过简单的时域配点法将变分迭代法中关于泛函变分问题转化为代数迭代公式，从而便于计算机实现。

具体地，为了得到代数迭代计算公式，本章推导三型算法。算法一将变分迭代法的计算公式转化为微分形式，成功消除了拉格朗日乘子。这一算法形式非常简洁，其实质是泛函空间的牛顿迭代法。在算法二和算法三中，分别使用泰勒级数和指数级数对拉格朗日乘子进行近似估计，从而得到迭代计算公式；之后使用估计函数逼近非线性问题的解。通过使用狄利克雷函数作为试函数，将关于泛函的迭代计算公式转化为关于配点值的代数迭代公式。当估计函数在配点处的值确定之后，通过插值得到问题的估计解。不同于传统配点法，这一方法不用事先构造非线性代数方程组，此外，算法二和算法三不用对雅可比矩阵求逆，因此效率明显提高。本章所提出的三种算法都是局部方法，其收敛区间远大于有限差分方法。另外，这些方法的计算误差很小且误差积累极慢。

7.2 局部变分迭代法及其变型

由于高阶微分方程总是可以通过降阶增维转化为一阶常微分方程组,因此本节只考虑求解如下一阶形式的非线性系统:

$$\boldsymbol{L}\boldsymbol{x} = \boldsymbol{F}(\boldsymbol{x},\ \tau) \tag{7-1}$$

其中,$\boldsymbol{L}$ 为一阶微分算子;$\boldsymbol{F}$ 为关于状态矢量 $\boldsymbol{x}$ 和时间 τ 的非线性项。

局部变分迭代法在每个子区间 t_i 到 t_{i+1} 中通过如下迭代计算公式对解进行修正:

$$\boldsymbol{x}_{n+1}(t) = \boldsymbol{x}_n(t) + \int_{t_i}^{t} \boldsymbol{\lambda}(\tau)\{\boldsymbol{L}\boldsymbol{x}_n(\tau) - \boldsymbol{F}[\boldsymbol{x}_n(\tau),\ \tau]\}\mathrm{d}\tau,\quad t \in [t_i,\ t_{i+1}] \tag{7-2}$$

其中,$\boldsymbol{\lambda}(\tau)$ 为矩阵形式的拉格朗日乘子。

基于变分原理,最优的拉格朗日乘子需满足如下条件:

$$\begin{cases} \delta\boldsymbol{x}_n(\tau)\big|_{\tau=t}: \boldsymbol{I} + \boldsymbol{\lambda}(\tau)\big|_{\tau=t} = \boldsymbol{0} \\ \delta\boldsymbol{x}_n(\tau): \boldsymbol{L}\boldsymbol{\lambda}(\tau) + \boldsymbol{\lambda}(\tau)\dfrac{\partial\boldsymbol{F}(\boldsymbol{x}_n,\ \tau)}{\partial\boldsymbol{x}_n} = \boldsymbol{0} \end{cases},\quad \tau \in [t_i,\ t] \tag{7-3}$$

在第 6 章中,拉格朗日乘子通过使用微分变换法得到。在每个子区间中,初始估计函数均取为 $\boldsymbol{x}(\tau) = \boldsymbol{A} + \boldsymbol{B}\tau$ 的形式,因此所得到的修正解也具有相同的形式。这样在求解过程中就只需要计算一次修正解,对于不同的子区间只需要更新 $\boldsymbol{A}$ 和 $\boldsymbol{B}$ 的值。

尽管局部变分迭代法具有许多优点,但是所得到的解析解往往较为复杂。另外,如果要得到精度较高的解,还需要做多次迭代修正。在这种情况下,局部迭代法的符号运算将会变得十分复杂,且得到的解可能过于冗长而不具有实际意义。为此,我们对局部变分迭代法进行如下修改。

7.2.1 算法一:消除拉格朗日乘子

对局部变分迭代法的迭代公式进行微分,并考虑拉格朗日乘子的约束条件,可以得到

$$\frac{\mathrm{d}\boldsymbol{x}_{n+1}}{\mathrm{d}t}=\frac{\mathrm{d}\boldsymbol{x}_n}{\mathrm{d}t}+\boldsymbol{\lambda}(\tau)\Big|_{\tau=t}\left[\frac{\mathrm{d}\boldsymbol{x}_n}{\mathrm{d}t}-\boldsymbol{F}(\boldsymbol{x}_n,t)\right]+\int_{t_i}^{t}\frac{\partial\boldsymbol{\lambda}}{\partial t}[\boldsymbol{L}\boldsymbol{x}_n-\boldsymbol{F}(\boldsymbol{x}_n,\tau)]\mathrm{d}\tau$$

$$=\boldsymbol{F}(\boldsymbol{x}_n,t)+\int_{t_i}^{t}\frac{\partial\boldsymbol{\lambda}}{\partial t}[\boldsymbol{L}\boldsymbol{x}_n-\boldsymbol{F}(\boldsymbol{x}_n,\tau)]\mathrm{d}\tau,\quad t\in[t_i,t_{i+1}] \tag{7-4}$$

为了进一步简化式(7－4),需要使用 $\boldsymbol{\lambda}(\tau)$ 的如下性质。

推论　拉格朗日乘子矩阵 $\boldsymbol{\lambda}(\tau)$ 同时也是如下常微分方程的解 $\bar{\boldsymbol{\lambda}}(t)$。

$$\begin{cases}\boldsymbol{I}+\bar{\boldsymbol{\lambda}}(t)\Big|_{t=\tau}=\boldsymbol{0}\\ \dfrac{\partial\bar{\boldsymbol{\lambda}}(t)}{\partial t}-\boldsymbol{J}(t)\bar{\boldsymbol{\lambda}}(t)=\boldsymbol{0}\end{cases},\quad t\in[\tau,t_{i+1}] \tag{7-5}$$

证明　令 $\boldsymbol{J}(\boldsymbol{x}_n,\tau)=\partial\boldsymbol{F}(\boldsymbol{x}_n,\tau)/\partial\boldsymbol{x}_n$，拉格朗日乘子可以由马格努斯方法得到。对于如下线性常微分方程:

$$\boldsymbol{Y}'(t)=\boldsymbol{A}(t)\boldsymbol{Y}(t),\quad Y(t_0)=\boldsymbol{Y}_0 \tag{7-6}$$

其解 $\boldsymbol{Y}(t)$ 可以表示为

$$\boldsymbol{Y}(t)=\{\exp[\boldsymbol{\Omega}(t,t_0)]\}\boldsymbol{Y}_0=\left\{\exp\left[\sum_{k=1}^{\infty}\boldsymbol{\Omega}_k(t)\right]\right\}\boldsymbol{Y}_0 \tag{7-7}$$

马格努斯级数前三项的具体形式为

$$\boldsymbol{\Omega}_1(t)=\int_0^t\boldsymbol{A}(t_1)\mathrm{d}t_1,\quad \boldsymbol{\Omega}_2(t)=\frac{1}{2}\int_0^t\mathrm{d}t_1\int_0^{t_1}\mathrm{d}t_2[\boldsymbol{A}(t_1),\boldsymbol{A}(t_2)]$$

$$\boldsymbol{\Omega}_3(t)=\frac{1}{6}\int_0^t\mathrm{d}t_1\int_0^{t_1}\mathrm{d}t_2\int_0^{t_2}\mathrm{d}t_3([\boldsymbol{A}(t_1),[\boldsymbol{A}(t_2),\boldsymbol{A}(t_3)]]$$

$$+[\boldsymbol{A}(t_3),[\boldsymbol{A}(t_2),\boldsymbol{A}(t_1)]])$$

其中，$[\boldsymbol{A},\boldsymbol{B}]\equiv\boldsymbol{AB}-\boldsymbol{BA}$。

通过矩阵转置可以得到拉格朗日乘子的约束条件为

$$\begin{cases}\delta\boldsymbol{x}_n(\tau)\Big|_{\tau=t}:\ \boldsymbol{I}+\boldsymbol{\lambda}^{\mathrm{T}}(\tau)\Big|_{\tau=t}=\boldsymbol{0}\\ \delta\boldsymbol{x}_n(\tau):\ \boldsymbol{L}\boldsymbol{\lambda}^{\mathrm{T}}(\tau)+\boldsymbol{J}^{\mathrm{T}}\boldsymbol{\lambda}^{\mathrm{T}}(\tau)=\boldsymbol{0}\end{cases},\quad \tau\in[t_i,t] \tag{7-8}$$

由马格努斯方法可以得到

$$\boldsymbol{\lambda}^{\mathrm{T}}(\tau)=\exp\left\{\int_t^{\tau}(-\boldsymbol{J}^{\mathrm{T}})\mathrm{d}\tau_1+\frac{1}{2}\int_t^{\tau}\mathrm{d}\tau_1\int_t^{\tau_1}\mathrm{d}\tau_2[-\boldsymbol{J}^{\mathrm{T}}(\tau_1)-\boldsymbol{J}^{\mathrm{T}}(\tau_2)]+\cdots\right\}\boldsymbol{\lambda}^{\mathrm{T}}(t),\quad \tau\in[t_i,t] \tag{7-9}$$

对式(7-9)做转置得到

$$\boldsymbol{\lambda}(\tau)=\boldsymbol{\lambda}(\tau)\Big|_{\tau=t}\exp\left\{\int_t^{\tau}(-\boldsymbol{J})\mathrm{d}\tau_1+\frac{1}{2}\int_t^{\tau}\mathrm{d}\tau_1\int_t^{\tau_1}\mathrm{d}\tau_2[-\boldsymbol{J}(\tau_2),-\boldsymbol{J}(\tau_1)]+\cdots\right\}$$
$$=-\exp\left\{-\int_t^{\tau}(\boldsymbol{J})\mathrm{d}\tau_1-\frac{1}{2}\int_t^{\tau}\mathrm{d}\tau_1\int_t^{\tau_1}\mathrm{d}\tau_2[-\boldsymbol{J}(\tau_2),-\boldsymbol{J}(\tau_1)]+\cdots\right\}$$
$$=-\exp\left\{\int_t^{\tau}(\boldsymbol{J})\mathrm{d}\tau_1+\frac{1}{2}\int_t^{\tau}\mathrm{d}\tau_1\int_t^{\tau_1}\mathrm{d}\tau_2[-\boldsymbol{J}(\tau_2),-\boldsymbol{J}(\tau_1)]+\cdots\right\}\tag{7-10}$$

注意到

$$\int_{\tau}^{t}\mathrm{d}\tau_1\int_t^{\tau_1}\mathrm{d}\tau_2[\boldsymbol{J}(\tau_1),\boldsymbol{J}(\tau_2)]-\int_{\tau}^{t}\mathrm{d}\tau_1\int_{\tau}^{\tau_1}\mathrm{d}\tau_2[\boldsymbol{J}(\tau_1),\boldsymbol{J}(\tau_2)]$$
$$=\int_{\tau}^{t}\mathrm{d}\tau_1\int_t^{\tau_1}\mathrm{d}\tau_2[\boldsymbol{J}(\tau_1),\boldsymbol{J}(\tau_2)]$$
$$=\int_{\tau}^{t}\mathrm{d}\tau_1\int_t^{\tau_1}\mathrm{d}\tau_2[\boldsymbol{J}(\tau_1)\boldsymbol{J}(\tau_2)-\boldsymbol{J}(\tau_2)\boldsymbol{J}(\tau_1)]$$
$$=\boldsymbol{0}\tag{7-11}$$

且马格努斯级数中的其他项也有相同的特性,因此 $\boldsymbol{\lambda}(\tau)$ 可以表示为

$$\boldsymbol{\lambda}(\tau)=-\exp\left\{\int_{\tau}^{t}(\boldsymbol{J})\mathrm{d}\tau_1+\frac{1}{2}\int_{\tau}^{t}\mathrm{d}\tau_1\int_{\tau}^{\tau_1}\mathrm{d}\tau_2[\boldsymbol{J}(\tau_1),\boldsymbol{J}(\tau_2)]+\cdots\right\}\tag{7-12}$$

而这正是马格努斯级数形式的 $\bar{\boldsymbol{\lambda}}(t)$。

根据 $\boldsymbol{\lambda}(\tau)$ 和 $\bar{\boldsymbol{\lambda}}(t)$ 之间的关系可以得到

$$\frac{\mathrm{d}\boldsymbol{x}_{n+1}}{\mathrm{d}t}=\boldsymbol{F}(\boldsymbol{x}_n,t)+\int_{t_i}^{t}\frac{\partial\boldsymbol{\lambda}(\tau)}{\partial t}[\boldsymbol{L}\boldsymbol{x}_n-\boldsymbol{F}(\boldsymbol{x}_n,t)]\mathrm{d}\tau$$
$$=\boldsymbol{F}(\boldsymbol{x}_n,t)+\int_{t_i}^{t}\frac{\partial\bar{\boldsymbol{\lambda}}(\tau)}{\partial t}[\boldsymbol{L}\boldsymbol{x}_n-\boldsymbol{F}(\boldsymbol{x}_n,t)]\mathrm{d}\tau$$
$$=\boldsymbol{F}(\boldsymbol{x}_n,t)+\boldsymbol{J}(\boldsymbol{x}_n,t)\int_{t_i}^{t}\bar{\boldsymbol{\lambda}}(\tau)[\boldsymbol{L}\boldsymbol{x}_n-\boldsymbol{F}(\boldsymbol{x}_n,t)]\mathrm{d}\tau$$
$$=\boldsymbol{F}(\boldsymbol{x}_n,t)+\boldsymbol{J}(\boldsymbol{x}_n,t)\int_{t_i}^{t}\boldsymbol{\lambda}(\tau)[\boldsymbol{L}\boldsymbol{x}_n-\boldsymbol{F}(\boldsymbol{x}_n,t)]\mathrm{d}\tau$$
$$=\boldsymbol{F}(\boldsymbol{x}_n,t)+\boldsymbol{J}(\boldsymbol{x}_n,t)(\boldsymbol{x}_{n+1}-\boldsymbol{x}_n)\tag{7-13}$$

这一迭代公式可以进一步写成如下形式：

$$\text{算法一：}\frac{\mathrm{d}\boldsymbol{x}_{n+1}}{\mathrm{d}t}-\boldsymbol{J}(\boldsymbol{x}_n,t)\boldsymbol{x}_{n+1}=\boldsymbol{F}(\boldsymbol{x}_n,t)-\boldsymbol{J}(\boldsymbol{x}_n,t)\boldsymbol{x}_n,\quad t\in[t_{i-1},t_i] \tag{7-14}$$

7.2.2 算法二：拉格朗日乘子的多项式估计

由于约束条件是非线性的且包含 $\boldsymbol{x}_n$，因此难以得到拉格朗日乘子的解析表达式。然而，通过微分变换法可以很容易得到多项式形式的拉格朗日乘子估计函数：

$$\boldsymbol{\lambda}(\tau)\approx\boldsymbol{T}_0[\boldsymbol{\lambda}]+\boldsymbol{T}_1[\boldsymbol{\lambda}](\tau-t)+\cdots+\boldsymbol{T}_K[\boldsymbol{\lambda}](\tau-t)^K \tag{7-15}$$

其中，$\boldsymbol{T}_k[\boldsymbol{\lambda}]$ 是 $\boldsymbol{\lambda}(\tau)$ 的 k 阶微分变换，即

$$\boldsymbol{T}_k[\boldsymbol{\lambda}]=\frac{1}{k!}\frac{\mathrm{d}^k\boldsymbol{\lambda}(\tau)\big|_{\tau=t}}{\mathrm{d}\tau^k} \tag{7-16}$$

根据约束条件，$\boldsymbol{T}_k[\boldsymbol{\lambda}]$ 可由如下迭代过程得到：

$$\boldsymbol{T}_0[\boldsymbol{\lambda}]=\mathrm{diag}[-1,-1,\cdots],\quad \boldsymbol{T}_{k+1}[\boldsymbol{\lambda}]=-\frac{\boldsymbol{T}_k[\boldsymbol{\lambda}\boldsymbol{J}]}{k+1},\quad 0\leqslant k\leqslant K+1 \tag{7-17}$$

在传统的微分变换法中，系统方程中的非线性项一般被当成不可变分项，从而简化 $\boldsymbol{\lambda}(\tau)$ 的求解。如果这么做，那么拉格朗日乘子矩阵可以很容易确定为 $\boldsymbol{\lambda}(\tau)=-\boldsymbol{I}$。将其代入局部变分迭代法的迭代修正公式中就可以得到 Picard 迭代方程：

$$\boldsymbol{x}_{n+1}(t)=\boldsymbol{x}(t_i)+\int_{t_i}^{t}\boldsymbol{F}[\boldsymbol{x}_n(\tau),\tau]\mathrm{d}\tau \tag{7-18}$$

对式(7-18)微分得

$$\frac{\mathrm{d}\boldsymbol{x}_{n+1}}{\mathrm{d}t}=\boldsymbol{F}(\boldsymbol{x}_n,t),\quad t\in[t_i,t_{i+1}] \tag{7-19}$$

然而，如果在推导拉格朗日乘子的过程中保留非线性项，那么得到的 $\boldsymbol{\lambda}(\tau)$ 将是 τ 和 t 的函数。对局部变分迭代法的迭代公式求 $K+1$ 次导数可以得到

$$
\begin{aligned}
\boldsymbol{x}_{n+1}^{(K+1)} &= \boldsymbol{x}_{n}^{(K+1)} + (\boldsymbol{\lambda G}\big|_{\tau=t})^{(K)} + \left(\frac{\partial \boldsymbol{\lambda}}{\partial t}\boldsymbol{G}\big|_{\tau=t}\right)^{(K-1)} \\
&+ \cdots + \left(\frac{\partial^{K} \boldsymbol{\lambda}}{\partial t^{K}}\boldsymbol{G}\big|_{\tau=t}\right) + \int_{t_i}^{t} \frac{\partial^{K+1} \boldsymbol{\lambda}}{\partial t^{K+1}}\boldsymbol{G}\mathrm{d}\tau \qquad (7-20)
\end{aligned}
$$

其中，$\boldsymbol{G} = \boldsymbol{L}\boldsymbol{x}_n(\tau) - \boldsymbol{F}[\boldsymbol{x}_n(\tau),\ \tau]$。

如果直接令 $\boldsymbol{x}(\tau)$ 等于常量 $\boldsymbol{x}(t_i)$，那么 $\boldsymbol{\lambda}(\tau)$ 就可以用截断的 K 阶多项式进行估计。因此式(7－20)中的最后一项为零，从而可以得到不包含积分项的迭代修正公式：

$$
\begin{aligned}
\boldsymbol{x}_{n+1}^{(K+1)} &= \boldsymbol{x}_{n}^{(K+1)} + (\boldsymbol{\lambda G}\big|_{\tau=t})^{(K)} + \left(\frac{\partial \boldsymbol{\lambda}}{\partial t}\boldsymbol{G}\big|_{\tau=t}\right)^{(K-1)} + \cdots + \left(\frac{\partial^{K} \boldsymbol{\lambda}}{\partial t^{K}}\boldsymbol{G}\big|_{\tau=t}\right) \\
&= \boldsymbol{x}_{n}^{(K+1)} + \boldsymbol{T}_0[\boldsymbol{\lambda}]\boldsymbol{G}\big|_{\tau=t}^{(K)} - \boldsymbol{T}_1[\boldsymbol{\lambda}]\boldsymbol{G}\big|_{\tau=t}^{(K-1)} + \cdots \\
&\quad + (-1)^{K}(K!\ )\boldsymbol{T}_K[\boldsymbol{\lambda}]\boldsymbol{G}\big|_{\tau=t} \qquad (7-21)
\end{aligned}
$$

不过还需要注意式(7－21)并不完整，因为在每次对迭代公式求导时，其中包含的常量项就被忽略了。因此在每次求导之前，都需要保留 $\boldsymbol{x}_{n+1}^{(k)}(t_0)\ (k = 0,\ 1,\ 2,\ \cdots,\ K)$ 的值作为增加的约束条件。在迭代公式(7－21)中，$\boldsymbol{T}_k[\boldsymbol{\lambda}]\ (k=0,\ 1,\ 2,\ \cdots,\ K)$ 是常值，因此 $\boldsymbol{x}_{n+1}^{(K+1)}$ 只是 $\boldsymbol{x}_{n}^{(K+1)}$ 和 $\boldsymbol{G}$ 的简单线性叠加。显然，当这一迭代过程停止修正，即 $\boldsymbol{x}_{n+1} = \boldsymbol{x}_n$ 时，由迭代公式(7－21)可以得到

$$
\boldsymbol{G} = \boldsymbol{L}\boldsymbol{x}_n(\tau) - \boldsymbol{F}[\boldsymbol{x}_n(\tau),\ \tau] = \boldsymbol{0} \qquad (7-22)
$$

通过对拉格朗日乘子进行多项式估计，局部变分迭代法也可以进行如下形式的改变，其迭代公式为

$$
\begin{aligned}
\boldsymbol{x}_{n+1}(t) &= \boldsymbol{x}_n(t) + \int_{t_i}^{t} \boldsymbol{\lambda}(\tau)\{\boldsymbol{L}\boldsymbol{x}_n(\tau) - \boldsymbol{F}[\boldsymbol{x}_n(\tau),\ \tau]\}\mathrm{d}\tau \\
&= \boldsymbol{x}_n(t) + \int_{t_i}^{t} \{\boldsymbol{T}_0[\boldsymbol{\lambda}] + \boldsymbol{T}_1[\boldsymbol{\lambda}](\tau - t) + \cdots + \boldsymbol{T}_K[\boldsymbol{\lambda}](\tau - t)^{K}\}\boldsymbol{G}\mathrm{d}\tau
\end{aligned}
$$

$$(7-23)$$

考虑到 $\boldsymbol{T}_k[\boldsymbol{\lambda}]\ (k = 0,\ 1,\ \cdots K)$ 是 $\boldsymbol{x}_n(t)$ 和 t 的函数，式(7－23)可以写成如下形式：

算法二：
$$
\begin{aligned}
\boldsymbol{x}_{n+1}(t) &= \boldsymbol{x}_n(t) + \boldsymbol{A}_0(t)\int_{t_i}^{t}\boldsymbol{G}\mathrm{d}\tau + \boldsymbol{A}_1(t)\int_{t_i}^{t}\tau\boldsymbol{G}\mathrm{d}\tau + \cdots \\
&+ \boldsymbol{A}_K(t)\int_{t_i}^{t}\tau^{K}\boldsymbol{G}\mathrm{d}\tau \qquad (7-24)
\end{aligned}
$$

其中，$t \in [t_i, t_{i+1}]$，系数矩阵 $\boldsymbol{A}_k(t)\,(k=0, 1, \cdots K)$ 是 $\boldsymbol{T}_k[\boldsymbol{\lambda}]$ 和 t 的组合。值得一提的是，尽管在本书中推导的形式是针对一阶常微分系统的，但算法二可以很容易扩展到高阶系统。

7.2.3　算法三：一般拉格朗日乘子的指数估计

在上文中提到，拉格朗日乘子可以表示成指数函数的形式。而指数函数也可以表示成如下级数形式：

$$\begin{aligned}\boldsymbol{\lambda}(\tau) &= -\exp\left[\int_\tau^t \tilde{\boldsymbol{G}}(\boldsymbol{x}_n, \varsigma)\,\mathrm{d}\varsigma\right] \\ &= -\left\{\mathrm{diag}[1, 1, \cdots] + \int_\tau^t \tilde{\boldsymbol{G}}(x_n, \varsigma)\,\mathrm{d}\varsigma + \frac{1}{2!}\left[\int_\tau^t \tilde{\boldsymbol{G}}(\boldsymbol{x}_n, \varsigma)\,\mathrm{d}\varsigma\right]^2 + \cdots\right\}\end{aligned} \tag{7-25}$$

将其代入 $\partial\boldsymbol{\lambda}(\tau)/\partial t = \boldsymbol{J}(\boldsymbol{x}_n, t)\boldsymbol{\lambda}(\tau)$，如果忽略 $\boldsymbol{\lambda}(\tau)$ 的高阶项，$\partial\boldsymbol{\lambda}(\tau)/\partial t$ 可以简单估计为 $\partial\boldsymbol{\lambda}(\tau)/\partial t = -\boldsymbol{J}(\boldsymbol{x}_n, t)$。据此，我们得到如下迭代公式：

$$\begin{aligned}\frac{\mathrm{d}\boldsymbol{x}_{n+1}}{\mathrm{d}t} &= \frac{\mathrm{d}\boldsymbol{x}_n}{\mathrm{d}t} + \boldsymbol{\lambda}(t)\left[\frac{\mathrm{d}\boldsymbol{x}_n}{\mathrm{d}t} - \boldsymbol{F}(\boldsymbol{x}_n, t)\right] + \int_{t_i}^t \frac{\partial\boldsymbol{\lambda}}{\partial t}[\boldsymbol{L}\boldsymbol{x}_n - \boldsymbol{F}(x_n, \tau)]\,\mathrm{d}\tau \\ &= \boldsymbol{F}(\boldsymbol{x}_n, t) - \boldsymbol{J}(\boldsymbol{x}_n, t)\int_{t_i}^t [\boldsymbol{L}\boldsymbol{x}_n - \boldsymbol{F}(\boldsymbol{x}_n, \tau)]\,\mathrm{d}\tau \\ &= \boldsymbol{F}(\boldsymbol{x}_n, t) - \boldsymbol{J}(\boldsymbol{x}_n, t)\left[\boldsymbol{x}_n - \int_{t_i}^t \boldsymbol{F}(\boldsymbol{x}_n, \tau)\,\mathrm{d}\tau\right]\end{aligned} \tag{7-26}$$

即

$$\text{算法三：}\frac{\mathrm{d}\boldsymbol{x}_{n+1}}{\mathrm{d}t} = \boldsymbol{F}(\boldsymbol{x}_n, t) - \boldsymbol{J}(\boldsymbol{x}_n, t)\left[\boldsymbol{x}_n - \int_{t_i}^t \boldsymbol{F}(\boldsymbol{x}_n, \tau)\,\mathrm{d}\tau\right] \tag{7-27}$$

7.3　时域配点法

假设试函数为 $\boldsymbol{u}$，将其代入系统方程可以得到残余量：

$$\boldsymbol{R} = \boldsymbol{L}\boldsymbol{u} - \boldsymbol{F}(\boldsymbol{u}, t) \neq \boldsymbol{0}, \quad t \in [t_i, t_{i+1}] \tag{7-28}$$

假设试函数矩阵为 $\boldsymbol{v} = \mathrm{diag}[v, v, \cdots]$，可以得到系统方程的弱形式为

$$\int_{t_i}^{t_{i+1}} \boldsymbol{v}\boldsymbol{R}\mathrm{d}t = \int_{t_i}^{t_{i+1}} \boldsymbol{v}[\boldsymbol{L}\boldsymbol{u} - \boldsymbol{F}(\boldsymbol{u}, t)]\mathrm{d}t = \boldsymbol{0} \tag{7-29}$$

令试函数 u_e 为一系列基函数 $\phi_{e,nb}(t)$ 的线性组合：

$$u_e = \sum_{nb=1}^{N} \alpha_{e,nb}\phi_{e,nb}(t) = \boldsymbol{\Phi}_e(t)\boldsymbol{A}_e \tag{7-30}$$

其中，u_e 代表了列向量 $\boldsymbol{u}$ 中的元素，行向量 $\boldsymbol{\Phi}_e$ 中的每一个元素则是各个独立的基函数，列向量 $\boldsymbol{A}_e$ 为待求的系数矢量。

使用狄利克雷函数作为试函数，即 $v=\delta(t-t_m)$，其中 t_m 为在子区间 $t\in[t_i, t_{i+1}]$ 中选择的一系列配点。这就是局部配点法

$$\boldsymbol{L}\boldsymbol{u}(t_m) - \boldsymbol{F}[\boldsymbol{u}(t_m), t_m] = \boldsymbol{0}, \quad t_m \in [t_i, t_{i+1}] \tag{7-31}$$

试函数 u_e 及其导数在时间配点 t_m 处的值可以表示为

$$u_e(t_m) = \sum_{nb=1}^{N} \alpha_{e,nb}\phi_{e,nb}(t_m) = \boldsymbol{\Phi}_e(t_m)\boldsymbol{A}_e$$

和

$$Lu_e(t_m) = \sum_{nb=1}^{N} \alpha_{e,nb}L\phi_{e,nb}(t_m) = \boldsymbol{L}\boldsymbol{\Phi}_e(t_m)\boldsymbol{A}_e$$

写成矩阵形式，以上两式可以分别表示为 $\boldsymbol{U}_e = \boldsymbol{B}_e\boldsymbol{A}_e$ 和 $\boldsymbol{L}\boldsymbol{U}_e = \boldsymbol{L}\boldsymbol{B}_e\boldsymbol{A}_e$，其中 $\boldsymbol{U}_e = [u_e(t_1), u_e(t_2), \cdots, u_e(t_M)]^{\mathrm{T}}$ 和 $\boldsymbol{B}_e = [\boldsymbol{\Phi}_e(t_1)^{\mathrm{T}}, \boldsymbol{\Phi}_e(t_2)^{\mathrm{T}}, \cdots, \boldsymbol{\Phi}_e(t_M)^{\mathrm{T}}]^{\mathrm{T}}$。通过简单的变化，可以得到 $\boldsymbol{L}\boldsymbol{U}_e = \boldsymbol{L}\boldsymbol{B}_e\boldsymbol{A}_e = (\boldsymbol{L}\boldsymbol{B}_e)\boldsymbol{B}_e^{-1}\boldsymbol{U}_e$，从而将 $\boldsymbol{L}\boldsymbol{U}_e$ 表示为 $\boldsymbol{U}_e$ 的形式。进一步可以推导出估计函数的高阶导数在配点处的值为

$$\boldsymbol{L}^k\boldsymbol{U}_e = \boldsymbol{L}^k\boldsymbol{B}_e\boldsymbol{A}_e = (\boldsymbol{L}^k\boldsymbol{B}_e)\boldsymbol{B}_e^{-1}\boldsymbol{U}_e \tag{7-32}$$

根据以上推导，可以得到局部配点法的非线性代数方程为

$$\boldsymbol{E}\boldsymbol{U} - \boldsymbol{F}(\boldsymbol{U}, t) = \boldsymbol{0} \tag{7-33}$$

其中，$\boldsymbol{t} = [t_1, t_2, \cdots, t_M]$；$\boldsymbol{E} = \mathrm{diag}[(\boldsymbol{L}\boldsymbol{B}_1)\boldsymbol{B}_1^{-1}, \cdots, (\boldsymbol{L}\boldsymbol{B}_e)\boldsymbol{B}_e^{-1}, \cdots]$；$\boldsymbol{U} = [\boldsymbol{U}_1^{\mathrm{T}}, \cdots, \boldsymbol{U}_e^{\mathrm{T}}, \cdots]^{\mathrm{T}}$。

7.4 局部变分迭代与配点法结合

根据配点法的概念，假设估计解 $\boldsymbol{x}_n(t)$ 和修正解 $\boldsymbol{x}_{n+1}(t)$ 的估计函数分别为

$\boldsymbol{u}_n(t)$ 和 $\boldsymbol{u}_{n+1}(t)$，且估计函数都由同一组基函数构成。通过在局部子区间中选取配点，可以由算法一、二、三得到估计函数在配点处值的代数迭代方程。

7.4.1　算法一弱形式

假设非线性方程组 $\boldsymbol{Lx}=\boldsymbol{F}(\boldsymbol{x},\ t)$ 在子区间 $t\in[t_i,\ t_{i+1}]$ 中解的估计函数为 $\boldsymbol{u}$。根据算法一可以得到

$$\boldsymbol{L}\boldsymbol{u}_{n+1}(t_m)-\boldsymbol{J}[\boldsymbol{u}_n(t_m),\ t_m]\boldsymbol{u}_{n+1}(t_m)=\boldsymbol{F}[\boldsymbol{u}_n(t_m),\ t_m]-\boldsymbol{J}[\boldsymbol{u}_n(t_m),\ t_m]\boldsymbol{u}_n(t_m) \tag{7-34}$$

其中，$t_m(m=1,\ 2,\ \cdots,\ M)$ 是时间子区间 t_i 到 t_{i+1} 中的配点值。

式(7-34)可以写成如下矩阵形式：

$$\boldsymbol{E}\boldsymbol{U}_{n+1}-\boldsymbol{J}(\boldsymbol{U}_n,\ \boldsymbol{t})\boldsymbol{U}_{n+1}=\boldsymbol{F}(\boldsymbol{U}_n,\ t)-\boldsymbol{J}(\boldsymbol{U}_n,\ \boldsymbol{t})\boldsymbol{U}_n \tag{7-35}$$

通过重新排列矩阵中的元素，能够得到

$$\boldsymbol{U}_{n+1}=\boldsymbol{U}_n-[\boldsymbol{E}-\boldsymbol{J}(\boldsymbol{U}_n,\ \boldsymbol{t})]^{-1}[\boldsymbol{E}\boldsymbol{U}_n-\boldsymbol{F}(\boldsymbol{U}_n,\ \boldsymbol{t})] \tag{7-36}$$

有趣的是，这一迭代计算公式正好就是传统配点法中求解非线性方程的牛顿迭代法公式。这一结果直观地说明了牛顿法和变分迭代法之间的内在关系。

7.4.2　算法二弱形式

首先，我们使用 Picard 迭代法作为局部变分迭代法的一个特例对算法二的弱形式进行简单的说明。考虑一阶微分方程组，由 Picard 迭代法得到的估计解序列为

$$\frac{\mathrm{d}\boldsymbol{x}_{n+1}}{\mathrm{d}t}=\boldsymbol{F}(\boldsymbol{x}_n,\ t),\ \boldsymbol{x}_{n+1}(t_i)=\boldsymbol{x}(t_i)$$

或

$$\boldsymbol{x}_{n+1}(t)=\boldsymbol{x}(t_i)+\int_{t_i}^{t}\boldsymbol{F}[\boldsymbol{x}_n(\tau),\ \tau]\mathrm{d}\tau,\quad t\in[t_i,\ t_{i+1}] \tag{7-37}$$

通过配点可以得到解在配点处的值的迭代方程如下：

$$\boldsymbol{E}\boldsymbol{U}_{n+1}=\boldsymbol{F}(\boldsymbol{U}_n,\ \boldsymbol{t}),\ \boldsymbol{u}_{n+1}(t_i)=\boldsymbol{x}(t_i) \tag{7-38}$$

或

$$\boldsymbol{U}_{n+1}=\boldsymbol{U}_n-\tilde{\boldsymbol{E}}[\boldsymbol{E}\boldsymbol{U}_n-\boldsymbol{F}(\boldsymbol{U}_n,\boldsymbol{t})] \tag{7-39}$$

其中,系数矩阵 $\tilde{\boldsymbol{E}}$ 的具体形式为 $\tilde{\boldsymbol{E}}=\mathrm{diag}[(\boldsymbol{L}^{-1}\boldsymbol{B}_1)\boldsymbol{B}_1^{-1},\cdots,(\boldsymbol{L}^{-1}\boldsymbol{B}_e)\boldsymbol{B}_e^{-1},\cdots]$。

值得注意的是,以上两种迭代公式在实际应用中并不完全相同。对于第一种迭代,由于边界条件由额外的约束条件 $\boldsymbol{u}_{n+1}(t_i)=\boldsymbol{x}(t_i)$ 确定,这在迭代过程中会引入额外的计算误差。相反的,第二种迭代则不会有这个问题,因为边界条件在第二个迭代公式中是自然满足的。

显然,如果选择第一类 Chebyshev 多项式作为基函数,那么以上所述第二种迭代方法就是修正 Chebyshev-Picard 迭代方法。这一方法只需要在每一步迭代中更新配点值 $\boldsymbol{U}_n$,因此使用较为方便。

备注 修正 Chebyshev-Picard 迭代方法实际上就是使用 Chebyshev 多项式作为基函数,并对算法二的零阶形式配点得到的弱形式。

对于算法二的一般形式,如果 $\boldsymbol{x}(\tau)$ 简单地由 $\boldsymbol{x}(t_i)$ 代替,那么可以得到

$$\boldsymbol{x}_{n+1}^{(K+1)}=\boldsymbol{x}_n^{(K+1)}+\boldsymbol{T}_0[\lambda]G\Big|_{\tau=t}^{(K)}-\boldsymbol{T}_1[\boldsymbol{\lambda}]G\Big|_{\tau=t}^{(K-1)}+\cdots+(-1)^K(K!)\boldsymbol{T}_K[\boldsymbol{\lambda}]\boldsymbol{G}_{\tau=t} \tag{7-40}$$

通过对式(7-40)在局部的子区间中配点,可以得到

$$\begin{aligned}\boldsymbol{u}_{n+1}^{(K+1)}(t_m)=\boldsymbol{u}_n^{(K+1)}(t_m)&+\boldsymbol{T}_0\boldsymbol{G}^{(K)}(t_m)-\boldsymbol{T}_1\boldsymbol{G}^{(K-1)}(t_m)+\cdots\\&+(-1)^K(K!)\boldsymbol{T}_K\boldsymbol{G}(t_m)\end{aligned} \tag{7-41}$$

其中,$\boldsymbol{G}\big|_{\tau=t}$ 和 $\boldsymbol{T}_k[\boldsymbol{\lambda}]$ 被简单表示为 $\boldsymbol{G}$ 和 $\boldsymbol{T}_k$。式(7-41)可以写成如下的矩阵形式:

$$\boldsymbol{E}_{K+1}\boldsymbol{U}_{n+1}=\boldsymbol{E}_{K+1}\boldsymbol{U}_n+\boldsymbol{T}_0\boldsymbol{G}^{(K)}(\boldsymbol{t})-\boldsymbol{T}_1\boldsymbol{G}^{(K-1)}(\boldsymbol{t})+\cdots+(-1)^K(K!)\boldsymbol{T}_K\boldsymbol{G}(\boldsymbol{t}) \tag{7-42}$$

其中,$\boldsymbol{E}_k=\mathrm{diag}[(\boldsymbol{L}\boldsymbol{B}_1)\boldsymbol{B}_1^{-1},\cdots,(\boldsymbol{L}\boldsymbol{B}_e)\boldsymbol{B}_e^{-1},\cdots]$。

这一迭代公式形式简单,且不需要计算非线性项的雅可比矩阵及其逆矩阵,此外,所有的系数矩阵均为常量。然而,这一迭代公式的收敛区间较小,因为对 $\boldsymbol{x}(\tau)$ 的估计过于简单了。

一般来说,使用算法二的积分形式能够有更好的效果:

$$\boldsymbol{x}_{n+1}(t)=\boldsymbol{x}_n(t)+\boldsymbol{A}_0(t)\int_{t_i}^{t}\boldsymbol{G}\mathrm{d}\tau+\boldsymbol{A}_1(t)\int_{t_i}^{t}\tau\boldsymbol{G}\mathrm{d}\tau+\cdots+\boldsymbol{A}_K(t)\int_{t_i}^{t}\tau^K\boldsymbol{G}\mathrm{d}\tau \tag{7-43}$$

通过对其配点可以得到

$$\boldsymbol{U}_{n+1} = \boldsymbol{U}_n + \boldsymbol{A}_0(t)\tilde{\boldsymbol{E}}\boldsymbol{G}(t) + A_1(t)\tilde{\boldsymbol{E}}[t \cdot \boldsymbol{G}(t)] + \cdots + \boldsymbol{A}_K(t)\tilde{\boldsymbol{E}}[t^K \cdot \boldsymbol{G}(t)] \tag{7-44}$$

相对于算法二的微分形式,积分形式具有如下的优点:

(1) 积分形式的推导相对而言更为严格。其中考虑到了拉格朗日乘子 $\boldsymbol{\lambda}(\tau)$ 在迭代过程中随 $\boldsymbol{x}_n(\tau)$ 的变化,而微分形式则没有考虑这一点;

(2) 积分形式的迭代公式自然满足问题的初始条件。相反,微分形式需要有额外的约束条件来保证解满足初始条件;

(3) 在积分形式中,不需要计算 $\boldsymbol{E}_k$ 的逆,这可以避免矩阵求逆带来的病态问题。

总之,算法二的积分形式比微分形式在计算方面更加稳定,但是计算量会稍微增大。不同于算法一,算法二不需要计算雅可比矩阵的逆。对于具有复杂结构的高维系统,这一算法能够明显加快计算的速度。

通过求得 $\boldsymbol{T}_0[\boldsymbol{\lambda}]$、$\boldsymbol{T}_1[\boldsymbol{\lambda}]$ 和 $\boldsymbol{T}_2[\boldsymbol{\lambda}]$,前三阶微分形式的迭代计算公式通过配点得到如表 7-1 所示的代数迭代公式。

表 7-1　算法二微分形式的弱形式

$\boldsymbol{\lambda}$ 的估计函数	弱形式的迭代修正公式
零阶估计:$\boldsymbol{\lambda} = \boldsymbol{T}_0$	$\boldsymbol{E}_1\boldsymbol{U}_{n+1} = \boldsymbol{E}_1\boldsymbol{U}_n + \boldsymbol{T}_0\boldsymbol{G}(t)$
一阶估计:$\boldsymbol{\lambda} = \boldsymbol{T}_0 + \boldsymbol{T}_1(\tau - t)$	$\boldsymbol{E}_2\boldsymbol{U}_{n+1} = \boldsymbol{E}_2\boldsymbol{U}_n + \boldsymbol{T}_0\boldsymbol{G}^{(1)}(t) - \boldsymbol{T}_1\boldsymbol{G}(t)$
二阶估计:$\boldsymbol{\lambda} = \boldsymbol{T}_0 + \boldsymbol{T}_1(\tau - t) + \boldsymbol{T}_2(\tau - t)^2$	$\boldsymbol{E}_3\boldsymbol{U}_{n+1} = \boldsymbol{E}_3\boldsymbol{U}_n + \boldsymbol{T}_0\boldsymbol{G}^{(2)}(t) - \boldsymbol{T}_1\boldsymbol{G}^{(1)}(t) + 2\boldsymbol{T}_2\boldsymbol{G}(t)$

类似的,可以得到积分形式的弱形式如表 7-2 所示。

表 7-2　算法二积分形式的弱形式

$\boldsymbol{\lambda}$ 的估计函数	弱形式的迭代修正公式
零阶估计:$\boldsymbol{\lambda} = \boldsymbol{T}_0$	$\boldsymbol{U}_{n+1} = \boldsymbol{U}_n + \boldsymbol{T}_0\tilde{\boldsymbol{E}}\boldsymbol{G}$
一阶估计:$\boldsymbol{\lambda} = \boldsymbol{T}_0 + \boldsymbol{T}_1(\tau - t)$	$\boldsymbol{U}_{n+1} = \boldsymbol{U}_n + (\boldsymbol{T}_0 - [\boldsymbol{T}_1 \times \boldsymbol{t}])\tilde{\boldsymbol{E}}\boldsymbol{G} + \boldsymbol{T}_1\tilde{\boldsymbol{E}}[\boldsymbol{t} \cdot \boldsymbol{G}]$
二阶估计:$\boldsymbol{\lambda} = \boldsymbol{T}_0 + \boldsymbol{T}_1(\tau - t) + \boldsymbol{T}_2(\tau - t)^2$	$\boldsymbol{U}_{n+1} = \boldsymbol{U}_n + (\boldsymbol{T}_0 - [\boldsymbol{T}_1 \cdot \boldsymbol{t}] + [\boldsymbol{T}_2 \cdot \boldsymbol{t}^2])\tilde{\boldsymbol{E}}\boldsymbol{G} + (\boldsymbol{T}_1 - 2[\boldsymbol{T}_2 \cdot \boldsymbol{t}])\tilde{\boldsymbol{E}}[\boldsymbol{t} \cdot \boldsymbol{G}] + \boldsymbol{T}_2\tilde{\boldsymbol{E}}[\boldsymbol{t}^2 \cdot \boldsymbol{G}]$

7.4.3 算法三弱形式

由于算法三中存在非线性项的积分，我们需要将非线性项估计成基函数的形式，即

$$\int_{t_i}^{t_m} F_e(\boldsymbol{u}_n, \tau)\mathrm{d}\tau = \boldsymbol{L}^{-1}\boldsymbol{\Phi}_e(t_m)\boldsymbol{Y}_e = [\boldsymbol{L}^{-1}\boldsymbol{\Phi}_e(t_m)]\boldsymbol{B}_e^{-1}F_e(\boldsymbol{U}_{ne}, \boldsymbol{t}) \quad (7-45)$$

其中，$\boldsymbol{B}_e = [\boldsymbol{\Phi}_e(t_1)^{\mathrm{T}}, \boldsymbol{\Phi}_e(t_2)^{\mathrm{T}}, \cdots, \boldsymbol{\Phi}_e(t_M)^{\mathrm{T}}]^{\mathrm{T}}$，$\boldsymbol{L}^{-1}\boldsymbol{\Phi}_e$ 为基函数的积分。将式(7-45)代入算法三中得到

$$\boldsymbol{EU}_{n+1} = \boldsymbol{F}(\boldsymbol{U}_n, \boldsymbol{t}) - \boldsymbol{J}(\boldsymbol{U}_n, \boldsymbol{t})\tilde{\boldsymbol{E}}[\boldsymbol{EU}_n - \boldsymbol{F}(\boldsymbol{U}_n, \boldsymbol{t})] \quad (7-46)$$

和算法二进行对比可以看到，算法三同样不需要计算雅可比矩阵的逆。

7.5 数值算例

类似于传统的配点方法，基函数的选取将会确定迭代公式的具体形式，而基函数的选择可以非常灵活。常见的基函数包括谐波函数、多项式函数、径向基函数和移动最小二乘函数等。本节只选取一种基函数进行说明，即第一类 Chebyshev 多项式。下文的所有讨论均基于这一基函数。为行文方便，我们将下文中所有使用 Chebyshev 多项式的方法都称为 CLIC 方法。对应于算法一、二、三，我们提出了 CLIC-1、CLIC-2 和 CLIC-3。

使用第一类 Chebyshev 函数作为基函数，可以将估计函数表示为

$$u_i(\xi) = \sum_{n=0}^{N} \alpha_{in} T_n(\xi), \ \xi = \frac{2t - (t_i + t_{i+1})}{t_{i+1} - t_i}$$

其中，$T_n(\xi)$ 表示第 n 阶 Chebyshev 多项式；ξ 为无量纲化的时间尺度，目的是使得 Chebyshev 函数被定义在 $-1 \leqslant \xi \leqslant 1$ 这一有效区间上。

第一类 Chebyshev 多项式可以由如下的迭代关系得到：

$$T_0(\xi) = 1, \ T_1(\xi) = \xi, \ T_{n+1}(\xi) = 2\xi T_n(\xi) - T_{n-1}(\xi)$$

或者由三角函数得到

$$T_n(\xi) = \cos[n\arccos(\xi)], \ -1 \leqslant \xi \leqslant 1$$

$T_n(\xi)$ 的微分可以由 Chebyshev 多项式的性质得到，或者可以简单地由下式

推导：

$$\begin{cases} LT_n(\xi) = \dfrac{n\sin[n\arccos(\xi)]}{\sqrt{1-\xi^2}} \\ LT_n(\xi)\mid_{\xi=\pm 1} = (\pm 1)^{n+1}n^2 \end{cases}$$

对于高阶的 Chebyshev 多项式微分，可以通过软件 Mathematica 计算得到。利用 Chebyshev 多项式的性质，其积分可以通过下式计算：

$$\int T_n(\xi)\,\mathrm{d}\xi = \frac{1}{2}\left(\frac{T_{n+1}}{n+1} - \frac{T_{n-1}}{n-1}\right)$$

为了得到更好的估计解，可以将配点选取为 Chebyshev - Gauss - Lobatto (CGL) 节点，其计算方法如下：

$$\xi_m = \cos[(m-1)\pi/(M-1)],\ m = 1,\ \cdots,\ M$$

7.5.1 Duffing 方程

考虑如下受迫 Duffing 方程：

$$\ddot{x} + c\dot{x} + k_1 x + k_2 x^3 = f\cos(\omega t),\ x(0) = a,\ \dot{x}(0) = b \tag{7-47}$$

该系统可以表示为两个一阶微分方程：

$$\begin{cases} \dot{x}_1 = x_2 \\ \dot{x}_2 = -cx_2 - k_1 x_1 - k_2 x_1^3 + f\cos(\omega t) \end{cases} \tag{7-48}$$

其中的变量和非线性项为

$$\boldsymbol{x} = [x_1 \quad x_2]^{\mathrm{T}},\ \boldsymbol{F}(\boldsymbol{x},\ t) = [x_2 \quad -cx_2 - k_1 x_1 - k_2 x_1^3 + f\cos(\omega t)]^{\mathrm{T}}$$

对应的雅可比矩阵为

$$\boldsymbol{J}(\boldsymbol{x},\ t) = \partial \boldsymbol{F}(\boldsymbol{x},\ t)/\partial \boldsymbol{x} = \begin{bmatrix} 0 & 1 \\ -k_1 - 3k_2 x_1^2 & -c \end{bmatrix}$$

下文将使用 CLIC 方法对这一 Duffing 方程进行求解，包括 CLIC - 2 方法的零阶和一阶方法。在每个局部子区间中，CLIC 方法的收敛条件都被设置为 $\| \boldsymbol{U}_n - \boldsymbol{U}_{n+1} \| \leqslant 10^{-12}$。在得到的数值结果中，ode45 方法的解被作为衡量计算

误差的标准。ode45 方法的相对误差及绝对误差被设置为 10^{-15}。通过 CLIC 方法和 ode45 方法获得的混沌运动的相平面图及时间响应曲线如图 7-1 所示。在 CLIC 方法中,局部子区间的长度被设置为 $\Delta t = 2$,所使用的基函数个数及配点个数为 $N = M = 32$。通过观察结果可以看出,两种方法所得到的数值解即使在 $t > 200$ 之后仍然完全吻合。作为比较,我们使用四阶 Runge-Kutta 方法进行求解,其计算步长为 0.001。CLIC 及四阶 Runge-Kutta 方法的计算误差如图 7-2 所示。

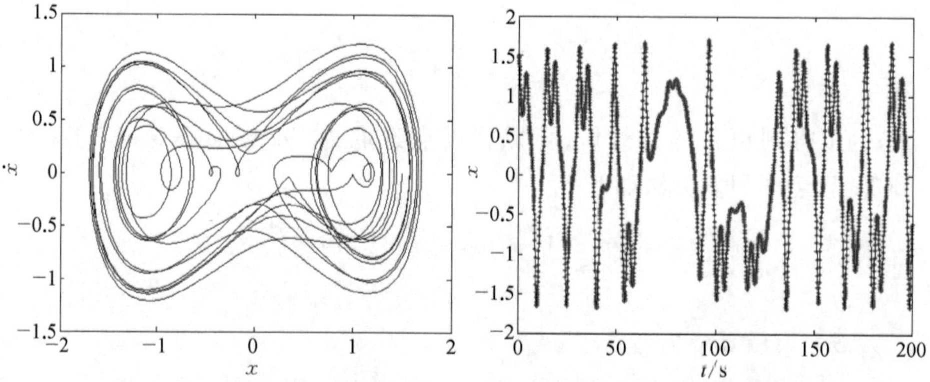

(a) CLIC和ode45得到的相平面图　　(b) CLIC(点线)和ode45(实线)得到的响应曲线

图 7-1 Duffing 方程计算结果曲线

如图 7-2 所示,CLIC 方法的精度非常高。尽管这一类方法所使用的计算步长为 Runge-Kutta 方法的 2 000 倍,其计算误差反而比 Runge-Kutta 方法低了 5 个数量级。通过在估计函数中使用更多的 Chebyshev 函数,或者缩短计算步长,可以进一步提高 CLIC 方法的计算精度。

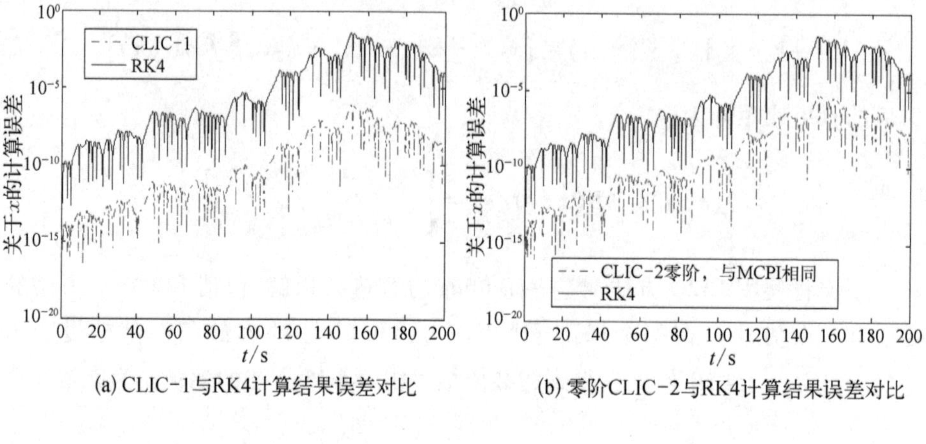

(a) CLIC-1与RK4计算结果误差对比　　(b) 零阶CLIC-2与RK4计算结果误差对比

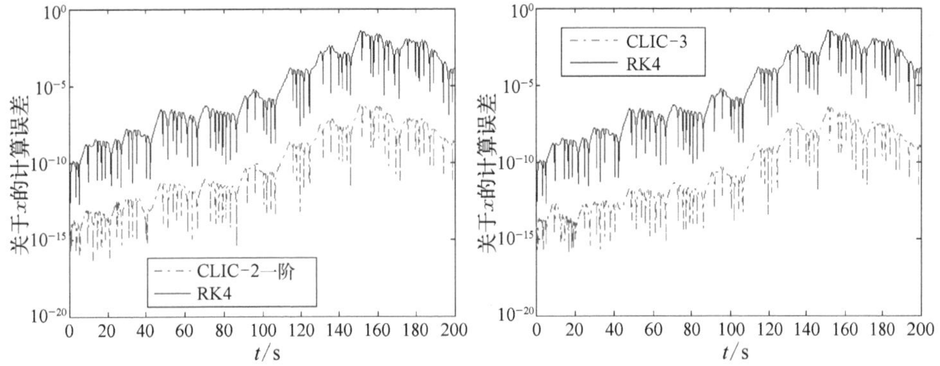

(c) 一阶CLIC-2与RK4计算结果误差对比　　(d) CLIC-3与RK4计算结果误差对比

图 7-2　CLIC、四阶 Runge-Kutta 方法的数值结果对比

为了对本节提出的方法做出合理的评估，图 7-3 及表 7-3 中对各个方法的计算指标，包括计算时间、迭代步数和最大计算误差进行了对比。可以看出在这些方法中，CLIC-1 方法收敛速度最快。CLIC-2 的一阶方法和 CLIC-3 的收敛速度和计算时间基本相同。由图 7-3 可以看出，CLIC-2 零阶方法，也就是修正 Chebyshev-Picard 迭代方法的迭代步数约为 CLIC-3 和 CLIC-2 一阶方法的两倍，约是 CLIC-1 方法的四倍。相比于四阶 Runge-Kutta 方法，CLIC-1 和 CLIC-2 在各方面都更有优势，特别是 CLIC-1 方法。其他两种方法（CLIC-2 一阶方法和 CLIC-3 方法）具有很高的计算精度，但是计算时间略长于四阶 Runge-Kutta 方法。

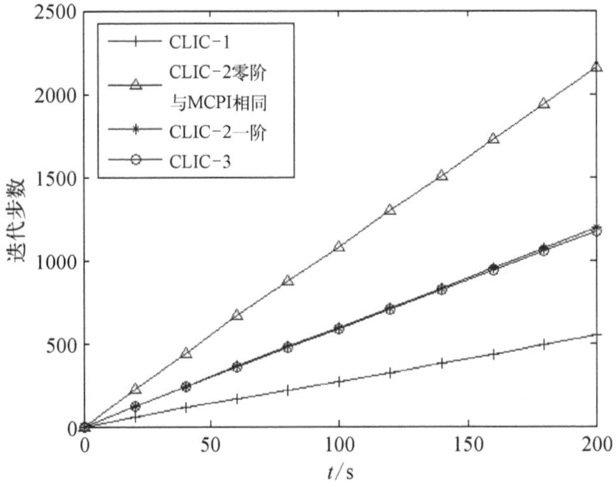

图 7-3　CLIC 方法的迭代步数

表 7-3 CLIC、四阶 Runge-Kutta 方法、ode45 的计算效率及精度对比(Duffing 系统)

方 法	CLIC-1	CLIC-2 零阶方法	CLIC-2 一阶方法	CLIC-3	RK4	ode45
迭代步数	546	2 159	1 195	1 174	200 000	188 625
计算时间/s	0.389 253	0.713 563	1.315 920	1.160 566	0.814 100	3.705 868
最大计算误差	7.602×10^{-7}	5.178×10^{-6}	7.006×10^{-7}	3.414×10^{-7}	0.037 61	—

7.5.2 Lorenz 方程

该系统为三维常微分方程组：

$$\begin{cases}\dot{x} = \sigma(y - x) \\ \dot{y} = rx - y - xz \\ \dot{z} = -bz + xy\end{cases} \tag{7-49}$$

其中,非线性项为 $\boldsymbol{F}(x, y, z, t) = [\sigma(y - x) \quad rx - y - xz \quad -bz + xy]^{\mathrm{T}}$, 且对应的雅可比矩阵为

$$\boldsymbol{J} = \begin{bmatrix} -\sigma & \sigma & 0 \\ r - z & -1 & -x \\ y & x & -b \end{bmatrix}$$

通过使用 CLIC 方法和 ode45 方法,我们得到了如图 7-4 所示的混沌相平面图和时间响应曲线。在仿真过程中,CLIC 方法的计算步长为 $\Delta t = 0.2$, 所选取

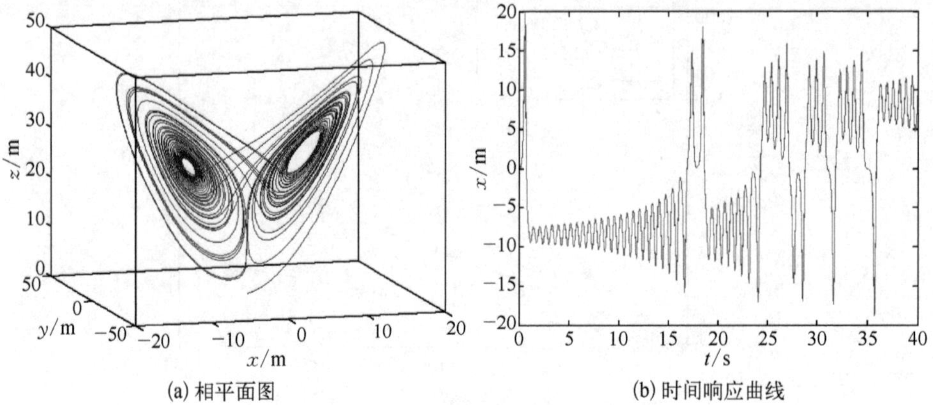

(a) 相平面图 (b) 时间响应曲线

图 7-4 Lorenz 方程计算结果曲线

的基函数和配点个数为 $N=M=32$，仿真时间区间为[0, 40]。为了进行对比，四阶 Runge－Kutta 方法也被用于求解该方程，其计算步长被设置为 0.000 1。在仿真过程中以上方法的计算误差如图 7－5 所示。

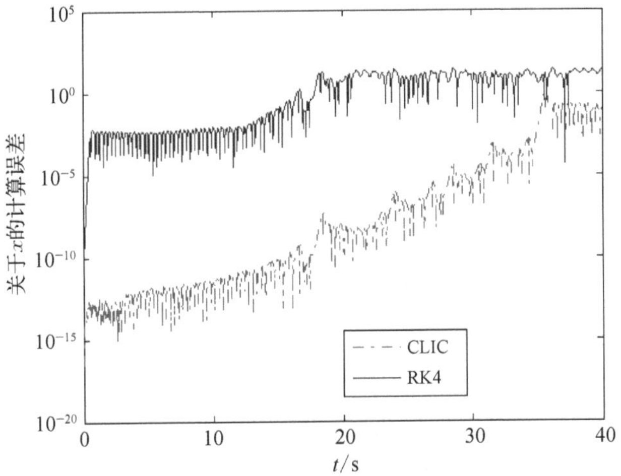

图 7－5　CLIC 方法、四阶 Runge－Kutta 方法数值结果对比

由于三种 CLIC 方法得到数值结果的计算误差大致相同，因此在图 7－5 中只给出了一组结果。从图 7－5 可以看出，四阶 Runge－Kutta 方法得到的解在时间 $t=20$ s 处就已经开始明显偏离 ode45 的解，而 CLIC 方法和 ode45 方法的计算结果几乎完全吻合，直到仿真结束 $t=40$ s。由此可以看出，CLIC 方法的误差积累速度远远低于四阶 Runge－Kutta 方法。

考虑到混沌系统对于当前状态的敏感性，任意小的状态扰动都可能导致仿真结果出现显著的偏差。由于在混沌系统中，Lyapunov 指数为正值，因此任意相邻的两条运动轨迹在经过一段时间的运动之后都会发散，且发散呈指数级增长。因此，一般方法的计算误差在求解混沌问题时会快速积累。综合以上考虑，图 7－5 所给出的结果说明 CLIC 方法具有非常高的精度。

图 7－6 和表 7－4 进一步验证了上文对受迫 Duffing 振子的分析结果。总体来说，CLIC－1 方法计算速度最快，CLIC－3 方法的计算精度最高。此外，在 Lorenz 系统的仿真计算中，CLIC－2（一阶方法）和 CLIC－3 方法之间的差别很小，与 Duffing 方程的仿真情况一致。表 7－4 说明 CLIC 方法相对于 ode45 方法能够节约 77%的计算时间，同时 CLIC 方法的计算步长为 ode45 方法的 1 000 倍，是四阶 Runge－Kutta 方法的 2 000 倍。

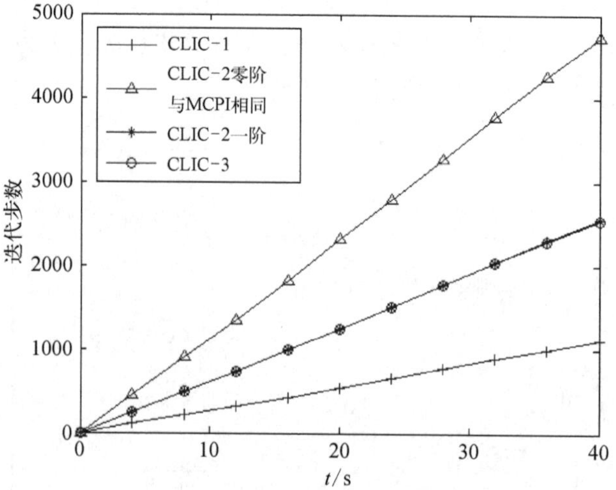

图 7-6 CLIC 方法的迭代步数

表 7-4 CLIC、四阶 Runge-Kutta 方法、ode45 的计算效率对比(Lorenz 系统)

方法	CLIC-1	CLIC-2 零阶方法	CLIC-2 一阶方法	CLIC-3	RK4	ode45
平均步长	0.2	0.2	0.2	0.2	1×10^{-4}	1.6×10^{-4}
计算时间/s	1.118 140	2.037 919	3.854 775	3.639 701	1.529 091	4.847 664

7.5.3 耦合 Duffing 方程

上文对受迫 Duffing 方程和 Lorenz 系统的分析,已经说明 CLIC 方法能够用于预测混沌运动。通过对三个耦合的 Duffing 系统进行仿真计算,我们发现 CLIC 方法也能够用于预测暂态混沌现象。

耦合 Duffing 振子的系统方程如下所示:

$$\begin{cases} m\ddot{x}_1 + Vx_1^3 + c\dot{x}_1 - V(x_2 - x_1)^3 - c(\dot{x}_2 - \dot{x}_1) = P\cos(\omega t) \\ m\ddot{x}_2 + V(x_2 - x_1)^3 + c(\dot{x}_2 - \dot{x}_1) - K_l(x_3 - x_2) = 0 \\ m\ddot{x}_3 + Vx_3^3 + c\dot{x}_3 + K_l(x_3 - x_2) = 0 \end{cases} \tag{7-50}$$

式(7-50)可以进一步表示为自治的一阶常微分方程组:

$$\begin{cases}\dot{y}_1 = y_2 \\ \dot{y}_2 = B\cos y_3 - ky_2 - y_1^3 + (y_4 - y_1)^3 + k(y_5 - y_2) \\ \dot{y}_3 = \omega \\ \dot{y}_4 = y_5 \\ \dot{y}_5 = k_c(y_6 - y_4) - k(y_5 - y_2) - (y_4 - y_1)^3 \\ \dot{y}_6 = y_7 \\ \dot{y}_7 = -k_c(y_6 - y_4) - y_6^3 - ky_7\end{cases} \tag{7-51}$$

其中，$k = c/m$；$k_c = K_l/m$；$B = P/m$。

在仿真过程中，我们发现当系统参数设置为 $k = 0.05$，$k_c = 10$，$\omega = 1$，$B = 18$ 时，该系统将会出现暂态混沌现象。

相比于混沌，暂态混沌运动在一段比较长的时间表现得与混沌类似，运动具有不规则性，然而在之后的一段时间内则很有可能进入稳态周期或者伪周期运动。由于在暂态混沌中，不规则运动占据的时间往往比一般的暂态运动要长得多，因此很难判断一个系统的运动究竟是暂态混沌还是混沌本身。虽然 Lyapunov 指数可以作为判断的一个指标，但是其计算比较复杂，且其中伴随着计算误差。相对而言最为直接的方法就是对该系统做足够长时间的仿真计算并观察时间响应曲线。然而，一般的时间积分方法如四阶 Runge - Kutta 方法，在不规则的暂态运动阶段很有可能会因为积分误差的快速积累而出现发散。这种情况下，仿真结果将表现得如同真实的混沌运动，而这必然导致对非线性系统动力学特性的错误判断。

使用 CLIC 方法和四阶 Runge - Kutta 方法得到的仿真结果如图 7 - 7 和图 7 - 8 所示，其中 ode45 方法的数值结果被用来作为参考解。在仿真过程中 CLIC 方法的步长被设置为 $\Delta t = 0.5$，而四阶 Runge - Kutta 方法的步长为 $\Delta t = 0.001$。在 CLIC - 1、CLIC - 2、CLIC - 3 方法中所使用的 Chebyshev 函数的个数分别为 21、25 和 21。如图 7 - 7 所示，数值仿真结果说明 CLIC 方法和 ode45 方法的计算结果十分吻合。对暂态运动末端的局部放大图进一步说明 CLIC 方法具有很高的计算精度，足以得到真实的暂态混沌运动时间响应曲线。作为对比，从图 7 - 8 中看出，使用四阶 Runge - Kutta 方法得到的结果类似混沌运动，并没有出现稳态运动。从图 7 - 7 的局部方法图可以看到，尽管四阶 Runge - Kutta 方法和 ode45 方法的结果在一开始是一致的，但是在暂态运动快要结束时，二者出现了明显的偏差。为了检验这一结果，我们尝试使用其他更长或更短的计算步长进行四阶 Runge - Kutta 方法的仿真。在 MATLAB 软件中，所有使用四阶 Runge - Kutta 方法的仿真结果都不能得到暂态混沌现象。

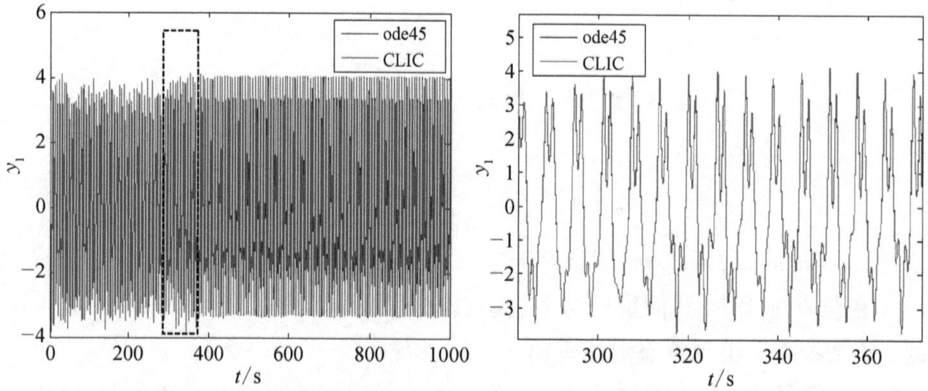

(a) ode45方法和CLIC方法得到的暂态混沌运动　(b) ode45方法和CLIC方法计算结果局部放大图

图 7 - 7　ode45 与 CLIC 方法对耦合 Duffing 方程计算结果比较

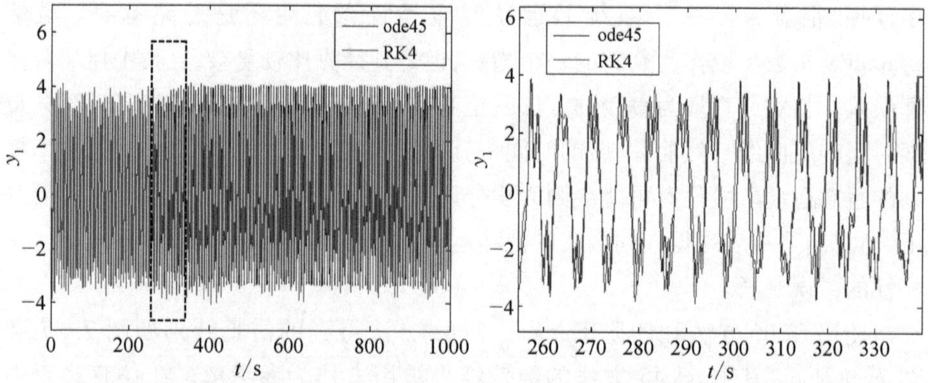

(a) ode45与RK4方法得到的暂态混沌运动　(b) ode45与RK4方法计算结果局部放大图

图 7 - 8　ode45 与 RK4 方法对耦合 Duffing 方程计算结果比较

图 7 - 9 是 CLIC 方法和四阶 Runge - Kutta 方法的计算结果相对于 ode45 方法的计算结果的偏差。从图中可以看出 CLIC 方法得到的结果从一开始就比四阶 Runge - Kutta 方法更接近 ode45 方法。虽然 CLIC 和 ode45 方法之间的计算偏差随着时间不断增长，但是在这两种方法之间一直没有出现明显的偏差。此外，虽然 ode45 方法的结果被用作参考解，但是并不意味着 ode45 方法的解是绝对精确地。事实上，通过对一个简单的二体问题进行仿真，我们发现在 ode45 方法和 CLIC 方法的计算结果中，由 CLIC 方法的结果得到的总体能量计算误差比

ode45 方法得到的更小。因此,在图 7 - 9 中 CLIC 方法和 ode45 方法之间不断增大的计算偏差并不能反映 CLIC 方法的真实计算误差。

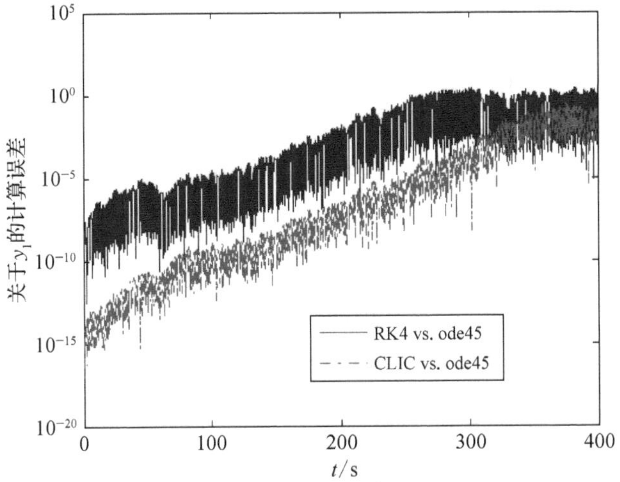

图 7 - 9　CLIC、四阶 Runge - Kutta、ode45 方法的计算结果偏差

表 7 - 5 对各种方法的计算效率进行简单的呈现。从中可以看出,ode45 方法的迭代步数大约是 CLIC 方法的 100 ~ 400 倍。如果仅仅考虑平均计算步长,那么 CLIC 的计算步长为 ode45 方法的大约 2 000 倍。表 7 - 5 也说明相对于 ode45 方法,CLIC 方法能够节约大概 89%的计算时间。由于四阶 Runge - Kutta 方法不能准确地预测暂态混沌现象,因此对其计算步长和计算时间未做记录。

表 7 - 5　CLIC 方法、四阶 Runge - Kutta 方法、ode45 方法的计算性能指标

方　法	CLIC1	CLIC2 零阶方法	CLIC2 一阶方法	CLIC3	RK4	ode45
迭代步数	4 034	16 955	9 173	9 076	—	1 633 501
计算时间/s	6.2	26.7	15.4	10.6	—	59.5

7.6　本章小结

本章提出了局部变分迭代配点法。虽然局部变分迭代法能够求解强非线性动力学方程,但是其应用时需对系统的泛函求变分,涉及大量复杂符号运算,不利于方法推广应用。因此,本章针对系统泛函变分做进一步简化处理,推导了三类实用的计算方法:算法一不包含拉格朗日乘子,算法二使用多项式估计拉格朗日乘子,算法三使用指数函数估计拉格朗日乘子。三类算法的弱形式能够通过加权残余法得到。通过使用 Chebyshev 函数作为估计函数,可以得到配点形式的迭代计算方法,即 CLIC－1、CLIC－2 和 CLIC－3 方法。通过推导看出,CLIC－2的零阶方法就是修正 Chebyshev-Picard 迭代方法。

求解了受迫 Duffing 振子、Lorenz 系统和三阶耦合 Duffing 振子等非线性系统,证明 CLIC 方法计算精度和效率远高于高阶 Runge－Kutta 法。计算结果说明,CLIC 方法在保证计算精度的同时,能够节约大量计算时间。

总之,本章所提出的方法具有很高的计算精度和效率,能够求解强非线性系统的长期动态响应。对 CLIC 算法简单改进,还能够将其应用到边界值问题的求解中,将在第 8 章中举例说明。

参考文献

[1] Atluri S N. Methods of Computer Modeling in Engineering & the Sciences, Volume I [M]. Forsyth: Tech Science Press, 2005.

[2] Liu C S, Yeih W, Kuo C L, et al. A scalar homotopy method for solving an over/under determined system of non-linear algebraic equations [J]. Computer Modeling in Engineering and Sciences, 2009, 53 (1): 47－71.

第 8 章

局部法及其典型应用

8.1 引言

第 6 章与第 7 章介绍了局部变分迭代法及其衍生的三种迭代计算形式，8.2 节将以二元机翼振动响应计算为例，利用经典的局部计算方法——Runge－Kutta 方法（RK 方法）对其进行求解，并介绍一类适用于求解非线性动力学系统混沌响应的 RK4－Henon 方法。在二元机翼振动响应求解过程中，Runge－Kutta 方法的结果计算精度对计算步长十分敏感，利用该方法实现系统响应的高精度计算需要较小的计算步长，而这将极大限制计算效率。8.3 节结合具体例子，介绍局部变分迭代配点法及其典型应用，在针对实例的数值计算结果中，局部变分迭代配点法可以克服 Runge－Kutta 方法过度依赖小步长计算的缺陷，在相同计算精度下其容许计算步长远高于 Runge－Kutta 方法，具有更高的计算效率。为了进一步提高局部变分迭代配点法计算效率，避免局部过度计算，8.4 节引入变步长策略，介绍变步长局部变分迭代配点法。8.5 节引入拟线性化思想，从而将局部变分迭代配点法的适用范围拓展到两点边值问题。最后通过求解轨道转移 Lambert 问题及三体轨道转移问题，展示局部变分迭代法在实际航天工程问题中的应用。

8.2 Runge－Kutta 方法

四阶 Runge－Kutta 方法作为典型的局部数值积分求解算法，可用来研究系统的复杂响应，而各种近似解析法只能研究极限环等周期响应。这是因为，对于所有类型的近似解析解,其本质思想都是寻求一组合理的周期函数(一般为三角函数)来近似系统的运动,因此,其解的形式无法描述复杂混沌响应。与近似解析法(如谐波平衡法[1]、摄动法[2]、时域配点法[3-5])相比,RK4 使用方便,但 RK4 只能处理光滑非线性动力学系统,当系统含有间隙非线性时,会产生较大系统误差[6, 7]。本节以二元机翼模型振动问题为例,展示 Runge - Kutta 方法求解微分方程的相关过程,针对 Runge - Kutta 方法在处理含有间隙非线性系统时产生较大误差的问题,我们将介绍一种改进的 RK4 - Henon 方法。

8.2.1 二元机翼振动的数学模型

图 8 - 1 是含有俯仰和沉浮两自由度的二元机翼振动模型。沉浮用 h 表示,规定向下为正方向。关于弹性轴的俯仰用 α 表示,规定向上仰为正方向。弹性轴距翼型中心的距离为 $a_h b$,质心离弹性轴的距离为 $x_\alpha b$;两个距离的正方向指向机翼后缘。

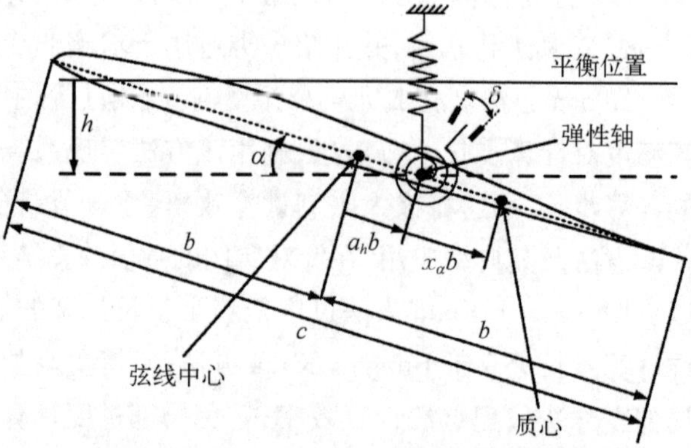

图 8 - 1 间隙非线性二元机翼模型示意图

与 3.2 节类似,考虑俯仰和沉浮的结构非线性,该系统的无量纲方程可以改写成如下形式:

$$\ddot{\xi} + x_\alpha \ddot{\alpha} + 2\zeta_\xi \frac{\bar{\omega}}{U^*}\dot{\xi} + \left(\frac{\bar{\omega}}{U^*}\right)^2 G(\xi) = -\frac{1}{\pi\mu}C_L(\tau) \tag{8-1}$$

$$\frac{x_\alpha}{r_\alpha^2}\ddot{\xi} + \ddot{\alpha} + 2\zeta_\alpha \frac{1}{U^*}\dot{\alpha} + \left(\frac{1}{U^*}\right)^2 M(\alpha) = \frac{2}{\pi\mu r_\alpha^2}C_M(\tau) \tag{8-2}$$

其中,$\xi = h/b$ 是无量纲沉浮量;(·)表示对无量纲时间 τ 的导数,其中 $\tau = Ut/b$;

U^* 为无量纲速度,定义为 $U^* = U/(b\omega_\alpha)$;$\bar{\omega} = \omega_\xi/\omega_\alpha$,其中 ω_ξ 和 ω_α 分别是不耦合方程沉浮和俯仰自由度的固有频率;ζ_ξ 和 ζ_α 是阻尼比;r_α 为绕弹性轴的转矩;$M(\alpha)$ 和 $G(\xi)$ 分别是俯仰和沉浮自由度的非线性项,本节中沉浮自由度是线性的,而俯仰方向为间隙非线性的,即

$$G(\xi) = \xi \tag{8-3}$$

$$M(\alpha) = \begin{cases} M_0 + \alpha - \alpha_f, & \alpha < \alpha_f \\ M_0 + M_f(\alpha - \alpha_f), & \alpha_f \leqslant \alpha \leqslant \alpha_f + \delta \\ M_0 + \alpha - \alpha_f + \delta(M_f - 1), & \alpha > \alpha_f + \delta \end{cases} \tag{8-4}$$

式(8-4)一般称为双线性非线性,见示意图 8-2(a)。令间隙部分的刚度 M_f 为零,双线性即退化为间隙非线性。很多研究中会令 $M_0 = 0$, $\alpha_f = -\dfrac{1}{2}\delta$, 这样得到的是更特殊的间隙非线性,见图 8-2(b)。

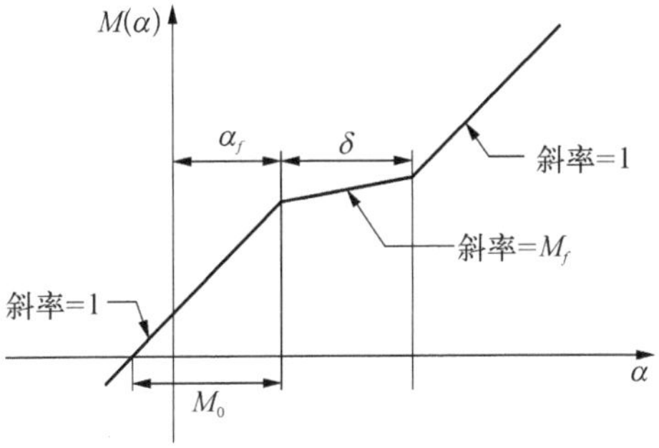

(a) 双线性非线性

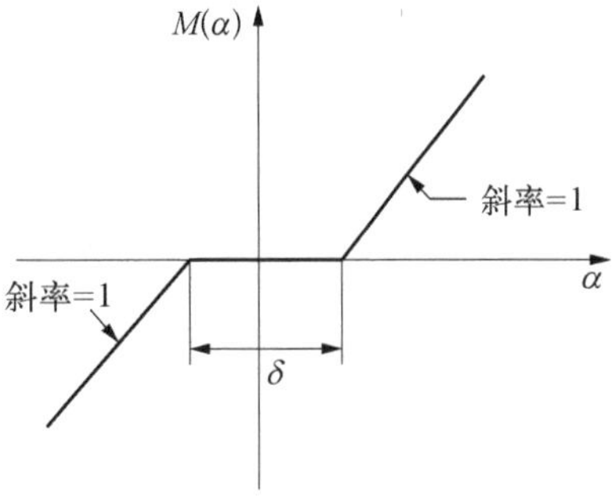

(b) 间隙非线性

图 8-2　双线性非线性及间隙非线性示意图

本章研究的间隙非线性,也令 $\alpha_f = -\dfrac{1}{2}\delta$, 即只要求间隙对称。其中 β 和 γ 为非线性项系数。$C_L(\tau)$ 和 $C_M(\tau)$ 是线性气动力和气动力矩:

$$\begin{aligned} C_L(\tau) = {} & \pi(\ddot{\xi} - a_h\ddot{\alpha} + \dot{\alpha}) + 2\pi\left[\alpha(0) + \dot{\xi}(0) + \left(\frac{1}{2} - a_h\right)\dot{\alpha}(0)\right]\phi(\tau) \\ & + 2\pi\int_0^\tau \phi(\tau - \sigma)\left[\dot{\alpha}(\sigma) + \ddot{\xi}(\sigma) + \left(\frac{1}{2} - a_h\right)\ddot{\alpha}(\sigma)\right]\mathrm{d}\sigma \end{aligned} \tag{8-5}$$

$$C_M(\tau) = \pi\left(\frac{1}{2} + a_h\right)\left\{\alpha(0) + \dot{\xi}(0) + \left(\frac{1}{2} - a_h\right)\dot{\alpha}(0)\right\}\phi(\tau)$$

$$+\frac{\pi}{2}(\ddot{\xi}-a_h\ddot{\alpha})-\frac{\pi}{16}\ddot{\alpha}-\left(\frac{1}{2}-a_h\right)\frac{\pi}{2}\dot{\alpha}$$

$$+\pi\left(\frac{1}{2}+a_h\right)\int_0^\tau\phi(\tau-\sigma)\left[\dot{\alpha}(0)+\ddot{\xi}(\alpha)+\left(\frac{1}{2}-a_h\right)\ddot{\alpha}(\sigma)\right]\mathrm{d}\sigma \tag{8-6}$$

其中,Wagner 函数 $\phi(\tau)$ 为

$$\phi(\tau)=1-\psi_1\mathrm{e}^{-\epsilon_1\tau}-\psi_2\mathrm{e}^{-\epsilon_2\tau} \tag{8-7}$$

使用文献[6]中的积分变换:

$$\begin{aligned}y_1=&\psi_1\mathrm{e}^{-\epsilon_1\tau}\left[\dot{\xi}(0)+\left(\frac{1}{2}-a_h\right)\dot{\alpha}(0)+\alpha(0)\right]\\&+\int_0^\tau\psi_1\mathrm{e}^{-\epsilon_1(\tau-\sigma)}\left[\ddot{\xi}(\sigma)+\left(\frac{1}{2}-a_h\right)\dot{\alpha}(\sigma)+\dot{\alpha}(\sigma)\right]\mathrm{d}\sigma\end{aligned} \tag{8-8}$$

$$\begin{aligned}y_2=&\psi_2\mathrm{e}^{-\epsilon_2\tau}\left[\dot{\xi}(0)+\left(\frac{1}{2}-a_h\right)\dot{\alpha}(0)+\alpha(0)\right]\\&+\int_0^\eta\psi_2\mathrm{e}^{-\epsilon_2(\tau-\sigma)}\left[\ddot{\xi}(\sigma)+\left(\frac{1}{2}-a_h\right)\dot{\alpha}(\sigma)+\dot{\alpha}(\sigma)\right]\mathrm{d}\sigma\end{aligned} \tag{8-9}$$

则 $C_L(\tau)$ 和 $C_M(\tau)$ 可表示为

$$C_L(\tau)=\pi[\ddot{\xi}-a_h\ddot{\alpha}+2\dot{\xi}+2(1-a_h)\dot{\alpha}+2\alpha-2y_1-2y_2] \tag{8-10}$$

$$\begin{aligned}C_M(\tau)=&\frac{\pi}{2}\Big[a_h\ddot{\xi}-\left(\frac{1}{8}+a_h^2\right)\ddot{\alpha}+(1+2a_h)\dot{\xi}\\&+a_h(1-2a_h)\dot{\alpha}+(1+2a_h)\alpha-(1+2a_h)y_1-(1+2a_h)y_2\Big]\end{aligned} \tag{8-11}$$

由于系统中引入了 y_1、y_2 两个变量,因此需要补充相应的方程。

令式(8-8)和式(8-9)对 τ 求导得

$$\dot{y}_1=-\epsilon_1y_1+\psi_1\left[\ddot{\xi}(\tau)\left(\frac{1}{2}-a_h\right)\ddot{\alpha}(\tau)+\dot{\alpha}(\tau)\right] \tag{8-12}$$

$$\dot{y}_2=-\epsilon_2y_2+\psi_2\left[\ddot{\xi}(\tau)\left(\frac{1}{2}-a_h\right)\ddot{\alpha}(\tau)+\dot{\alpha}(\tau)\right] \tag{8-13}$$

方程(8-12)和方程(8-13)即为关于 y_1、y_2 的补充方程。

为了获得一阶微分方程的形式，引入 $x_1=\alpha$, $x_2=\dot{\alpha}$, $x_3=\xi$, $x_4=\dot{\xi}$, $x_5=y_1$, $x_6=y_2$, 推导出：

$$\begin{cases}\dot{x}_1=x_2\\ \dot{x}_2=a_{21}x_1+a_{22}x_2+a_{23}x_3+a_{24}x_4+a_{25}x_5+a_{26}x_6+m_2M(x_1)\\ \dot{x}_3=x_4\\ \dot{x}_4=a_{41}x_1+a_{42}x_2+a_{43}x_3+a_{44}x_4+a_{45}x_5+a_{46}x_6+m_4M(x_1)\\ \dot{x}_5=a_{51}x_1+a_{52}x_2+a_{53}x_3+a_{54}x_4+a_{55}x_5+a_{56}x_6+m_5M(x_1)\\ \dot{x}_6=a_{61}x_1+a_{62}x_2+a_{63}x_3+a_{64}x_4+a_{65}x_5+a_{66}x_6+m_6M(x_1)\end{cases} \tag{8-14}$$

其中，系数可由本章附录 1 获得，a_{23}、a_{43}、a_{53}、a_{63} 分别对应本章附录中的 g_2、g_4、g_5、g_6。

8.2.2　Henon 法

由于间隙切换点的存在，切换点两侧分属两个不同子系统。因此，使用数值积分仿真时应该精确地找到切换点，并在切换点处切换子系统。但是，传统数值积分法，如 RK4 法，无法自动完成切换过程，只能在下一个积分步的起始点进行状态判断，完成切换过程，这样会导致数值误差。为了获得切换点，直观的办法就是进行线性插值，即在跨越前后两个积分点进行多次插值以便预测切换点的位置。这种方法虽然直观但是精度不高且效率低。

为了判断某一状态坐标(比如取 $x1$)穿越给定值的精确位置，Henon[8] 提出了一种新方法，其具体思路如下：① 数值积分所研究动力学系统直到跨越给定边界；② 获得进入下一子系统的穿越距离；③ 将原来以 τ 为自变量的系统变换为以 x_1 为自变量的系统；④ 以 x_1 的穿越距离为步长，往回一步积分即可精确找到切换点。以本章二元机翼模型为例，方程(8-14)可写成状态空间形式：

$$\frac{\mathrm{d}}{\mathrm{d}\tau}\begin{bmatrix}x_1\\x_2\\ \vdots\\x_6\end{bmatrix}=\begin{bmatrix}f_1(\boldsymbol{x})\\f_2(\boldsymbol{x})\\ \vdots\\f_6(\boldsymbol{x})\end{bmatrix} \tag{8-15}$$

Henon 法要求在跨越后进行系统变换，自变量 $\tau\leftrightarrow x_1$。具体方法是，将系统(8-15)的方程除以 $\mathrm{d}x_1/\mathrm{d}\tau=f_1(\boldsymbol{x})$，然后用 $\mathrm{d}\tau/\mathrm{d}x_1=1/f_1(\boldsymbol{x})$ 替换第一个方程。这样得到了以 x_1 为自变量的新系统：

$$\frac{\mathrm{d}}{\mathrm{d}x_1}\begin{bmatrix}\tau\\x_2\\\vdots\\x_6\end{bmatrix}=\begin{bmatrix}1/f_1(\boldsymbol{x})\\f_2(\boldsymbol{x})/f_1(\boldsymbol{x})\\\vdots\\f_6(\boldsymbol{x})/f_1(\boldsymbol{x})\end{bmatrix}\tag{8-16}$$

需要注意的是,新系统只在跨越时使用一次。确定切换点后,使用 RK4 从切换点开始积分以 τ 为自变量系统,直到下一跨越出现。

8.2.3 算例与分析

图 8-3 为对称间隙非线性示意图,其中 $\alpha_f=-0.5\delta$, 表示间隙被 y 轴平分。影响间隙非线性的因素有间隙 δ 、预载 M_0 和间隙段刚度 M_f。 表 8-1 中有三组系统参数,其中 Case1 选自文献[9],其对应的线性颤振值为 $U_L^*=6.285\,1$。

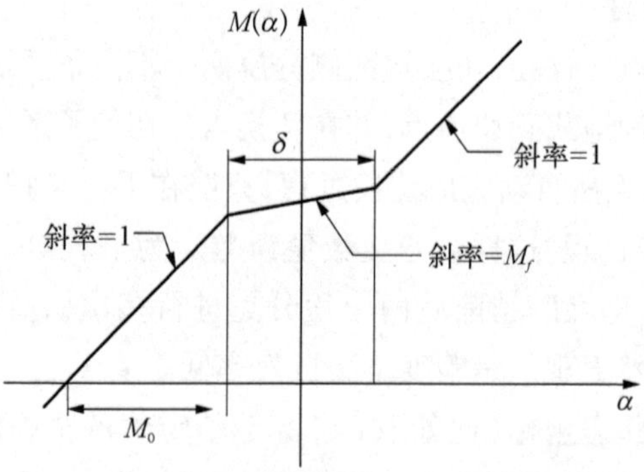

图 8-3 对称间隙非线性示意图

表 8-1 三组系统参数

参数	Case1	Case2
a_h	−0.5	−0.5
$\overline{\omega}$	0.2	0.2
μ	100	100
x_α	0.25	0.25
r_α	0.5	0.5
ζ_α	0	0
ζ_ξ	0	0
M_0	−0.002 5°	0
M_f	0.01	0

（续表）

参　数	Case1	Case2
δ	0.5°	0.5°
α_f	0.25°	-0.5

8.2.4　极限环运动

图 8－4 是在 $U^*/U_L^*=0.6$ 时，使用 RK4－Henon 和 RK4 两种方法得到的时间响应曲线和相平面图。在本章算例中，如无特殊说明，$\Delta\tau=0.1$。由图可见，两种方法的结果是一致的。但是从图 8－4(b) 中的局部放大图看出，在当前分辨率下 RK4 画出的相轨迹是多圈的而 RK4－Henon 的相轨迹是单圈闭合的，这说明 RK4－Henon 的计算精度比 RK4 要高。总的来说，RK4 和 RK4－Henon 都可以较精确地仿真周期响应。

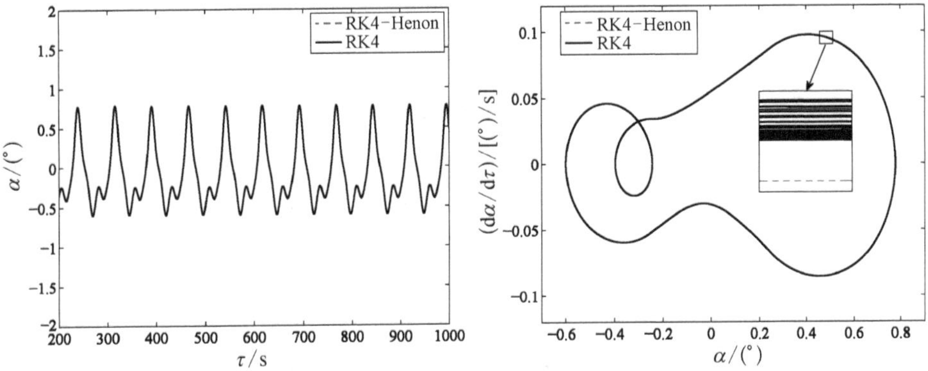

(a) 时间响应曲线　　(b) 相平面图

图 8－4　使用 RK4 和 RK4－Henon 法求得的极限环计算结果

8.2.5　混沌响应

研究完 RK4－Henon 和 RK4 两种方法在周期响应的表现，本小节对比它们在混沌响应中的精度。使用幅值谱图、Poincare 映射图以及最大 Lyapunov 指数等办法判断混沌的存在。Poincare 映射图绘制和最大 Lyapunov 指数的计算方法在文献[10]～[12]中给出。图 8－5 为 $U^*/U_L^*=0.27$ 时的 Poincare 映射图、幅值谱和 LLE 曲线收敛图。由图 8－5(a) 可见，Poincare 映射图是一个由很多点组成的有组织的结构，这个结构预示着混沌响应。图 8－5(b) 则呈现连续的频率谱。图 8－5(c)显示,最大 Lyapunov 指数收敛到 0.009。三个子图均说明当前响应为混沌响应。

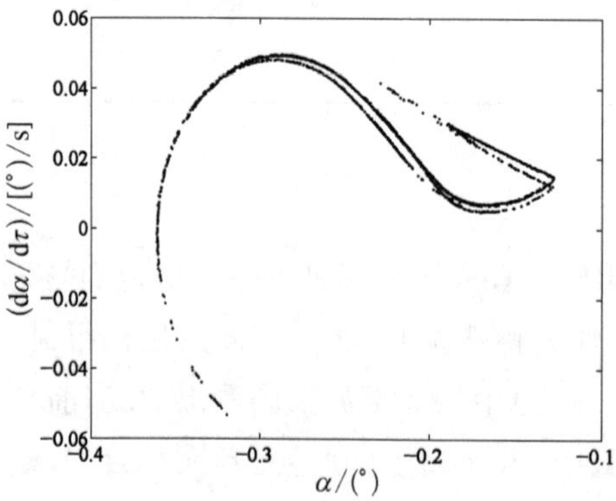

(a) Poincare映射图

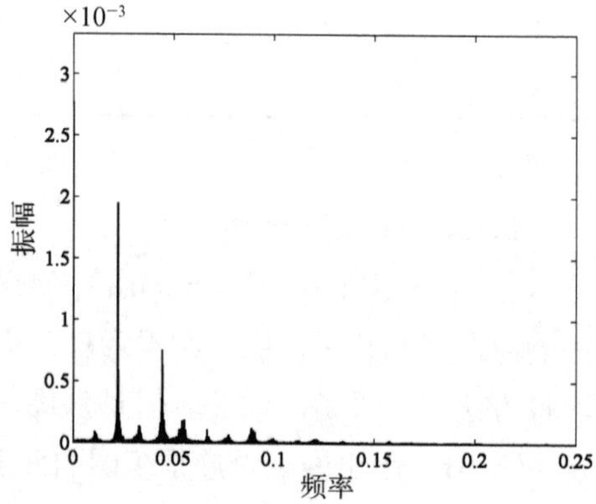

(b) 幅值谱图

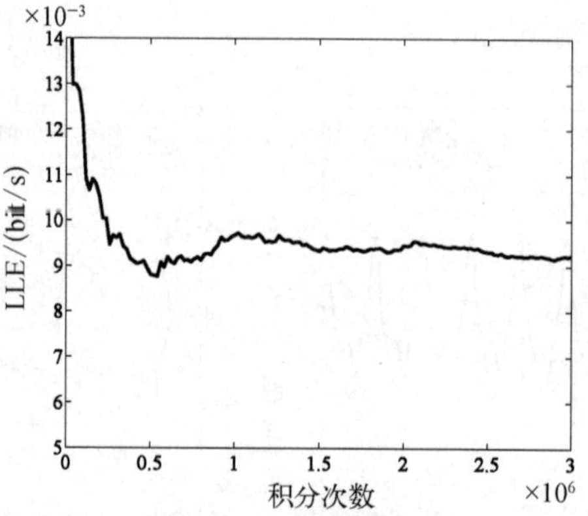

(c) LLE曲线图

图 8－5　$U^*/U_L^* = 0.27$ 时混沌响应计算结果

图 8－6 为 $U^*/U_L^* = 0.27$ 时,使用 RK4－Henon 方法和 RK4 方法得出的时间响应曲线。图 8－6 中的响应曲线截取自混沌响应的某一段。虽然在该段时间内看起来像周期运动,但从图 8－5 可以看出它实际上是混沌响应。图 8－6 表明,减小 RK4 方法的积分步长可以得到与 RK4－Henon 方法更接近的结果。我们知道,缩小积分步长可以提高 RK4 方法的仿真精度,也就是说,RK4 步长为 $\Delta\tau = 0.001$ 时的精度优于 $\Delta\tau = 0.01$ 时,后者又优于 $\Delta\tau = 0.1$。从图 8－6（c）可知,RK4 步长为 $\Delta\tau = 0.001$ 时的仿真结果与 RK4－Henon 方法的结果一致。因此可知,RK4－Henon 步长为 $\Delta\tau = 0.1$ 时的精度优于 RK4 步长取 $\Delta\tau = 0.1$ 和 $\Delta\tau = 0.01$。需要强调的是,对于混沌响应来说,开始阶段一个很小的误差将会导致仿

真结果在较长时间后产生完全不一样的结果。因此，RK4 - Henon 方法是比 RK4 方法优先的选择。

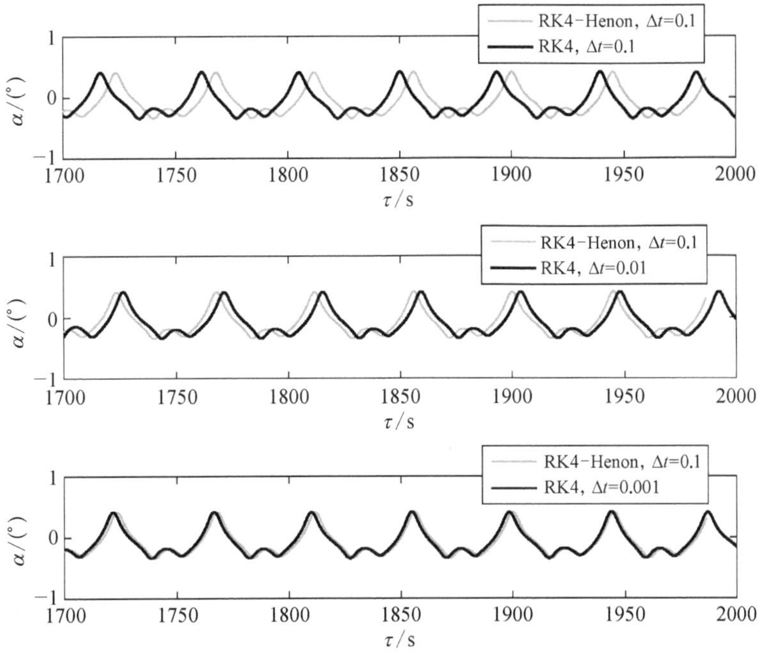

图 8 - 6　U^*/U_L^* = 0.27 时，RK4 - Henon 方法取积分步长 $\Delta\tau$ 为 0.1 和 RK4 方法取步长 $\Delta\tau$ 为 0.1、0.01、0.001 时的结果比较

8.2.6　暂态混沌响应

本节研究 RK4 - Henon 方法与 RK4 方法在暂态混沌响应中的表现。图 8 - 7 是 U^*/U_L^* = 0.3 时，两种方法计算的相平面图、Poincare 图和幅值谱图。宏观上看两种方法的计算结果是大体一致的。图 8 - 7(a)、图 8 - 7(b)和图 8 - 7(c)都表明该系统出现了混沌响应。但仔细观察图 8 - 7(b)会发现一些异常。采用 RK4 - Henon 方法得出的 Poincare 图比采用 RK4 方法得出的 Poincare 图稀疏很多。但两者仿真时间是相同的，所以 RK4 - Henon 的 Poincare 图本不应该这么稀疏。这似乎暗示着，采用 RK4 - Henon 方法得出的 Poincare 图中很多点重复地落在相同的位置。现在我们研究时间响应曲线。图 8 - 8 为 U^*/U_L^* = 0.3 的结果，由图可见，采用 RK4 方法的结果为混沌响应，而采用 RK4 - Henon 方法的结果经历了长时间暂态混沌后进入周期。为了进一步分析，图 8 - 9 给出了除

去前 1.5×10^4 s 后的相平面轨迹和 Poincare 图。图 8-9(a)和图 8-9(b)都说明该响应是周期的。

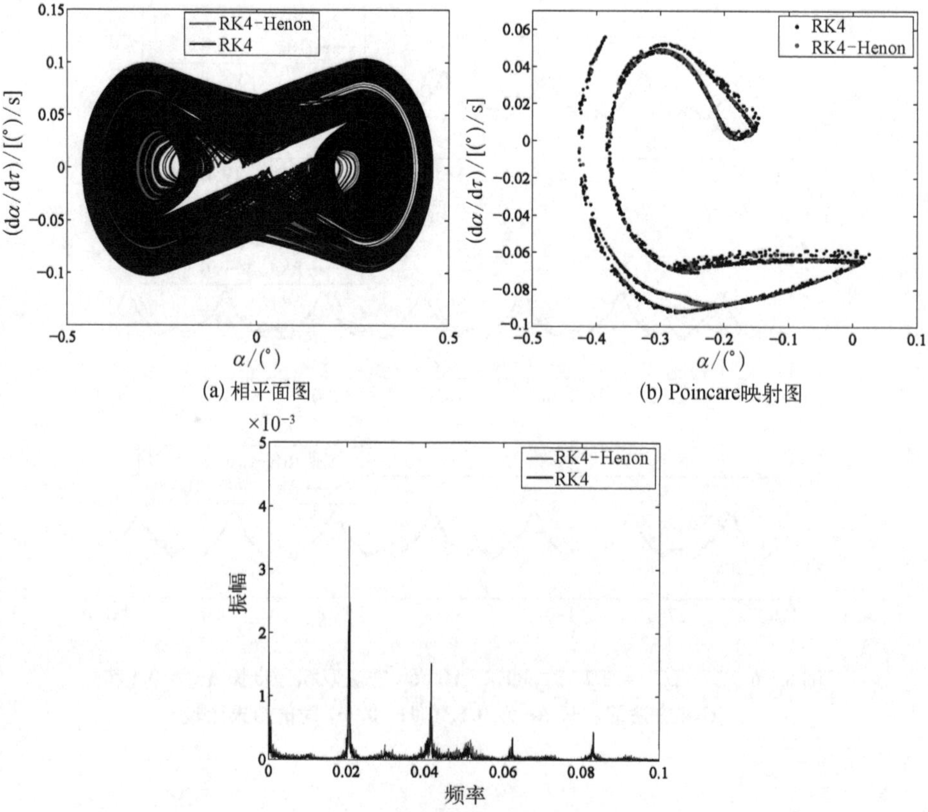

(a) 相平面图　(b) Poincare映射图

(c) 幅值谱图

图 8-7　U^*/U_L^* = 0.3 时,RK4 方法和 RK4-Henon 方法计算结果比较

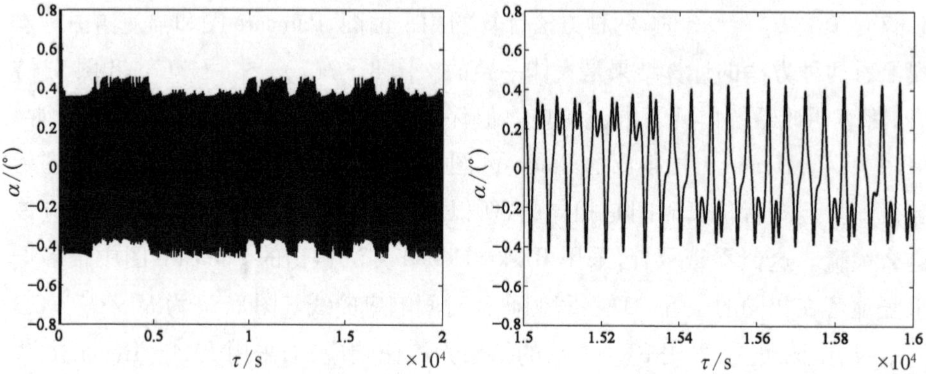

(a) RK4方法计算结果响应曲线　(b) RK4方法计算结果响应曲线局部放大图

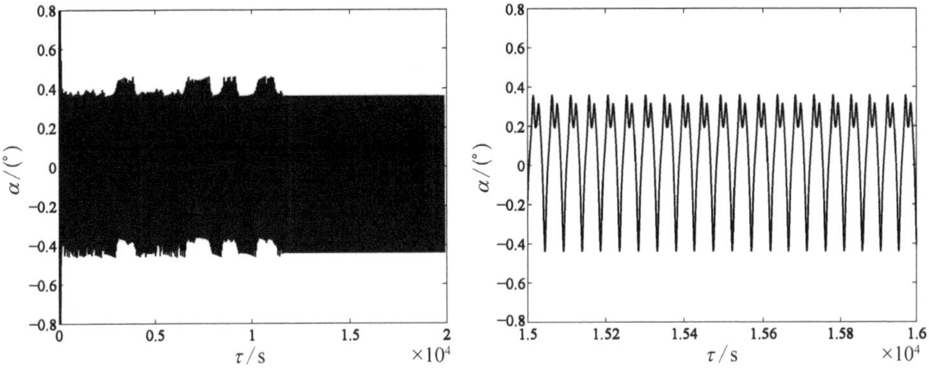

(c) RK4-Henon方法计算结果响应曲线　　(d) RK4-Henon方法计算结果响应曲线局部放大图

图 8-8　U^*/U_L^* = 0.3 时使用 RK4 方法和 RK4-Henon 方法计算的时间响应曲线

图(b)和(d)截取自(a)和(c)

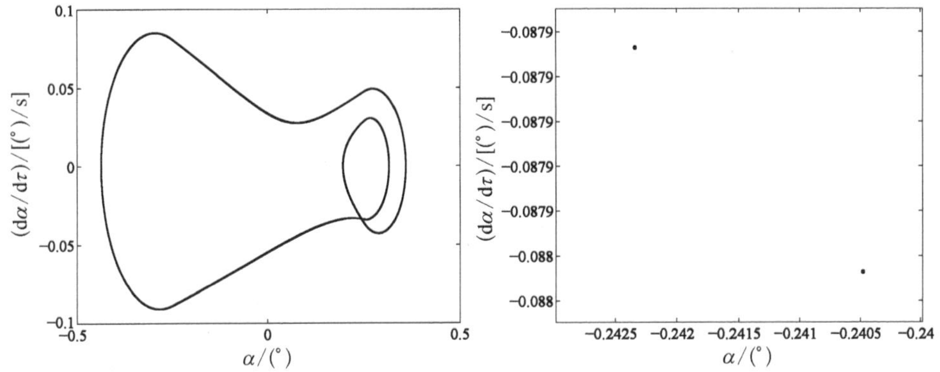

(a) 相平面图　　(b) Poincare映射

图 8-9　U^*/U_L^* = 0.3 时，使用 RK4-Henon 方法在完全去除暂态过程后的计算结果

通过使用 RK4-Henon 方法和传统 RK4 方法研究含有间隙非线性二元机翼模型，将两种方法用于仿真系统的周期响应、混沌响应和暂态混沌响应，并在三种情况下分别进行精度比较。我们得到以下结论：① RK4 方法能够仿真极限环响应，但其精度与 RK4-Henon 方法比稍有逊色；② RK4 方法不能长时间仿真系统的混沌响应，因此需要使用 RK4-Henon 方法研究混沌响应；③ RK4-Henon 方法检测到了长时间瞬态混沌响应（然后进入周期运动），但是 RK4 方法无法得到该响应形式。总体来说，RK4-Henon 方法是研究动力学系统混沌或瞬态混沌响应的首选方法。

8.3 修正变分迭代配点法

修正变分迭代法是一种用于求解强非线性常微分方程组的解析渐近方法。使用线性解或者近似解作为初始估计，该方法能够对其进行迭代修正得到解析解。修正变分迭代法能够应用于非线性动力学分析及系统的状态估计等。然而，该方法在使用过程中需要进行大量的复杂符号运算，这在实际问题的求解中往往难以实行。为了简化运算，可以将修正变分迭代法和配点法相结合，通过推导半解析解来避免复杂的符号运算。沿着这一思路，我们得到了一类求解非线性问题的迭代配点方法。本节首先介绍修正变分迭代法，然后使用配点法推导这一迭代方法的弱形式，求解初值及两点边界值问题。

8.3.1 修正变分迭代法

一般来说，为了求解一阶常微分方程组：

$$\dot{\boldsymbol{x}} = \boldsymbol{f}(\boldsymbol{x}, \tau), \quad \tau \in [t_0, t] \tag{8-17}$$

变分迭代法采用如下的迭代公式：

$$\boldsymbol{x}_{n+1}(t) = \boldsymbol{x}_n(t) + \int_{t_i}^{t} \boldsymbol{\lambda}(\tau)\{\dot{\boldsymbol{x}}_n(\tau) - \boldsymbol{F}[\boldsymbol{x}_n(\tau), \tau]\}\mathrm{d}\tau, \quad t_0 \leqslant \tau \leqslant t \tag{8-18}$$

其中，$\boldsymbol{\lambda}(\tau)$ 为待求的拉格朗日乘子。方程(8-18)表明变分迭代法的第 n+1 次修正包含了第 n 次修正的解 $\boldsymbol{x}_n$ 以及基于 $\boldsymbol{x}_n$ 的最优加权反馈偏差。权函数 $\boldsymbol{\lambda}(\tau)$ 的最优形式可以通过令方程(8－18)的右端项变分为零得到，即令

$$\delta\boldsymbol{x}_n(t)\Big|_{\tau=t} + \boldsymbol{\lambda}(\tau)\delta\boldsymbol{x}_n(\tau)\Big|_{\tau=t_0}^{\tau=t} - \int_{t_0}^{t}\left[\dot{\boldsymbol{\lambda}}(\tau) + \boldsymbol{\lambda}(\tau)\frac{\partial \boldsymbol{f}(\boldsymbol{x}_n, \tau)}{\partial \boldsymbol{x}_n}\right]\delta\boldsymbol{x}_n(\tau)\mathrm{d}\tau = 0 \tag{8-19}$$

通过整理包含 $\delta\boldsymbol{x}_n(t)\big|_{\tau=t}$ 和 $\delta\boldsymbol{x}_n(\tau)$ 的项，可以由方程(8－19)得到关于 $\boldsymbol{\lambda}(\tau)$ 的约束条件：

$$\begin{cases}\delta \boldsymbol{x}_n(\tau)\big|_{\tau=t}: \boldsymbol{I}+\boldsymbol{\lambda}(\tau)\big|_{\tau=t}=\boldsymbol{0} \\ \delta \boldsymbol{x}_n(\tau): \dot{\boldsymbol{\lambda}}(\tau)+\boldsymbol{\lambda}(\tau)\dfrac{\partial \boldsymbol{f}(\boldsymbol{x}_n, \tau)}{\partial \boldsymbol{x}_n}=\boldsymbol{0}\end{cases} \tag{8-20}$$

接下来,由方程(8－20)推导两种变分迭代法的变形。

首先,通过对方程(8－18)进行微分,并利用方程(8－20)中关于 $\boldsymbol{\lambda}(\tau)$ 的约束条件,可以得到

$$\begin{aligned}\frac{\mathrm{d}\boldsymbol{x}_{n+1}}{\mathrm{d}t} &= \frac{\mathrm{d}\boldsymbol{x}_n}{\mathrm{d}t}+\boldsymbol{\lambda}(\tau)\big|_{\tau=t}\left[\frac{\mathrm{d}\boldsymbol{x}_n}{\mathrm{d}t}-\boldsymbol{f}(\boldsymbol{x}_n, t)\right]+\int_{t_i}^{t}\frac{\partial \boldsymbol{\lambda}}{\partial t}[\dot{\boldsymbol{x}}_n-\boldsymbol{f}(\boldsymbol{x}_n, \tau)]\mathrm{d}\tau \\ &= \boldsymbol{f}(\boldsymbol{x}_n, t)+\int_{t_i}^{t}\frac{\partial \boldsymbol{\lambda}}{\partial t}[\dot{\boldsymbol{x}}_n-\boldsymbol{f}(\boldsymbol{x}_n, \tau)]\mathrm{d}\tau\end{aligned} \tag{8-21}$$

在式(7－5)中,已经证明 Lagrange 乘子 $\boldsymbol{\lambda}(\tau)$ 同时也是如下常微分方程的解 $\bar{\boldsymbol{\lambda}}(t)$:

$$\begin{cases}\boldsymbol{I}+\bar{\boldsymbol{\lambda}}(t)\big|_{t=\tau}=\boldsymbol{0} \\ \dfrac{\partial \bar{\boldsymbol{\lambda}}(t)}{\partial t}-\boldsymbol{J}(t)\bar{\boldsymbol{\lambda}}(t)=\boldsymbol{0}\end{cases} \tag{8-22}$$

其中, $\boldsymbol{J}(t)=\partial \boldsymbol{f}(\boldsymbol{x}_n, \tau)/\partial \boldsymbol{x}_n$。利用 $\boldsymbol{\lambda}(\tau)$ 与 $\bar{\boldsymbol{\lambda}}(t)$ 的互等关系,方程(8－21)可以进一步写成如下形式:

$$\frac{\mathrm{d}\boldsymbol{x}_{n+1}}{\mathrm{d}t}-\boldsymbol{J}(\boldsymbol{x}_n, t)\boldsymbol{x}_{n+1}=\boldsymbol{f}(\boldsymbol{x}_n, t)-\boldsymbol{J}(\boldsymbol{x}_n, t)\boldsymbol{x}_n \tag{8-23}$$

可以看到,在方程(8－23)中 Lagrange 乘子 $\boldsymbol{\lambda}(\tau)$ 已经被完全消除。式(8－23)可以认为是牛顿迭代法在函数空间的扩展形式。

变分迭代法的另一种变形没有消除 $\boldsymbol{\lambda}(\tau)$,而是将 $\boldsymbol{\lambda}(\tau)$ 估计成 Taylor 级数的形式。通过方程(8－20),可以很方便地得到 $\boldsymbol{\lambda}(\tau)$ 的 Taylor 级数估计式,如下所示:

$$\boldsymbol{\lambda}(\tau)\approx \boldsymbol{T}_0[\boldsymbol{\lambda}]+\boldsymbol{T}_1[\boldsymbol{\lambda}](\tau-t)+\cdots+\boldsymbol{T}_K[\boldsymbol{\lambda}](\tau-t)^K \tag{8-24}$$

其中, $\boldsymbol{T}_K[\boldsymbol{\lambda}]$ 是 $\boldsymbol{\lambda}(\tau)$ 的 k 阶微分变换,即

$$\boldsymbol{T}_k[\boldsymbol{\lambda}]=\frac{1}{k!}\frac{\mathrm{d}^k\boldsymbol{\lambda}(\tau)\big|_{\tau=t}}{\mathrm{d}\tau^k} \tag{8-25}$$

通过方程(8-20)，$\boldsymbol{T}_K[\boldsymbol{\lambda}]$ 可以由如下迭代过程得到：

$$\boldsymbol{T}_0[\boldsymbol{\lambda}]=\mathrm{diag}[-1,\ -1,\ \cdots],\ \boldsymbol{T}_{k+1}[\boldsymbol{\lambda}]=-\frac{\boldsymbol{T}_k[\boldsymbol{\lambda J}]}{k+1},\quad 0\leqslant k\leqslant K+1 \tag{8-26}$$

令 $\boldsymbol{G}=\dot{\boldsymbol{x}}_n(\tau)-\boldsymbol{f}[\boldsymbol{x}_n(\tau),\ \tau]$，将方程(8-24)代入方程(8-18)中，可以得到

$$\boldsymbol{x}_{n+1}(t)=\boldsymbol{x}_n(t)+\int_{t_0}^{t}\{\boldsymbol{T}_0[\boldsymbol{\lambda}]+\boldsymbol{T}_1[\boldsymbol{\lambda}](\tau-t)+\cdots+\boldsymbol{T}_k[\boldsymbol{\lambda}](\tau-t)^K\}\boldsymbol{G}\mathrm{d}\tau \tag{8-27}$$

考虑到 $\boldsymbol{T}_K[\boldsymbol{\lambda}](k=0,\ 1,\ \cdots,\ K)$ 是 $\boldsymbol{x}_n(t)$ 和 t 的函数，式(8-27)可以改写为另一种形式，即

$$\boldsymbol{x}_{n+1}(t)=\boldsymbol{x}_n(t)+\boldsymbol{A}_0(t)\int_{t_0}^{t}\boldsymbol{G}\mathrm{d}\tau+\boldsymbol{A}_1(t)\int_{t_0}^{t}\tau\boldsymbol{G}\mathrm{d}\tau+\cdots+\boldsymbol{A}_k(t)\int_{t_0}^{t}\tau^k\boldsymbol{G}\mathrm{d}\tau \tag{8-28}$$

其中，系数矩阵 $\boldsymbol{A}_k(t)(k=0,\ 1,\ \cdots,\ K)$ 是 $\boldsymbol{T}_K[\boldsymbol{\lambda}]$ 和 t 的简单组合。

显然，如果 $\boldsymbol{\lambda}(\tau)$ 被简单估计为 $\boldsymbol{T}_0[\boldsymbol{\lambda}]$，那么变分迭代法的迭代公式就被简化为 Picard 迭代方法，即

$$\boldsymbol{x}_{n+1}(t)=\boldsymbol{x}_n(t_0)+\int_{t_0}^{t}\boldsymbol{f}[\boldsymbol{x}_n(\tau),\ \tau]\mathrm{d}\tau \tag{8-29}$$

8.3.2 修正变分迭代法与配点法结合

以上所述迭代修正公式(8-23)和式(8-28)可以通过配点法来简化运算过程，从而应用到实际问题中。通过在系统的时域中配点，可以将关于函数的泛函迭代方程弱化为关于配点处函数值的代数迭代方程。

令 $\boldsymbol{x}(t)$ 的估计函数为 $\boldsymbol{u}$，并假设其中每个单元 u_e 为一组基函数 $\phi_{e,\ nb}(t)$ 的线性组合：

$$u_e=\sum_{nb=1}^{N}\alpha_{e,\ nb}\phi_{e,\ nb}(t)=\boldsymbol{\Phi}_e(t)\boldsymbol{\alpha}_e \tag{8-30}$$

其中，横向量 $\boldsymbol{\Phi}_e$ 的每个元素代表了每个独立的基函数，纵向量 $\boldsymbol{\alpha}_e$ 的每个元素为待求的基函数系数。因此，u_e 及 u_e 的导数在配点 $t_m(m=1,\ 2,\ \cdots,\ M)$ 处的值为

$$u_e(t_m)=\sum_{nb=1}^{N}\alpha_{e,\,nb}\phi_{e,\,nb}(t_m)=\boldsymbol{\Phi}_e(t_m)\boldsymbol{\alpha}_e$$

和

$$Lu_e(t_m)=\sum_{nb=1}^{N}\alpha_{e,\,nb}\phi_{e,\,nb}(t_m)=\boldsymbol{L\Phi}_e(t_m)\boldsymbol{\alpha}_e$$

其中,L 表示微分算子。

以上两式可以简单表示为矩阵形式,即 $\boldsymbol{U}_e=\boldsymbol{B}_e\boldsymbol{\alpha}_e$ 和 $\boldsymbol{LU}_e=\boldsymbol{LB}_e\boldsymbol{\alpha}_e$,其中矩阵 $\boldsymbol{U}_e=[u_e(t_1),\,u_e(t_2),\,\cdots,\,u_e(t_M)]^{\mathrm{T}}$, $\boldsymbol{B}_e=[\boldsymbol{\Phi}_e(t_1)^{\mathrm{T}},\ \boldsymbol{\Phi}_e(t_2)^{\mathrm{T}},\ \cdots,\ \boldsymbol{\Phi}_e(t_M)^{\mathrm{T}}]\mathrm{T}$。通过简单的矩阵变换,可以得到 $\boldsymbol{LU}_e=\boldsymbol{LB}_e\boldsymbol{\alpha}_e=(\boldsymbol{LB}_e)\boldsymbol{B}_e^{-1}\boldsymbol{U}_e$。因此,$\boldsymbol{LU}_e$ 就被表示为 $\boldsymbol{U}_e$ 的形式。通过配点法,可以将微分方程(8-17)写成关于 $\boldsymbol{U}$ 的非线性代数方程组的形式:

$$\boldsymbol{EU}-\boldsymbol{F}(\boldsymbol{U},\,\boldsymbol{t})=\boldsymbol{0}\tag{8-31}$$

其中,

$$\boldsymbol{t}=[t_1,\,t_2,\,\cdots,\,t_M],\ \boldsymbol{E}=\mathrm{diag}[(\boldsymbol{LB}_1)\boldsymbol{B}_1^{-1},\,\cdots,\,(\boldsymbol{LB}_e)\boldsymbol{B}_e^{-1},\,\cdots],$$
$$\boldsymbol{U}=[\boldsymbol{U}_1^{\mathrm{T}},\,\cdots,\,\boldsymbol{U}_e^{\mathrm{T}},\,\cdots]^{\mathrm{T}}$$

方程(8-31)为传统配点法得到的非线性代数方程。在本章中,我们分别使用 $\boldsymbol{u}_n(t)$ 和 $\boldsymbol{u}_{n+1}(t)$ 作为迭代公式(8-23)和式(8-28)中 $\boldsymbol{x}_n(t)$ 和 $\boldsymbol{x}_{n+1}(t)$ 的估计函数,并使用同一组基函数 $\boldsymbol{\Phi}$ 来构造 $\boldsymbol{u}_n(t)$ 和 $\boldsymbol{u}_{n+1}(t)$。

通过对迭代方程(8-23)配点得到

$$\boldsymbol{EU}_{n+1}-\boldsymbol{J}(\boldsymbol{U}_n,\,\boldsymbol{t})\boldsymbol{U}_{n+1}=\boldsymbol{F}(\boldsymbol{U}_n,\,\boldsymbol{t})-\boldsymbol{J}(\boldsymbol{U}_n,\,\boldsymbol{t})\boldsymbol{U}_n\tag{8-32}$$

式(8-32)变换之后可以得到

$$\boldsymbol{U}_{n+1}=\boldsymbol{U}_n-[\boldsymbol{E}-\boldsymbol{J}(\boldsymbol{U}_n,\,t)]^{-1}[\boldsymbol{EU}_n-\boldsymbol{F}(\boldsymbol{U}_n,\,\boldsymbol{t})]\tag{8-33}$$

这正好就是求解方程(8-31)的 Newton-Raphson 迭代方法。

通过方程(8-28),可以得到另一类代数迭代公式如下:

$$\boldsymbol{U}_{n+1}=\boldsymbol{U}_n+\boldsymbol{A}_0(\boldsymbol{t})\tilde{\boldsymbol{E}}\boldsymbol{G}(\boldsymbol{t})+\boldsymbol{A}_1(\boldsymbol{t})\tilde{\boldsymbol{E}}[\boldsymbol{t}\cdot\boldsymbol{G}(\boldsymbol{t})]+\cdots+\boldsymbol{A}_K(\boldsymbol{t})\tilde{\boldsymbol{E}}[\boldsymbol{t}^K\cdot\boldsymbol{G}(\boldsymbol{t})]\tag{8-34}$$

其中,$\tilde{\boldsymbol{E}}=\mathrm{diag}[(\boldsymbol{L}^{-1}\boldsymbol{B}_1)\boldsymbol{B}_1^{-1},\,\cdots,\,(\boldsymbol{L}^{-1}\boldsymbol{B}_e)\boldsymbol{B}_e^{-1},\,\cdots]$。前三种低阶修正公式如表 8-2 所示。

表 8-2 低阶修正公式

$\boldsymbol{\lambda}$ 的估计形式	修 正 公 式
零阶估计：$\boldsymbol{\lambda}=\boldsymbol{T}_0$	$\boldsymbol{U}_{n+1}=\boldsymbol{U}_n+\boldsymbol{T}_0\tilde{\boldsymbol{E}}\boldsymbol{G}$
一阶估计：$\boldsymbol{\lambda}=\boldsymbol{T}_0+\boldsymbol{T}_1(\tau-t)$	$\boldsymbol{U}_{n+1}=\boldsymbol{U}_n+(\boldsymbol{T}_0-[\boldsymbol{T}_1\cdot\boldsymbol{t}])\tilde{\boldsymbol{E}}\boldsymbol{G}+\boldsymbol{T}_1\tilde{\boldsymbol{E}}[\boldsymbol{t}\cdot\boldsymbol{G}]$
二阶估计：$\boldsymbol{\lambda}=\boldsymbol{T}_0+\boldsymbol{T}_1(\tau-t)+\boldsymbol{T}_2(\tau-t)^2$	$\boldsymbol{U}_{n+1}=\boldsymbol{U}_n+(\boldsymbol{T}_0-[\boldsymbol{T}_1\cdot\boldsymbol{t}]+[\boldsymbol{T}_2\cdot\boldsymbol{t}^2])\tilde{\boldsymbol{E}}\boldsymbol{G}+(\boldsymbol{T}_1-2[\boldsymbol{T}_2\cdot\boldsymbol{t}])\tilde{\boldsymbol{E}}[\boldsymbol{t}\cdot\boldsymbol{G}]+\boldsymbol{T}_2\tilde{\boldsymbol{E}}[\boldsymbol{t}^2\cdot\boldsymbol{G}]$

在求解初值问题中，以上迭代修正公式能够自然满足问题的初始条件。一般情况下，配点的个数 M 和基函数的个数 N 相同，从而为基函数系数的确定提供足够多的约束，同时也方便迭代过程的计算。对于较大的时间区间，可以将其分割成多个较小的局部时间区间 $t_i\leqslant t\leqslant t_{i+1}$，通过重复使用以上方法，得到分段连续的解。由于修正变分迭代法可以认为是 Picard 迭代法的一般化，因此本书给出的修正迭代变分配点法也称为反馈加速 Picard 迭代(FAPI)法。

为了求解两点边值问题，可以将边界条件作为额外的约束加入迭代修正公式中。以一阶修正公式为例，通过在边界处配点并将其加入修正公式，可以得到

$$\begin{bmatrix}\boldsymbol{I}\\\boldsymbol{E}_b\end{bmatrix}\boldsymbol{U}_{n+1}=\begin{bmatrix}\boldsymbol{U}_n+(\boldsymbol{T}_0-[\boldsymbol{T}_1\cdot\boldsymbol{t}])\tilde{\boldsymbol{E}}\boldsymbol{G}+\boldsymbol{T}_1\tilde{\boldsymbol{E}}[\boldsymbol{t}\cdot\boldsymbol{G}]\\\boldsymbol{U}_b\end{bmatrix}\tag{8-35}$$

其中，$\boldsymbol{E}_b\boldsymbol{U}_{n+1}=\boldsymbol{U}_b$ 表示系统的边界条件。此外边界条件还可以通过其他方式得到满足，比如在每一步迭代过程中调整基函数中的系数，强制估计函数满足边界条件，这正是修正 Chebyshev-Picard 迭代(MCPI)法所采用的做法。

使用第一类 Chebyshev 多项式作为基函数，可以将估计函数表示为

$$u_i(\xi)=\sum_{n=0}^{N}\alpha_{in}T_n(\xi),\ \xi=\frac{2t-(t_i+t_{i+1})}{t_{i+1}-t_i}$$

其中，$T_n(\xi)$ 表示第 n 阶 Chebyshev 多项式；ξ 为缩放后的时间变量，这使得 Chebyshev 多项式的定义域总为 $-1\leqslant\xi\leqslant1$。

第一类 Chebyshev 多项式由如下迭代关系确定：

$$T_0(\xi)=1,\ T_1(\xi)=\xi,\ T_{n+1}(\xi)=2\xi T_n(\xi)-T_{n-1}(\xi)$$

或者表示为三角函数形式：

$$T_n(\xi)=\cos[n\arccos(\xi)],\ -1\leqslant\xi\leqslant1$$

$T_n(\xi)$的导数形式可以通过 Chebyshev 多项式的性质得到，或者直接对三角函数求导

$$\begin{cases} LT_n(\xi) = \dfrac{n\sin[n\arccos(\xi)]}{\sqrt{1-\xi^2}} \\ LT_n(\xi)\big|_{\xi=\pm 1} = (\pm 1)^{n+1}n^2 \end{cases}$$

利用 Chebyshev 多项式的性质，可以得到相应的积分为

$$\int T_n(\xi)\mathrm{d}\xi = \frac{1}{2}\left(\frac{T_{n+1}}{n+1} - \frac{T_{n-1}}{n-1}\right)$$

为了使 Chebyshev 多项式能够精确地估计非线性问题的解，可以采用 Chebyshev-Gauss-Lobatto (CGL) 节点作为时间域的配点，即

$$\xi_m = \cos[(m-1)\pi/(M-1)],\ m = 1, \cdots, M$$

8.3.3　求解轨道递推问题

下文使用了三类地球轨道作为算例，对本书所提出的方法进行检验。其中包括近地轨道、大偏心率的转移轨道和地球同步轨道。这三类轨道代表了地球轨道测定和递推中的大多数情况，因此能够较为全面地评估轨道递推算法的性能。这三类轨道的参数和初始条件如表 8-3 所示，同时这也是文献[13]所使用的算例。文献[13]对四阶经典 Runge-Kutta 方法和 Gauss-Jackson 方法进行了对比，其中用到了几种不同的算法精度评估策略。

表 8-3　轨道参数及初始条件

轨道类型	$\boldsymbol{r}_0$/m	$\dot{\boldsymbol{r}}_0$/(m/s)	偏心率	倾斜角/rad
近地轨道	$-0.388\,9\times10^6$ $7.738\,8\times10^6$ $0.673\,6\times10^6$	$-3.579\,4\times10^6$ 0 $6.199\,7\times10^6$	0.1	π/3
转移轨道	4.05×10^6 0 $-7.014\,8\times10^6$	0 $9.146\,4\times10^6$ 0	0.7	π/3
同步轨道	$4.216\,417\,2\times10^7$ 0 0	0 $3.074\,660\,237\times10^6$ 0	0	0

1. 与修正 Chebyshev-Picard 迭代法的比较

本节所提出的方法和修正 Chebyshev-Picard 迭代法之间的比较是基于球谐重力场 40 阶模型(EMG2008)进行的。在这一比较过程中没有考虑空气阻力,因此轨道的 Hamilton 量为常值。通过比较数值结果 Hamilton 量的变化,就能够对计算方法的精度做出评估。尽管文献[13]指出 Hamilton 量的变化不能够反映所有的计算误差,但是至少可以反映计算可能达到的最高精度。数值结果中 Hamilton 量的相对误差为 $\varepsilon = \Delta H/H_0$,其中 H_0 是系统在初始时刻的 Hamilton 量,ΔH 为计算过程中 Hamilton 量的偏差。

为了对这两种方法的计算性能做出客观的比较,需要保证 CGL 节点个数 M 及迭代过程的终止条件 $\mathrm{tol} = \mathrm{norm}(\boldsymbol{U}_{n+1}) - \mathrm{norm}(\boldsymbol{U}_n)$ 在调校之后使修正 Chebyshev-Picard 迭代法的性能最优,并且在本节提出的方法中使用相同的参数。首先,在以上三类轨道的计算中,这两种方法的计算步长均被选择为一个轨道周期 T_p,这样就能通过一步积分得到整个轨道。然后我们选取了较小的计算步长,通过逐步积分得到整个轨道。这两种方法在大步长和小步长计算中的精度和收敛速度在图 8-10 和图 8-11 中进行了对比。在考虑的所有情况中,每一步的初始估计都是一条直线,这在有些文章中也被称作"冷启动"。

总体来说,在计算步长 $\Delta t \approx T_p$ 时,反馈加速 Picard 迭代法和修正 Chebyshev-Picard 迭代法的计算精度几乎完全相同。如图 8-10 所示,这两种方法得到的解都具有很高的精度。在三类轨道的计算中,Hamilton 量的相对计算误差均被限制在 10^{-13} 附近,这几乎达到了机器计算精度。在大偏心率转移轨道中,这两种方法的计算精度都稍微降低了一些。主要的原因是转移轨道在近地点受到的重力作用远大于远地点,这意味着在近地点需配置更多的节点个数来提高轨道的计算

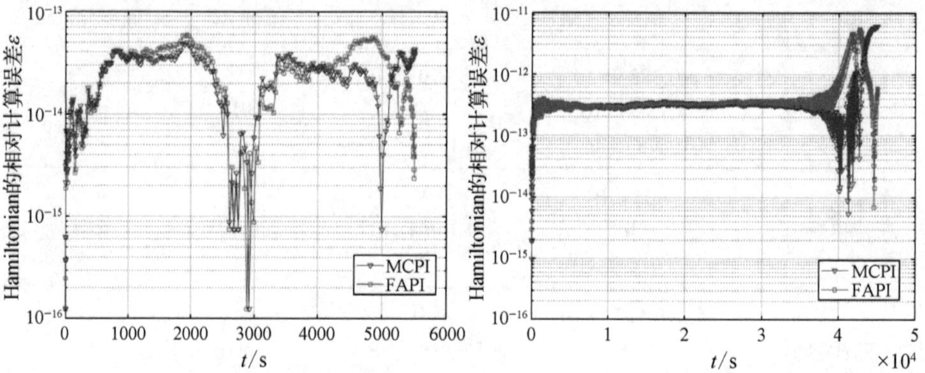

(a) 计算结果误差比较图1　(b) 计算结果误差比较图2

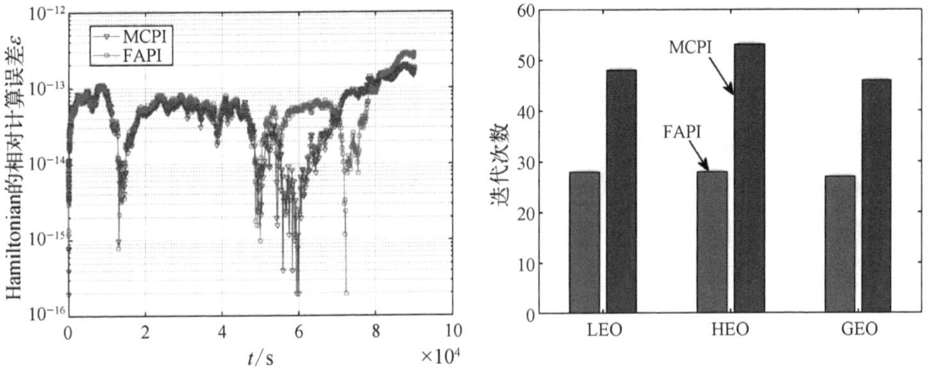

(c) 计算结果误差比较图3　　(d) 不同轨道计算效率对比

图 8-10　$\Delta t = T_p$ 时，反馈加速 Picard 迭代法和修正 Chebyshev-Picard 迭代法计算性能

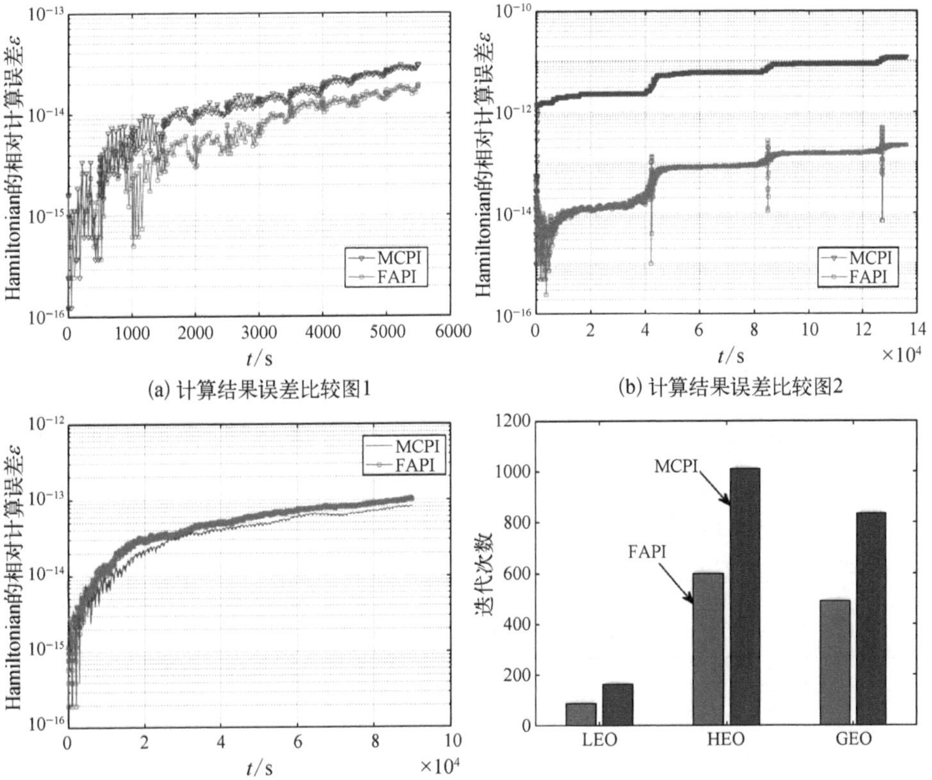

(a) 计算结果误差比较图1　　(b) 计算结果误差比较图2

(c) 计算结果误差比较图3　　(d) 不同轨道计算效率对比

图 8-11　$\Delta t \ll T_p$ 时，反馈加速 Picard 迭代法和修正 Chebyshev-Picard 迭代法的计算性能

精度。针对这一问题，可以使用真近点角分块区间来提高计算的精度和效率。

在图 8－10 中，反馈加速 Picard 迭代法和修正 Chebyshev－Picard 迭代法之间的主要差别在于收敛速度。由于这两种方法每一步迭代所用的计算时间几乎相同，因此收敛速度也就反映了计算效率。可以看到，本节所提出的方法收敛速度提高了几乎一倍。这是由于 Picard 方法本质上只是修正变分迭代法的零阶形式。在实际应用中，外力场模型的计算往往占用了大部分计算时间，因此迭代步数的减少能够显著降低计算消耗。

如表 8－4 所示，当计算步长非常大时，一般需要使用大量节点才能够得到精确的估计解。然而大量的节点计算需要占用很大的存储空间，同时也加重了计算机 CPU 的负担，最后导致计算效率降低。通过使用较小的计算步长，反馈加速 Picard 迭代法和修正 Chebyshev－Picard 迭代法只需使用少量节点就能够达到较高的精度。此外，由于小步长的迭代方法更容易收敛，因此能算法更加稳定。

表 8－4　调校参数（$\Delta t \approx T_p$）

轨道类型	节点个数	计算步长/s	迭代终止条件
近地轨道	251	8 000	1×10^{-5}
转移轨道	1 001	5e4	2×10^{-5}
同步轨道	1 001	9e4	4×10^{-5}

在使用表 8－5 中较小的计算步长之后，反馈加速 Picard 迭代法中 Hamilton 量的相对计算误差被进一步降低。如图 8－11 所示，在近地轨道、转移轨道和同步轨道的计算中，误差 ε 均被限制在 10^{-10} 以下。可以看到，本节比较的两种方法在近地轨道和同步轨道的计算中，精度几乎完全一样，然而在转移轨道的计算中，两种方法的精度出现了明显差别，这一差别主要是由前几步积分计算的误差积累引起的。同时在图 8－11 中还可以看出这两种方法的计算误差在近地点附近出现了明显的增长。

表 8－5　调校参数（$\Delta t \ll T_p$）

轨道类型	节点个数	计算步长/s	迭代终止条件
近地轨道	19	500	1×10^{-7}
转移轨道（3 个周期）	31	500	1×10^{-7}
同步轨道	25	1 000	1×10^{-7}

图 8 - 11 说明,本节提出的方法总共迭代步数为修正 Chebyshev-Picard 迭代法的一半,这一结果与图 8 - 10 中的结果相符。在反馈加速 Picard 迭代法中,每一个时间步长中的迭代次数大致为 5~7 次,而修正 Chebyshev-Picard 迭代法的迭代次数为 10~15 次。

2. 与 Runge - Kutta 12(10)方法的比较

为了进一步检验本节所提方法在求解实际问题中的性能,我们在重力场模型中加入了大气阻力模型,并将计算结果与 Runge - Kutta(RK)12 (10)方法进行了对比。此外采用的大气阻力模型为简单的球体阻力模型,其中弹道系数为 0.01 m^2/kg。大气密度可以通过 MSIS-E-90 大气模型得到,这一模型由美国国家航空航天局提供在线计算。在加入大气阻力之后,近地轨道和转移轨道的外力模型变得更加复杂,尤其是转移轨道在再入大气层阶段的计算难度更大,对计算方法的要求更高。

为了对计算精度做出合理的估计,本书基于积分计算的平方根误差定义了误差比 ρ。以位置误差为例,ρ 的计算方法如下:

$$\rho = \frac{\Delta r_{\mathrm{RMS}}}{r_A N_{\mathrm{orbits}}}$$

$$\Delta r_{\mathrm{RMS}} = \sqrt{\frac{1}{N}\sum_{i=1}^{N}(\Delta r_i)^2}$$

其中,Δr_i 是采样点处的位置误差;r_A 是远地点相对地心的距离;N_{orbits} 为轨道个数。

通过类似的方式可以定义速度的误差比。考虑到反馈加速 Picard 迭代法和 RK 12 (10)方法的计算误差不可能精确获得,这是因为没有完全精确的解作为参照。而使用其他积分方法作为参照也并不可靠,因为相比于文献中的其他方法,反馈加速 Picard 迭代法和 RK 12 (10)方法可能具有更高的计算精度。因此,本书使用步长减半的策略来估计这两种方法的位置误差,这一策略在文献[13]中被证明是可行的。表 8 - 6 列出了反馈加速 Picard 迭代法中的参数信息。在近地轨道、转移轨道和同步轨道的计算中,RK 12 (10)的计算步长分别被设置为 50 s、50 s 和 100 s。

RK12 (10)方法和反馈加速 Picard 迭代法的误差比如表 8 - 7 所示。在近地轨道和同步轨道的计算中,这两种方法的计算精度几乎相当。然而在转移轨道的计算中,RK 12 (10)的计算精度明显降低,而反馈加速 Picard 迭代法仍然保

表 8-6 反馈加速 Picard 迭代法的参数

轨 道 类 型	节点个数	计算步长/s	迭代终止条件
近地轨道（3 个周期）	25	500	1×10^{-7}
转移轨道（3 个周期）	501	1.5×10^{4}	2×10^{-6}
同步轨道（3 个周期）	301	3×10^{4}	2×10^{-6}

表 8-7 计算方法的误差比

轨 道 类 型	RK12(10)		FAPI	
	位置误差	速度误差	位置误差	速度误差
近地轨道(3 个周期)	3×10^{-14}	3×10^{-14}	3×10^{-14}	3×10^{-14}
转移轨道(3 个周期)	2×10^{-9}	2×10^{-9}	6×10^{-12}	6×10^{-12}
同步轨道(3 个周期)	5×10^{-13}	5×10^{-13}	1×10^{-13}	1×10^{-13}

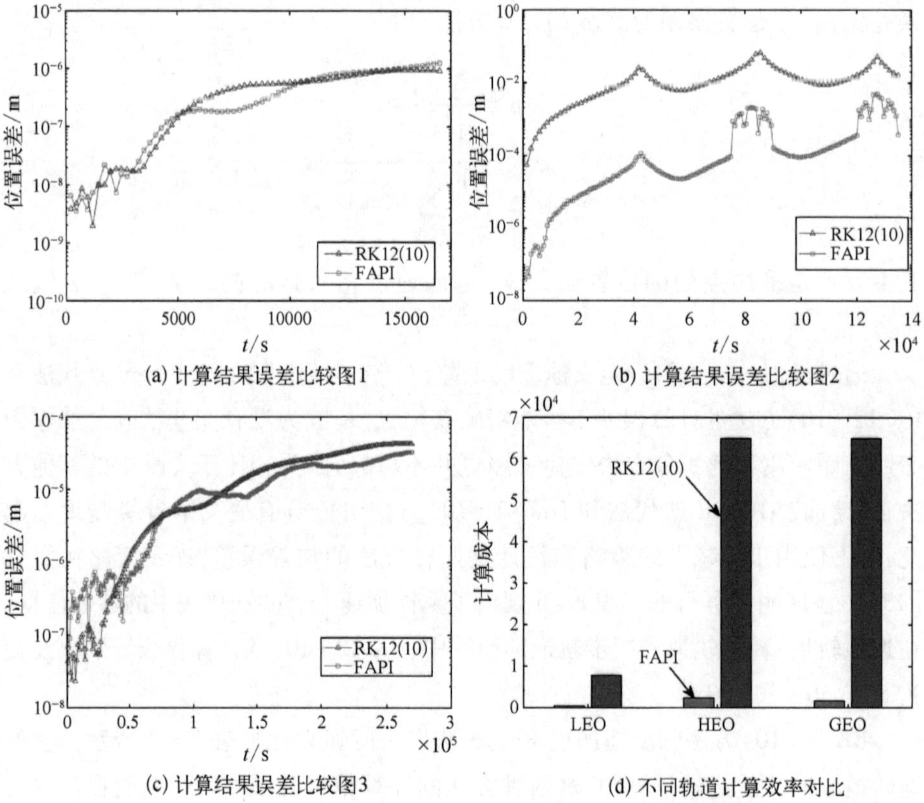

(a) 计算结果误差比较图1　(b) 计算结果误差比较图2

(c) 计算结果误差比较图3　(d) 不同轨道计算效率对比

图 8-12 反馈加速 Picard 迭代法和 RK 12 (10)方法的对比

持了相对较高的计算精度。图 8－12 给出了更加详细的对比，其中分别给出了近地轨道、转移轨道和同步轨道的计算结果。

图 8－12 中的结果进一步验证了表 8－7 中的结果。可以看到，在近地轨道中，本节所提方法的最大位置误差为 10^{-6} m，这一结果在转移轨道和同步轨道中增加到了 10^{-3} 和 10^{-5}。在本小节比较的两种方法中，速度的计算误差比位置误差低三个数量级，对比结果与位置误差的对比类似。在图 8－12 中记录了两种方法的计算成本，其中大部分被用于外力的计算。

为了估计两种方法的计算成本，首先将估计一个时间节点上的外力所需的时间定义为单位时间 t_u，然后将反馈加速 Picard 迭代法中进行一次迭代所需的时间定义为 t_{FAPI}，则反馈加速 Picard 迭代法的计算成本为 $\text{Cost}_{\text{FAPI}} = N_{\text{it}} t_{\text{FAPI}} / t_u$，其中 N_{it} 为总的迭代步数。在 RK 12（10）中，每一步的计算包括 25 次迭代，需要的计算时间为 $25t_u$。因此，RK 12（10）的计算成本为 $\text{Cost}_{\text{RK}} = 25N_{\text{st}}$，其中 N_{st} 为积分步数。如图 8－12 所示，本节所提方法的计算效率远高于 RK 12（10）方法。通过计算结果可以看出，反馈加速 Picard 迭代法能够节省大约 95%的计算时间。如果引入并行计算，可以进一步提高该方法的计算效率。

在以上仿真计算中，反馈加速 Picard 迭代法的计算步长为固定值。这一做法的缺陷是有些时间步长被过度计算而另外一些则没有达到理想的计算精度，如图 8－12(b)所示。这会导致计算资源的浪费和计算误差的快速积累。为此，在实际应用中可以通过改变步长来提高计算的精度和效率。

8.4　变步长局部变分迭代配点法

本节介绍一种自适应变步长局部变分迭代法。为了在保证算法计算精度的同时避免由于采用过小的计算步长而可能导致的过度计算，引入一种简单的自适应算法来优化步长和每个时间段的配置节点。通过自动放松细化来防止计算过程中的过度计算。本节最后通过大振幅摆和摄动二体问题验证该方法的精度和效率。

8.4.1　变步长方案

首先定义绝对误差与相对误差如下。

绝对误差：

$$e_{abs} = \| X_d^{(N+1,\ N+1)} - X_d^{(N,\ N+1)} \|$$

相对误差：

$$e_{rel} = e_{abs} / (1 + \| X_d^{(N+1,\ N+1)} \|)$$

变步长局部变分迭代配点法实施过程分为两步：① 根据给定的计算迭代终止精度 tol，在每一个局部计算区间内设定配点个数及基函数组中含有的基函数个数为 N；② 设定所需基函数个数为 $N+P$，P 根据相对误差与给定误差间的关系得到，其计算式为 $P = \lg(e_{rel}/\mathrm{tol})$，若 $N + P > N_{max}$，则在下一次计算中将子区间步长 Δt 设为原区间一半，若 $N + P < N_{min}$，则在下一次计算中将子区间步长 Δt 设为原区间二倍。同时，如果局部计算区间长度由于上述任意一种情况而被进行调整，则根据给定的计算迭代终止精度重新设定配点个数及基函数个数。

8.4.2 算例与分析

1. 单摆运动问题

对于如下单摆运动方程模型：

$$\frac{d^2\theta}{dt^2} + \frac{g}{l}\sin\theta = 0$$

为了计算简便，令 $g/l = 1$，并取如下初值：

$$t = 0,\ \theta = 2.827\,4,\ \frac{d\theta}{dt} = 0$$

变步长局部变分迭代法及 ode45 法计算参数设置如表 8－8 所示。

表 8－8　单摆运动问题中变步长局部变分迭代法与 ode45 法参数设置

算　法	最小范数误差	最大范数误差	最小估计阶数	最大估计阶数
ALVIM	1×10^{-6}	1×10^{-10}	5	10
算　法	相对误差	绝对误差	最小估计阶数	最大估计阶数
ode113	1×10^{-12}	1×10^{-15}	1	13

如图 8－13 所示，变步长局部变分迭代法在每个子区间内会对相关计算参数进行自动调整，从而保证计算结果达到所需要的计算精度。在整个计算过程中，变步长局部变分迭代法的计算步长在 0.2~0.45 s 变化，而近似阶在计算过程

中始终保持为 5。此外，从图 8－13 中可以看出，计算过程中 ode45 最大计算步长约为 0.004 s，小于变步长局部变分迭代法最大步长的 1/100。

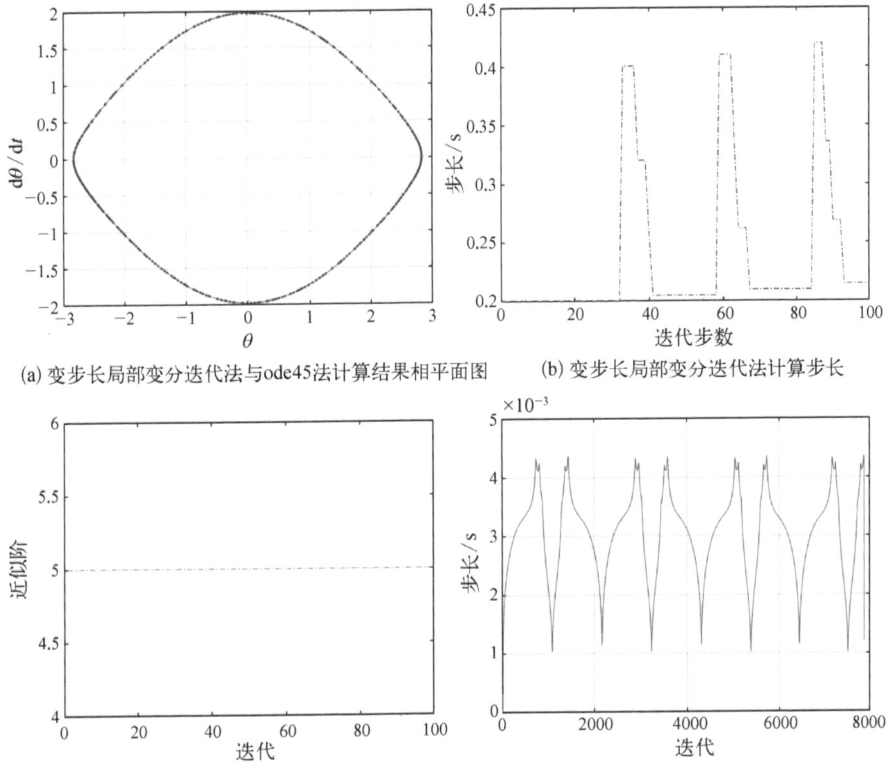

(a) 变步长局部变分迭代法与ode45法计算结果相平面图　(b) 变步长局部变分迭代法计算步长

(c) 基函数阶数变化　(d) ode45计算步长

图 8－13　变步长局部变分迭代法计算结果

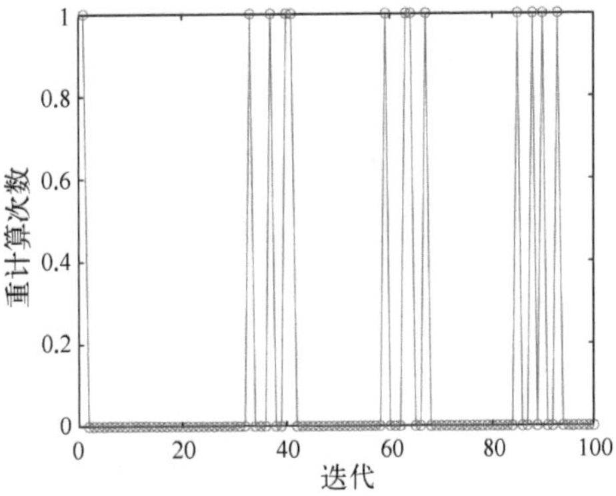

图 8－14　每个子区间内变步长局部变分迭代法重计算次数

当计算步长及近似阶调整后，需要重新计算每个子区间内的计算结果及计算误差，直到满足计算精度要求。对于图 8－13 中近似阶变化过程，在每个子区间内变步长局部变分迭代法重计算次数如图 8－14 所示。

为了进一步估计变步长局部变分迭代法在单摆运动中问题中的计算精度，本节对比了 ode45 法与变步长局部变分迭代法的结果误差随计算时间的变化趋势。如图 8－15 所示，在该算例的整个 25 s 计算过程中，关于位置的绝对计算误差小于 1×10^{-6}。

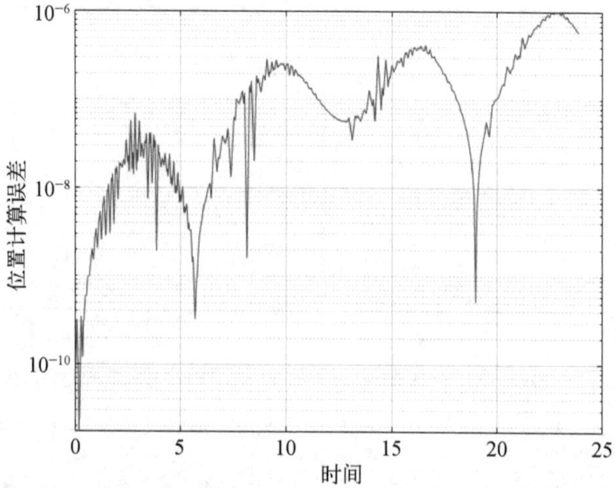

图 8－15　变步长局部变分迭代法与 ode45 法计算结果差异

表 8－9 记录了变步长局部变分迭代法与 ode45 法的相关计算信息，据该表可以看出，变步长局部变分迭代法的方程估计次数小于 ode45 法的 1/10，子区间个数小于 ode45 法的 1/70，这表明变步长局部变分迭代法计算效率高于 ode45。

表 8－9　变步长局部变分迭代法及 ode45 法计算结果指标

算　法	函数估计次数	计算失败次数	计算步数
ALVIM	814	0	100
ode45	11 815	0	7 873

2. 轨道问题

轨道问题具有如下统一形式：

$$m_i \frac{\mathrm{d}^2 \boldsymbol{q}_i}{\mathrm{d}t^2} = \frac{\partial U}{\partial \boldsymbol{q}_i}$$

其中，$\boldsymbol{q}_i = [x,\ y,\ z]^{\mathrm{T}}$ 为位置坐标，U 为根据 70 阶地球重力场模型（EGM）2008 计算得到的系统在地球重力场中所具有的重力势能，对重力势能的精确估计需要对近 5 000 项非线性项进行计算。以三类典型轨道为例，并在三个算例中将默认计算步长及近似阶均设为 500 s 及 10。根据计算过程可以看出,变步长局部变分迭代法在计算过程中能够自动调整其计算步长及近似阶,以满足给定的计算精度并避免过度计算。

1）LEO 轨道

利用变步长局部变分迭代法及 MATLAB 自带的 ode113 求解 LEO 轨道,计算结果如图 8 - 16 所示。算例中轨道偏心率 $e \approx 0.1$, 轨道初始条件设置为

$$\boldsymbol{r}_0 = [-0.388\,9 \times 10^6,\ 7.738\,8 \times 10^6,\ 0.673\,6 \times 10^6]\ \text{m}$$

$$\boldsymbol{v}_0 = [-3.579\,4 \times 10^3,\ 0,\ 6.199\,7 \times 10^3]\ \text{m/s}$$

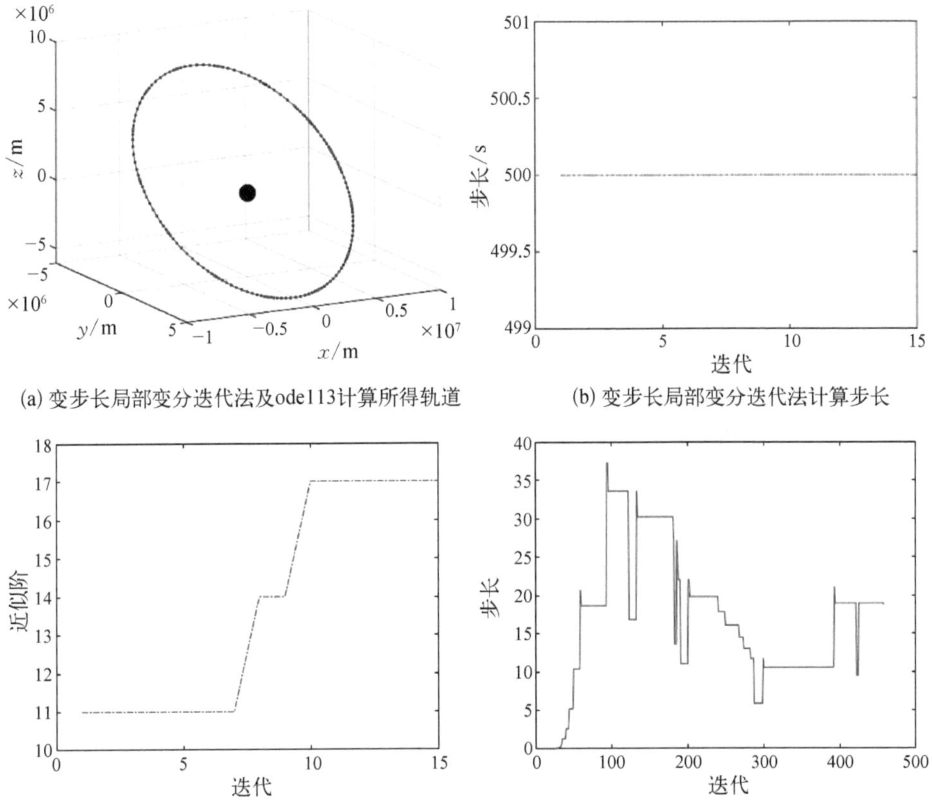

(a) 变步长局部变分迭代法及ode113计算所得轨道　(b) 变步长局部变分迭代法计算步长

(c) 变步长局部变分迭代法近似阶　(d) ode113法计算步长

图 8 - 16　变步长局部变分迭代法计算结果

变步长局部变分迭代法与 ode 113 法计算参数如表 8 - 10 所示,图 8 - 16 显示变步长局部变分迭代法在每个子区间内会对近似阶进行自动调整,从而保证计算结果达到所需要的计算精度。在 LEO 轨道计算过程中,近似阶在 11~17 变

化,这一变化范围正好落在表 8 - 10 中的预估范围 10~20 内。由图 8 - 16 中可见区间步长始终保持在 500 s,这是因为在偏心率 $e \approx 0.1$ 的近似圆轨道中,重力在轨道上每一点的大小分布近似相等,从而使得对整个时间区间等分即可满足要求的计算精度。此外,据图 8 - 16 可见 ode113 法最大计算步长为 35 s,该步长小于变步长局部变分迭代法的计算步长的 1/10。

表 8 - 10　变步长局部变分迭代法与 ode 113 法计算参数(LEO)

算　法	最小范数误差	最大范数误差	最小估计阶数	最大估计阶数
ALVIM	1×10^{-12}	1×10^{-17}	10	20
算　法	相对误差	绝对误差	最小估计阶数	最大估计阶数
ode113	1×10^{-13}	1×10^{-14}	1	13

为进一步评估变步长局部变分迭代法的计算精度,我们对积分轨道的 Hamiltonian 量进行记录。如图 8 - 17 所示,在针对 LEO 轨道的计算中,一个轨道周期内(约 8 000 s) Hamiltonian 量绝对计算误差小于 1.4×10^{-4}。在计算过程中,为了调整计算步长与近似阶,变步长局部变分迭代法需要计算每个子区间步长并对计算结果的误差进行评估,直到计算结果达到目标精度要求。在图 8 - 16 所记录的变步长局部变分迭代算法近似阶变化过程中,每个步长内重

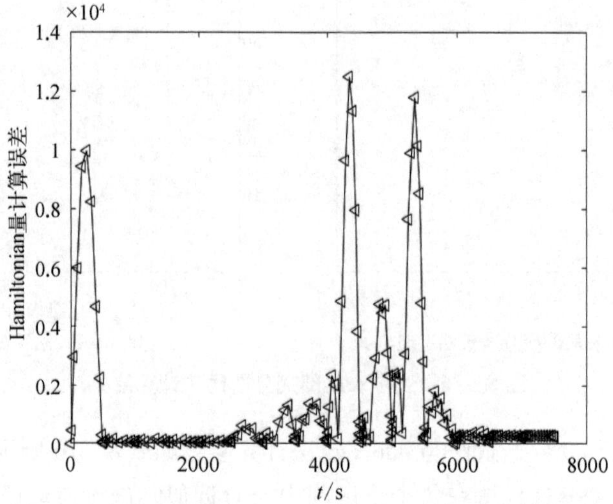

图 8 - 17　变步长局部变分迭代法 Hamiltonian 量计算误差

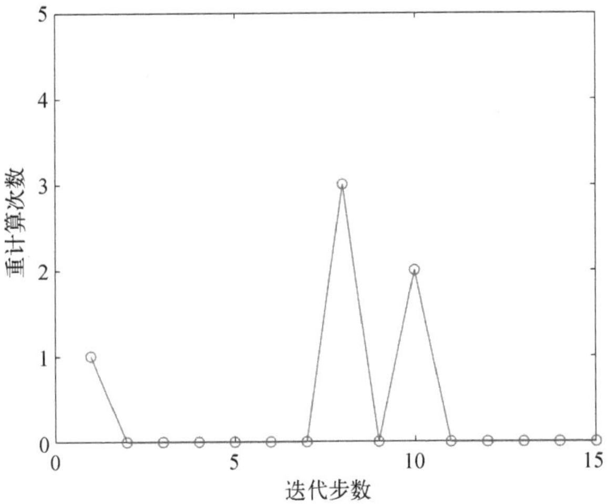

图 8-18　每个子区间内变步长局部变分迭代法重计算次数

计算次数如图 8-18 所示。据表 8-11 可以看出，变步长局部变分迭代法函数评估次数小于 ode113 法的 1/6，同时其子区间数目小于 ode113 的 1/30，这一结果表明变步长局部变分迭代法在变步长求解 LEO 轨道中的计算效率高于 ode113。

表 8-11　变步长局部变分迭代算法及 ode113 变步长计算结果指标

算　法	函数估计次数	计算失败次数	计算步数
ALVIM	148	0	15
ode113	922	5	458

2）GEO 轨道

利用变步长局部变分迭代法及 MATLAB 自带的 ode 113 法求解 GEO 轨道，计算结果如图 8-19 所示。算例中轨道偏心率 $e \approx 0$，轨道初始条件设置为

$$\boldsymbol{r}_0 = [4.216\,417\,2\text{e}7,\ 0,\ 0]\ \text{m}$$

$$\boldsymbol{v}_0 = [0,\ 3.074\,660\,237 \times 10^3,\ 0]\ \text{m/s}$$

变步长局部变分迭代法与 ode 113 法计算参数如表 8-12 所示。

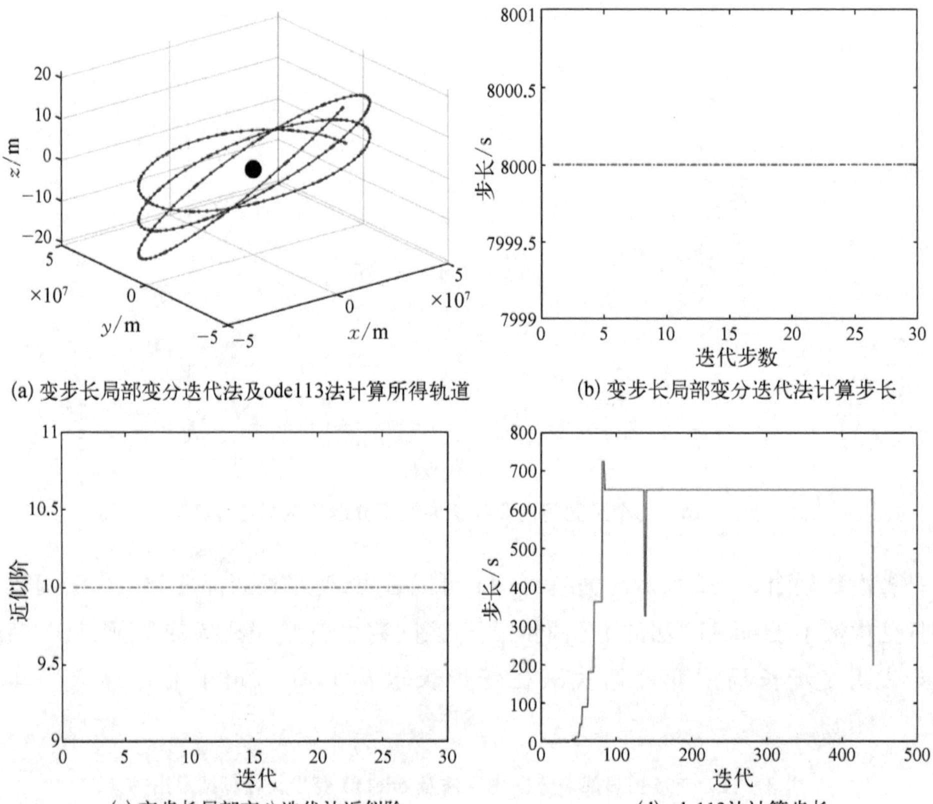

(a) 变步长局部变分迭代法及ode113法计算所得轨道　(b) 变步长局部变分迭代法计算步长

(c) 变步长局部变分迭代法近似阶　(d) ode113法计算步长

图 8-19　GEO 轨道变步长局部变分迭代算法计算结果

表 8-12　变步长局部变分迭代法与 ode 113 法计算参数(GEO)

算　法	最小范数误差	最大范数误差	最小估计阶数	最大估计阶数
ALVIM	1×10^{-10}	1×10^{-15}	10	20
算　法	相对误差	绝对误差	最小估计阶数	最大估计阶数
ode113	1×10^{-13}	1×10^{-14}	1	13

如图 8-19 所示,变步长局部变分迭代法在每个子区间内会对近似阶进行自动调整,从而保证计算结果达到所需要的计算精度。在 GEO 轨道计算过程中,近似阶始终保持为 10,同时区间步长始终保持在 8 000 s,这是因为重力在 GEO 轨道上每一点的影响大小近似相等,从而使得在整个计算过程中使用相同

的近似阶与计算步长能够满足要求的计算精度。此外 ode113 法最大计算步长大约为 700 s，该步长小于变步长局部变分迭代法的计算步长的 1/10。

类似 LEO 轨道的计算过程，为进一步评估变步长局部变分迭代法的计算精度，本节对积分轨道的 Hamiltonian 量进行记录。如图 8－20 所示，在针对 GEO 轨道约 250 000 s 的计算过程中，Hamiltonian 量计算误差小于 2.5×10^{-7}。

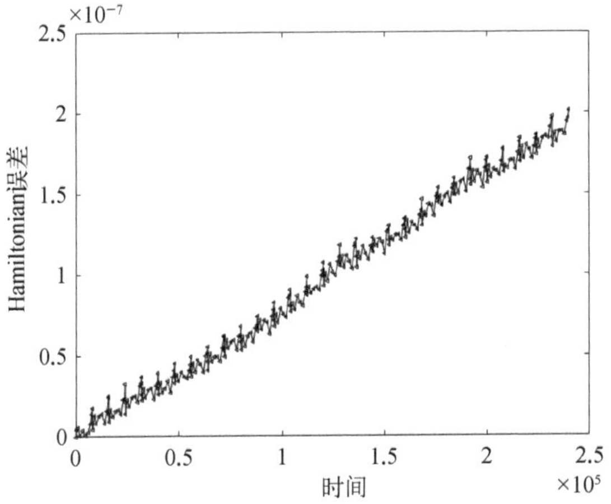

图 8－20　变步长局部变分迭代法 Hamiltonian 量计算误差

为了调整计算步长与近似阶，变步长局部变分迭代法需要计算每个子区间步长并对计算结果的误差进行评估，直到计算结果达到目标精度要求。每个子区间内变步长局部变分迭代法的重计算次数如图 8－21 所示。

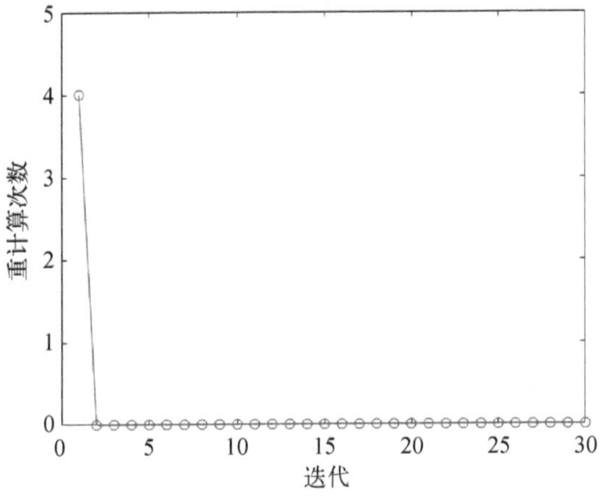

图 8－21　每个子区间内变步长局部变分迭代法重计算次数

从表 8－13 可以看出，变步长局部变分迭代法函数评估次数小于 ode113 法的 1/3，同时其子区间数目小于 ode113 法的 1/10，这一结果表明变步长局部变分迭代法在求解 GEO 轨道中有很高的计算效率。

表 8－13　变步长局部变分迭代法及 ode113 法变步长计算结果指标

算　法	函数估计次数	计算失败次数	计算步数
ALVIM	262	0	30
ode113	884	1	441

3）HEO 轨道

利用变步长局部变分迭代法及 MATLAB 自带的 ode 113 法求解 HEO 轨道，计算结果如图 8－22 所示，图示轨道偏心率 $e \approx 0.7$，计算初始条件为

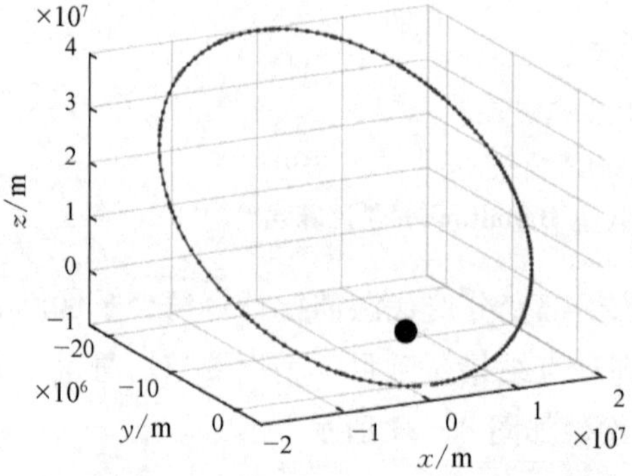

(a) 变步长局部变分迭代法及ode113法计算所得轨道

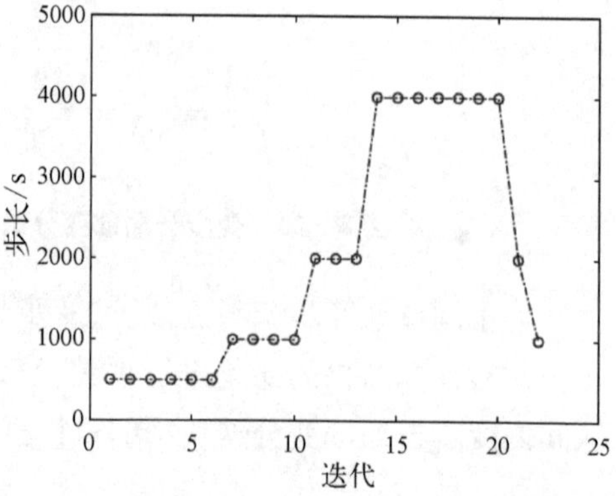

(b) 变步长局部变分迭代法计算步长

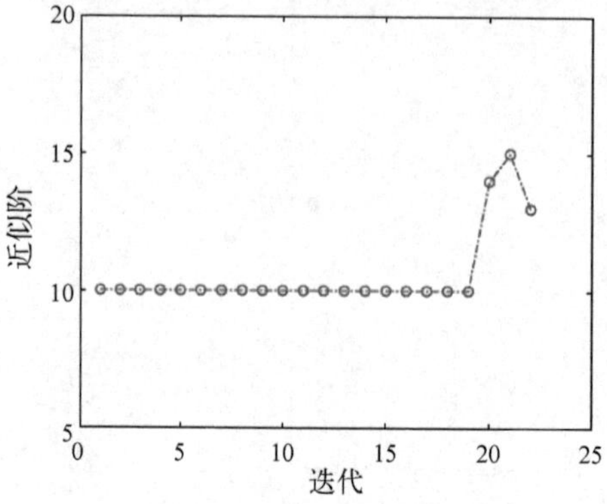

(c) 变步长局部变分迭代法近似阶

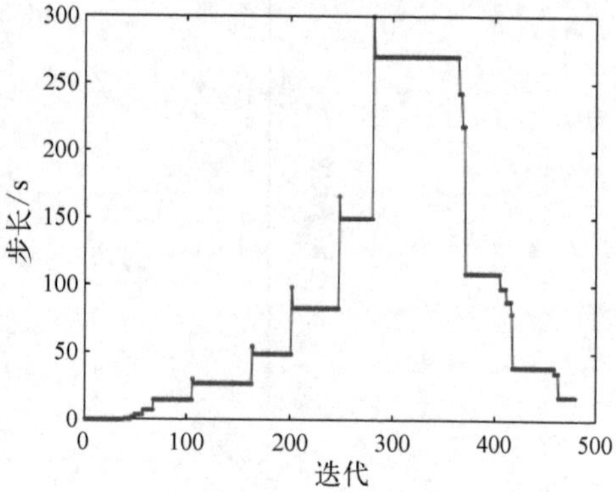

(d) ode113法计算步长

图 8－22　变步长局部变分迭代算法计算结果

$$\boldsymbol{r}_0 = [4.05 \times 10^6,\ 0,\ -7.014\,8 \times 10^6]\ \text{m}$$

$$\boldsymbol{v}_0 = [0,\ 9.146\,4 \times 10^3,\ 0]\ \text{m/s}$$

相关计算参数见表 8－14。

如图 8－22 所示,变步长局部变分迭代法在每个子区间内会对近似阶进行自动调整,从而保证计算结果达到所需要的计算精度。在 HEO 轨道计算过程中,近似阶在 10~15 变化,这一变化范围符合表 8－14 中的预估范围 10~20。区间步长在[500, 4 000] s 范围内变化,这是因为在 $e \approx 0.7$ 的大偏心率轨道中,重力变化范围较大,尤其在轨道近地点的重力远大于远地点的重力,从而使得在近地点处很难使用较大的计算步长实现给定的计算精度。同时可以看到,ode113 法最大计算步长为 300 s,该步长小于变步长局部变分迭代法最大计算步长的 1/10。

表 8－14　变步长局部变分迭代法与 ode 113 法计算参数(HEO)

算　法	最小范数误差	最大范数误差	最小估计阶数	最大估计阶数
ALVIM	1×10^{-10}	1×10^{-15}	10	20
算　法	相对误差	绝对误差	最小估计阶数	最大估计阶数
ode113	1×10^{-13}	1×10^{-14}	1	13

类似地,为进一步评估变步长局部变分迭代法在 HEO 轨道中的计算精度,我们对积分轨道的 Hamiltonian 量进行记录。如图 8－23 所示,在一个轨道周期约 45 000 s 的计算过程中,Hamiltonian 量绝对计算误差小于 2×10^{-3}。

为了调整计算步长与近似阶,变步长局部变分迭代法需要计算每个子区间步长并对计算结果的误差进行评估,直到计算结果达到目标精度要求。每个子区间内变步长局部变分迭代法的重计算次数如图 8－24 所示。

从表 8－15 可以看出,变步长局部变分迭代法函数评估次数小于 ode113 法的 1/3,同时其子区间数目小于 ode113 法的 1/20,这一结果表明变步长局部变分迭代法在求解 HEO 轨道中有很高的计算效率。

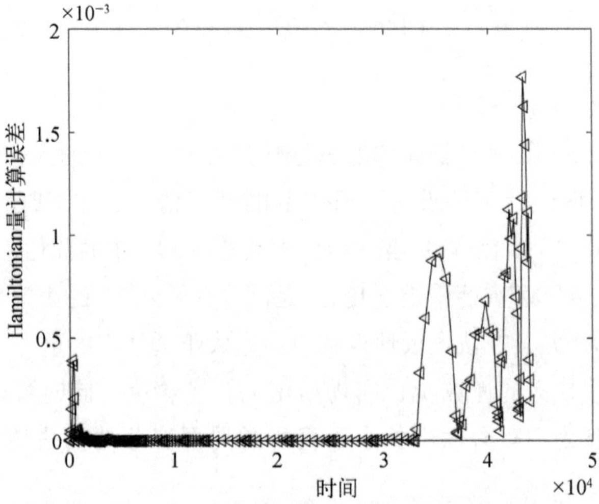

图 8-23　变步长局部变分迭代法 **Hamiltonian** 量计算误差

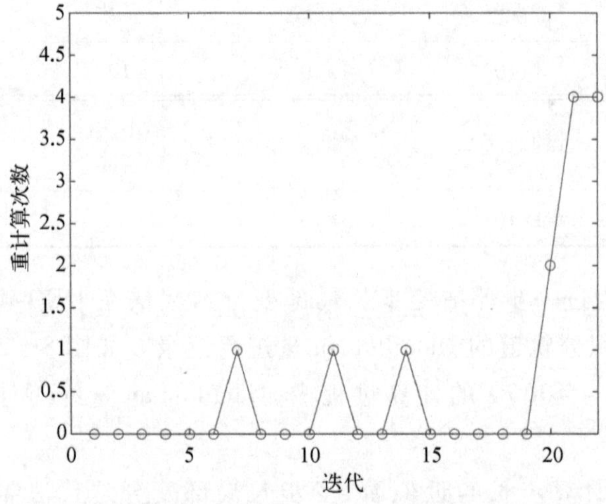

图 8-24　每个子区间内变步长局部变分迭代法重计算次数

表 8-15　变步长局部变分迭代法及 **ode113** 法变步长计算结果指标

算　法	函数估计次数	计算失败次数	计算步数
ALVIM	261	0	22
ode113	962	3	479

8.5　拟线性化变分迭代配点法

本节提出一种基于拟线性化和局部变分迭代法的摄动 Lambert 问题求解方法，该方法能够一般性地应用于地球卫星轨道、相对运动轨道、深空轨道等不同轨道类型的转移问题中，为地球卫星的单圈或多圈轨道转移、航天器的交会对接、多航天器编队飞行、深空探测等任务提供稳定、精确、实时的轨道转移算法。在摄动 Lambert 问题中，使用拟线性化法[14]（quasi linearization）将摄动 Lambert 问题转化为迭代形式的线性边值问题，通过叠加法将线性边值问题分解为两个初值问题，并得到初速度和转移轨道的迭代公式。与传统打靶法相比，其迭代格式更加简单，计算更加稳定，且收敛域显著增大。此外，在初值问题的解算方面，本节利用了局部变分迭代法[15, 16]精确高效的优点，在计算过程中不涉及非线性代数方程组的矩阵求逆操作，因此计算简便高效。在此基础上提出的拟线性化-局部变分迭代法（QL - LVIM），经过较少的几次迭代，计算结果即可达到很高的精度。在初值选取方面，避免了常用的通过二体模型确定初始估计的步骤，可以通过更简洁的方式进行确定。该方法不仅具有与牛顿打靶法相当的快速收敛性，还克服了传统打靶法初值敏感、收敛域小的缺点，并且在同等计算精度下，能够显著提高计算效率。该方法的精确性、稳定性和实时性在低轨转移和高轨转移情形下得到了验证，结果表明，相对于对比方法，本节方法在计算效率和收敛域方面具有明显优势。通过地-月系三体转移问题对方法的适用性进行进一步验证。此外，文献[14]中拟线性化方法仅用于求解一维两点边值问题，本节探究该方法在多维两点边值问题求解中的应用。

8.5.1　非线性边值问题的拟线性化

考虑两点边值问题，对于如下的非线性二阶微分方程：

$$y'' = f(x,\ y,\ y') \tag{8-36}$$

满足如下边界条件：

$$y(0) = 0,\quad y(L) = A \tag{8-37}$$

其中，$y' = \mathrm{d}y/\mathrm{d}x$；$y'' = \mathrm{d}^2y/\mathrm{d}x^2$。式(8 - 36)可以改写为

$$\phi(x, y, y', y'') = y'' - f(x, y, y') = 0 \tag{8-38}$$

为得到迭代方程,令 y_n 和 y_{n+1} 分别表示第 n 次和第 $n+1$ 次迭代结果,并且均满足 $\phi = 0$, 对第 n 次迭代,有

$$y_n'' - f(x, y_n, y_n') = 0 \tag{8-39}$$

将第 $n+1$ 次迭代结果展开有

$$\begin{aligned}\phi(x, y_{n+1}, y'_{n+1}, y''_{n+1}) &= \phi(x, y_n, y'_n, y''_n) \\ &+ \left(\frac{\partial\phi}{\partial y}\right)_n (y_{n+1} - y_n) + \left(\frac{\partial\phi}{\partial y'}\right)_n (y'_{n+1} - y'_n) \\ &+ \left(\frac{\partial\phi}{\partial y''}\right)_n (y''_{n+1} - y''_n) + \cdots = 0\end{aligned} \tag{8-40}$$

式(8-40)中略去了二阶及以上偏导数。由 $\phi = 0$, 式(8-40)可简化为

$$-\left(\frac{\partial f}{\partial y}\right)_n (y_{n+1} - y_n) - \left(\frac{\partial f}{\partial y'}\right)_n (y'_{n+1} - y'_n) + (y''_{n+1} - y''_n) + \cdots = 0 \tag{8-41}$$

将式(8-39)代入式(8-41)可得

$$y''_{n+1} - \left(\frac{\partial\phi}{\partial y'}\right)_n y'_{n+1} - \left(\frac{\partial\phi}{\partial y}\right)_n y_{n+1} = f(x, y_n, y'_n) - \left(\frac{\partial f}{\partial y}\right)_n y_n - \left(\frac{\partial f}{\partial y'}\right)_n y'_n \tag{8-42}$$

对应的边界条件为

$$y_{n+1}(0) = 0, \quad y_{n+1}(L) = A \tag{8-43}$$

式(8-36)和式(8-37)构成的非线性两点边值问题被转化为式(8-42)和式(8-43)构成的迭代形式的线性两点边值问题,通过对其多次求解和迭代,即可不断逼近原非线性两点边值问题的解。在拟线性化处理中,虽然忽略了二阶及以上偏导数,但通过多次迭代,仍可以使计算结果达到较高精度。

8.5.2 Lambert 问题求解

航天器在绕地球运行中,会受到地球非球形摄动、大气阻力摄动、日月摄动、太阳光压摄动等干扰。在近地轨道,主要摄动因素为地球非球形摄动和大气阻

力摄动，在中高轨道，主要摄动因素为地球非球形摄动[17, 18]，这里考虑地球非球形摄动和大气阻力摄动，忽略其他高阶小摄动力的影响。在赤道惯性坐标系下，航天器的轨道动力学方程为

$$\ddot{\boldsymbol{r}} = -\frac{\mu}{r^3}\boldsymbol{r} + \boldsymbol{a}_J + \boldsymbol{a}_d \tag{8-44}$$

其中，$\boldsymbol{r} = [x, y, z]^{\mathrm{T}}$ 为航天器在惯性系下的位置矢量；$\mu = GM = 398\,6004.418 \times 10^8$ $\mathrm{m^3/s^2}$ 为地球引力常数；$r = \|\boldsymbol{r}\|$ 为地心距；$\boldsymbol{a}_J$ 为地球非球形引起的摄动加速度，基于球谐重力场 10 阶模型（EMG2008）得出；$\boldsymbol{a}_d$ 为大气阻力加速度，通过简单的球体阻力模型得到，其中弹道系数为 0.01 $\mathrm{m^2/kg}$，大气密度通过 MSIS－E－90 大气模型得到，该模型由美国国家航空航天局提供在线计算。

根据航天器的位置和速度，可以通过以上模型得到 $\boldsymbol{a}_J$、$\boldsymbol{a}_d$ 以及各自的雅可比矩阵。将式（8－44）右侧记为 $\boldsymbol{h}(\boldsymbol{r})$，即

$$\ddot{\boldsymbol{r}} = \boldsymbol{h}(\boldsymbol{r}) \tag{8-45}$$

记轨道转移时间为 t_f，边值条件为

$$\boldsymbol{r}(t_0) = \boldsymbol{r}_0 \tag{8-46}$$

$$\boldsymbol{r}(t_f) = \boldsymbol{r}_f \tag{8-47}$$

式（8－45）～式（8－47）构成地球非球形及大气阻力摄动 Lambert 问题的数学模型。记雅可比矩阵 $\bar{\boldsymbol{J}} = \partial \boldsymbol{h}/\partial \boldsymbol{r}$，将其代入式（8－42），有

$$\ddot{\boldsymbol{r}}_{n+1} - \bar{\boldsymbol{J}}_n \boldsymbol{r}_{n+1} = \boldsymbol{h}(\boldsymbol{r}_n) - \bar{\boldsymbol{J}}_n \boldsymbol{r}_n \tag{8-48}$$

$$\boldsymbol{r}_{n+1}(t_0) = \boldsymbol{r}_0 \tag{8-49}$$

$$\boldsymbol{r}_{n+1}(t_f) = \boldsymbol{r}_f \tag{8-50}$$

为求解式（8－48），使用叠加法[14]将 $\boldsymbol{r}_{n+1}$ 写为如下形式：

$$\boldsymbol{r}_{n+1} = \boldsymbol{V} + \boldsymbol{W} \cdot \boldsymbol{s} \tag{8-51}$$

其中，$\boldsymbol{s}$ 为飞行器在转移轨道起点处的速度，即

$$\boldsymbol{s} = \frac{\mathrm{d}\boldsymbol{r}_{n+1}(t_0)}{\mathrm{d}t} \tag{8-52}$$

在 t_0 时刻，初值条件式（8－49）满足

$$\boldsymbol{r}_{n+1}(t_0)=\boldsymbol{V}(t_0)+\boldsymbol{W}(t_0)\cdot\boldsymbol{s}=\boldsymbol{r}_0 \tag{8-53}$$

$$\frac{\mathrm{d}\boldsymbol{r}_{n+1}(t_0)}{\mathrm{d}t}=\frac{\mathrm{d}\boldsymbol{V}(t_0)}{\mathrm{d}t}+\frac{\mathrm{d}\boldsymbol{W}(t_0)}{\mathrm{d}t}\cdot\boldsymbol{s}=\boldsymbol{s} \tag{8-54}$$

为应用叠加法，将约束(8-53)和约束(8-54)做如下分解：

$$\boldsymbol{V}(t_0)=\boldsymbol{r}_0,\quad \boldsymbol{W}(t_0)=\boldsymbol{0}_{3\times3},\quad \frac{\mathrm{d}\boldsymbol{V}(t_0)}{\mathrm{d}t}=\boldsymbol{0}_{3\times1},\quad \frac{\mathrm{d}\boldsymbol{W}(t_0)}{\mathrm{d}t}=\boldsymbol{E}_{3\times3}$$

其中，$\boldsymbol{0}_{3\times3}$ 为 3 阶零矩阵；$\boldsymbol{0}_{3\times1}$ 为 3×1 零向量；$\boldsymbol{E}_{3\times3}$ 为三阶单位阵。

式(8-48)~式(8-50)构成的两点边值问题被分解为如下两个初值问题。

初值问题Ⅰ：

$$\boldsymbol{V}''-\bar{\boldsymbol{J}}_n\boldsymbol{V}=\boldsymbol{h}(\boldsymbol{r}_n)-\bar{\boldsymbol{J}}_n\boldsymbol{r}_n \tag{8-55}$$

$$\boldsymbol{V}(t_0)=\boldsymbol{r}_0,\quad \frac{\mathrm{d}\boldsymbol{V}(t_0)}{\mathrm{d}t}=\boldsymbol{0}_{3\times1} \tag{8-56}$$

初值问题Ⅱ：

$$\boldsymbol{W}''-\bar{\boldsymbol{J}}_n\boldsymbol{W}=\boldsymbol{0} \tag{8-57}$$

$$\boldsymbol{W}(t_0)=\boldsymbol{0}_{3\times3},\quad \frac{\mathrm{d}\boldsymbol{W}(t_0)}{\mathrm{d}t}=\boldsymbol{E}_{3\times3} \tag{8-58}$$

利用边值条件式(8-50)有

$$\boldsymbol{r}_{n+1}(t_f)=\boldsymbol{V}(t_f)+\boldsymbol{W}(t_f)\cdot\boldsymbol{s}=\boldsymbol{r}_f \tag{8-59}$$

$$\boldsymbol{s}=\boldsymbol{W}(t_f)^{-1}\cdot[\boldsymbol{r}_f-\boldsymbol{V}(t_f)] \tag{8-60}$$

本节使用 QL-LVIM 对摄动 Lambert 问题进行求解，并与另外四种求解两点边值问题的方法进行对比。拟线性化法求解 Lambert 问题的流程图见图 8-25。打靶法是求解两点边值问题的经典方法之一，利用牛顿法可以得到初速度的迭代公式，并将两点边值问题转化为两个初值问题，若通过经典的四阶 Runge-Kutta 方法(RK4)对初值问题进行求解，就得到了牛顿-四阶 Runge-Kutta 方法(Newton-RK4)，这里将其作为第一种对比方法。同时，将牛顿法与局部变分迭代法结合，构造 Newton-LVIM 作为第二种对比方法。牛顿法具有初值敏感性，只有初始估计与实际初速度偏差不是很大时，才可以保证算法收敛。为了观察大范围收敛情况下不同方法的精度和效率，构造拟线性化-四阶 Runge-Kutta 方法(QL-RK4)作为第三种对比方法。最后，与文献[19]提

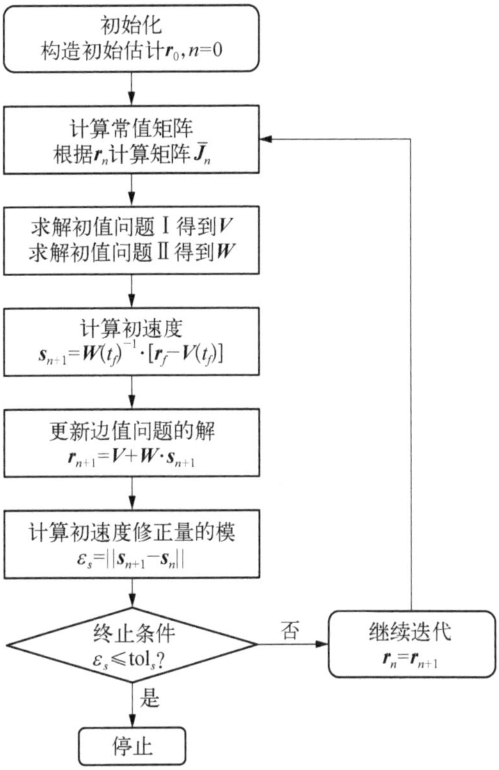

图 8-25　拟线性化法求解 Lambert 问题的流程图

出的反馈加速 Picard 迭代法(FAPI)对比,该方法具有精度高、效率高的特点。本节使用联想笔记本 R480(CPU: Intel Core i5-8250U;RAM: 8.00G)安装的 MATLAB R2017a 软件进行数值仿真,未采用 GPU 加速和并行计算。

首先采用 QL-LVIM 求解低轨和高轨情形下的摄动 Lambert 问题[19]。Lambert 问题涉及短程转移和长程转移[20],顺着运动方向,如果初始位置矢径旋转至末位置矢径的转动角度小于 180°为短程转移,大于 180°为长程转移。这里考虑短程转移,表 8-16 给出了边界条件和转移时间,初始估计解可以通过多种方法确定,这里选取连接初始位置和末位置的匀速直线轨道,这种初始估计也被称作"冷启动"(详见本章附录 2)。求解后得到低轨和高轨的转移轨道如图 8-26 所示,作为参照,调用 MATLAB 内置的 ode45 函数(将相对误差和绝对误差分别设置为 1×10^{-13} 和 1×10^{-15}),根据 QL-LVIM 求出的初速度进行轨道递推,递推结果也在图 8-26 中给出,可以看到 QL-LVIM 的计算结果和 ode45 函数的递推结果能够很好地拟合。

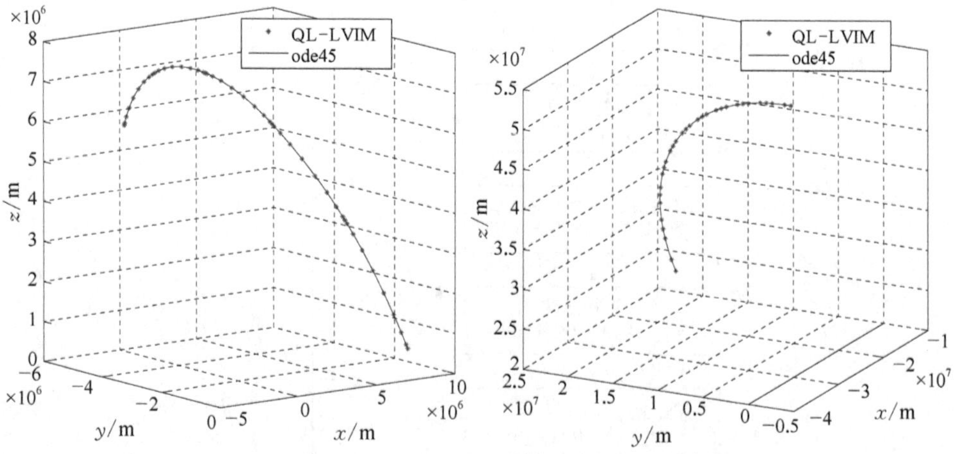

(a) LEO (b) HEO

图 8-26 拟线性化-局部变分迭代法的求解结果

表 8-16 摄动 Lambert 问题的边值条件和转移时间

轨道类型	初始位置 $\boldsymbol{r}_0$/m	末位置 $\boldsymbol{r}_f$/m	转移时间 t_f/s
LEO	$\begin{bmatrix} r_x(t_0) \\ r_y(t_0) \\ r_z(t_0) \end{bmatrix} = \begin{bmatrix} -0.3889\times10^6 \\ 7.7388\times10^6 \\ 0.6736\times10^6 \end{bmatrix}$	$\begin{bmatrix} r_x(t_f) \\ r_y(t_f) \\ r_z(t_f) \end{bmatrix} = \begin{bmatrix} -3.6515\times10^6 \\ -4.2152\times10^6 \\ 6.3103\times10^6 \end{bmatrix}$	2 500
HEO	$\begin{bmatrix} r_x(t_0) \\ r_y(t_0) \\ r_z(t_0) \end{bmatrix} = \begin{bmatrix} -1.4\times10^7 \\ 2.1\times10^7 \\ 2.4249\times10^7 \end{bmatrix}$	$\begin{bmatrix} r_x(t_f) \\ r_y(t_f) \\ r_z(t_f) \end{bmatrix} = \begin{bmatrix} -3.1497\times10^7 \\ -0.0462\times10^7 \\ 5.4554\times10^7 \end{bmatrix}$	25 000

表 8-17 中给出了计算参数，M 为局部变分迭代法每个子区间内的配点个数，N 为插值基函数的项数，Δt 为子区间的步长，$\mathrm{tol}_{\tilde{x}}$ 为 $\tilde{\boldsymbol{x}}_n$ 的迭代终止条件，这里记迭代修正量 $\varepsilon_{\tilde{x}}=\mathrm{norm}(\tilde{\boldsymbol{x}}_{n+1}-\tilde{\boldsymbol{x}}_n)$，当 $\varepsilon_{\tilde{x}}<\mathrm{tol}_{\tilde{x}}$ 时，终止迭代，tol_s 为 $\boldsymbol{s}$ 的迭代终止条件。

表 8-17 计 算 参 数

方 法	轨道类型	M	N	Δt/s	$\mathrm{tol}_{\tilde{x}}$	tol_s	初 始 估 计
QL-LVIM	LEO	10	10	250	1×10^{-7}	1×10^{-5}	冷启动
	HEO	10	10	2 500	1×10^{-7}	1×10^{-5}	

（续表）

方　法	轨道类型	M	N	Δt/s	$tol_{\tilde{x}}$	tol_s	初始估计
Newton－RK4	LEO	—	—	3.125	—	1×10^{-5}	[−3 100, 100, 6 000]（m/s）
	HEO	—	—	12.5	—	1×10^{-5}	[−1 200, 10, 2 500]（m/s）
Newton－LVIM	LEO	10	10	250	1×10^{-3}	1×10^{-5}	[−3 100, 100, 6 000]（m/s）
	HEO	10	10	2 500	1×10^{-3}	1×10^{-5}	[−1 200, 10, 2 500]（m/s）
QL－RK4	LEO	—	—	1	—	1×10^{-5}	冷启动
	HEO	—	—	5	—	1×10^{-5}	
FAPI	LEO	32	32	2 500	1×10^{-5}	—	冷启动
	HEO	32	32	25 000	4×10^{-6}	—	

为进一步分析 QL－LVIM 的计算精度和计算效率，将其与 Newton－RK4、Newton－LVIM、QL－RK4、FAPI 的计算误差和计算时间进行对比，相关参数和初始估计见表 8－17。求解两点边值问题的关键在于求出准确的初速度，初速度的精度反映了算法的精度，因此采用如下方式定义误差：首先求出转移轨道的初速度，再根据起点位置和初速度使用 ode45 函数（调至最高精度）进行轨道递推，将递推出的终点位置与实际终点位置 $\boldsymbol{r}_f$ 进行比较，则二者的偏差反映了初速度的精度和算法的精度，将该偏差定义为误差。五种方法求出的初速度如表 8－18 所示，计算误差和计算时间如表 8－19 所示，其中计算时间为 10 次计算的平均值。

表 8－18　五种方法计算出的初速度对比

方　法	初速度/（m/s）	
	LEO	HEO
QL－LVIM	[−3 583.940 217 002 43; 0.428 692 017 154 153; 6 194.320 690 475 4]	[−1 687.372 547 457 42; 0.033 017 745 670 880; 2 922.593 855 955 3]

（续表）

方　法	初速度/(m/s)	
	LEO	HEO
Newton－RK4	[−3 583.940 217 181 11; 0.428 692 011 011 873; 6 194.320 690 377 7]	[−1 687.372 547 457 67; 0.033 017 746 529 212; 2 922.593 855 954 9]
Newton－LVIM	[−3 583.940 217 002 31; 0.428 692 017 643 008; 6 194.320 690 475 2]	[−1 687.372 547 457 38; 0.033 017 745 635 115; 2 922.593 855 955 2]
QL－RK4	[−3 583.940 871 440 54; 0.429 665 443 487 555; 6 194.321 789 570 9]	[−1 687.372 541 549 71; 0.032 895 686 584 336; 2 922.593 845 706 2]
FAPI	[−3 583.940 217 003 65; 0.428 692 017 691 296; 6 194.320 690 474 3]	[−1 687.372 547 457 73; 0.033 017 745 704 072; 2 922.593 855 955 2]

表 8－19　五种方法的计算误差与计算时间对比

方　法	LEO		HEO	
	误差 err_r/m	计算时间 t_{cost}/s	误差 err_r/m	计算时间 t_{cost}/s
QL－LVIM	$[-1.50\times10^{-6}$, 6.04×10^{-7}, $2.60\times10^{-6}]$	0.81	$[-1.68\times10^{-6}$, -4.85×10^{-7}, $2.97\times10^{-6}]$	0.65
Newton－RK4	$[-2.7\times10^{-6}$, 9.38×10^{-6}, $4.63\times10^{-6}]$	45.79	$[-2.09\times10^{-6}$, 2.52×10^{-6}, $3.48\times10^{-6}]$	119.76
Newton－LVIM	$[-1.50\times10^{-6}$, 1.50×10^{-6}, $2.59\times10^{-6}]$	2.52	$[-3.32\times10^{-7}$, -1.59×10^{-6}, $4.84\times10^{-7}]$	2.53
QL－RK4	[−4.45, 3.62, 7.66]	170.29	[0.62, −2.62, −1.07]	301.96
FAPI	$[-2.73\times10^{-6}$, 1.44×10^{-6}, $1.22\times10^{-6}]$	1.97	$[-8.74\times10^{-6}$, 7.60×10^{-7}, $3.40\times10^{-6}]$	1.65

表 8－18 显示，不同方法求出的初速度非常接近，五种方法的有效性得到互相验证。在两种轨道类型下，QL－LVIM、Newton－RK4、Newton－LVIM、FAPI 求解结果的小数点后 6 位（LEO）、后 8 位（HEO）完全一致，QL－RK4 求解结果的小数点后 2 位与其他方法一致，表明 QL－LVIM、Newton－RK4、Newton－LVIM、FAPI 精度较高，QL－RK4 精度较低。

表 8－19 显示，在表 8－9 的参数条件下，可以将 QL－LVIM、Newton－RK4、Newton－LVIM、FAPI 的计算误差都调整至 1×10^{-6} 级别，这能够使不同方法的计算时间更具有可比性。在两种轨道类型下，QL－LVIM 的计算时间均最短，其计算速度不同程度地快于其他方法，表明 QL－LVIM 具有更高的计算效率。而采用 QL－RK4 方法在经过 150 s 以上的运算后，精度也只能达到个位数级别，由于更长的计算时间很可能无法满足航天工程中的实时性需要，因此没有必要继续延长计算时间以提高精度。这一结论也与表 8-18 的结果吻合。

QL－LVIM 和 FAPI 都使用了变分迭代的思想，但前者计算速度更快，这是由于在应用 FAPI 方法时，必须在整个转移区间上迭代，由于时间跨度较大，迭代所需的配点个数和基函数个数较多，参数选择为 $M = N = 32$，使得计算量较大，且迭代次数较多。而本节方法克服了这一困难，在求解初值问题时可以将整个转移区间划分为众多子区间，在每个子区间分别迭代求解，在 $M = N = 10$ 时即可达到同样的计算精度。

QL－LVIM 和 QL－RK4 都使用了拟线性化方法，但二者的计算精度和计算效率差异较大，这是由于 RK4 和 LVIM 具有不同的计算特点。具体来说，两种方法在对初速度进行迭代时，都用到了两个初值问题在终点时刻的计算结果，在 RK4 方法中，终点之前所有节点的误差都会累积至终点，这造成累积误差严重，计算精度较低，而在 LVIM 中，前一步长的误差不会累积到下一步长，即终点处的计算结果不受终点之前各节点计算误差的累积影响，因此精度较高。计算中 RK4 是利用小步长做单点递推，LVIM 则是在大步长内对多个配点同时迭代，因此计算效率大大提高。这说明在应用拟线性化方法之后求解初值问题时，LVIM 比 RK4 更有优势。

8.5.3　限制性三体轨道问题求解

从地球到月球 Halo 轨道的转移通常借助 Halo 轨道的稳定流形，以地球到月球 $L1$ 点 Halo 轨道的转移为例，通常包括两个阶段：第一阶段是航天器从地球停泊轨道到稳定流形的转移，第二阶段是航天器沿着稳定流形的运动，这一阶段不消耗或较少消耗能量。其中,地球停泊轨道到稳定流形的转移轨道要通过大量计算才能确定,传统方法通常先借助蒙特卡罗模拟或经验方法确定一条估计轨道,再通过打靶法将其修正到精确结果。但由于边界条件和转移时间是任意的,这样的轨道搜寻过程较为耗时和不便,这里使用 QL－LVIM 方法对该问题进行求解。假设转移轨道的起点位于 185 km 高度的地球停泊轨道,其他初始条件和计算参数见表 8-20。在地-月系统的旋转坐标系下,将地球、月球、航天器分别记为 P1、P2、P3,则无量纲形式的航天器运动方程为

$$
\begin{aligned}
&\ddot{x} - 2\dot{y} - x = -\frac{(1-\mu_m)(x+\mu_m)}{d^3} - \frac{\mu_m}{r^3}(x-1+\mu_m) \\
&\ddot{y} + 2\dot{x} - y = -\frac{(1-\mu_m)}{d^3}y - \frac{\mu_m}{r^3}y \\
&\ddot{z} = -\frac{(1-\mu_m)}{d^3}z - \frac{\mu_m}{r^3}z
\end{aligned}
\tag{8-61}
$$

其中,$d=\sqrt{(x+\mu)^2+y^2+z^2}$ 为 P3 到 P1 的距离;$r=\sqrt{(x-1+\mu)^2+y^2+z^2}$ 为 P3 到 P2 的距离;$\mu_m = m_2/(m_1+m_2) = 0.012\,150\,57$ 为质量分数;m_1 和 m_2 分别为 P1 和 P2 的质量。

不同于摄动 Lambert 问题的求解,这里未选取连接初始位置和末位置的冷启动作为初始估计,这是由于 $\boldsymbol{r}_0$ 过于接近坐标原点,在使用 QL－LVIM 进行求解时,$\boldsymbol{r}_0$ 附近计算节点的雅可比矩阵接近奇异,为避免奇异,这里选取了离原点较远的 $\tilde{\boldsymbol{r}}_0(t)=\boldsymbol{r}_f,\ t\in[t_0,\ t_f]$ 作为初始估计,在这一初始估计下,QL－LVIM 能够快速地解算出转移轨道(10 次计算的平均耗时为 4.21 s),计算结果在 $x-y$ 平面的投影如图 8－27(a)所示,转移轨道初始位置的速度为 $\boldsymbol{v}_0=[5.946\,418\,59,\ 8.714\,293\,14,\ 0]$,到达转移轨道末位置时速度为 $\boldsymbol{v}_f=[-0.150\,955\,89,\ -1.083\,032\,78,\ 0]$,经进一步变速后,航天器即可沿着稳定流形到达 $L1$ 点。为验证求解结果,使用 ode45 函数根据初始位置和求出的初速度进行轨道递推,对比结果见图 8－27(b),结果表明 QL－LVIM 的求解结果和 ode45 的递推结果能够很好地吻合,经进一步计算,转移轨道终点处的误差为$[-7.49\times10^{-8},\ -1.78\times10^{-7},\ 0]$,表明 QL－LVIM 求出的初速度具有较高精度。另外,若采用 Newton 法求解该问题,初速度的估计较为困难,上述的初始估计对 Newton 法不适用,若选取连接初始位置和末位置的冷启动对应的初速度作为初始估计,Newton 法也无法收敛到正确结果。

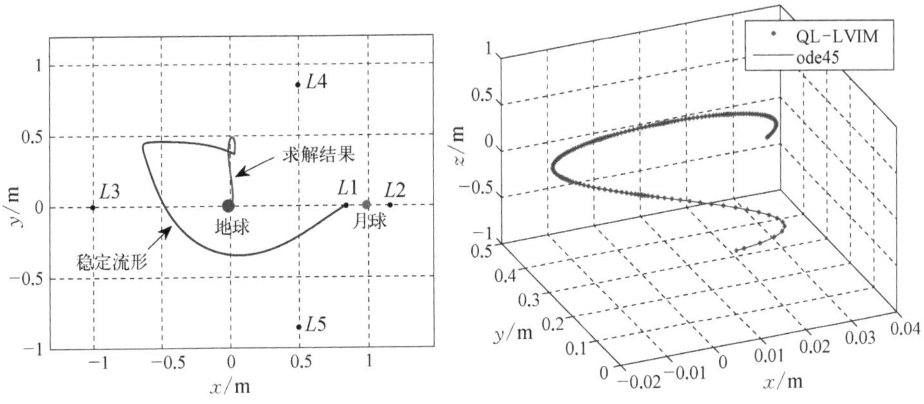

(a) 转移过程示意图　　(b) QL-LVIM与ode45计算结果对比

图 8-27　地-月系三体转移问题求解结果

表 8-20　地-月 Halo 轨道转移问题参数

初始条件		计算参数				
$\boldsymbol{r}_0$	$\boldsymbol{r}_f$	t_f	M	Δt	$\mathrm{tol}_{\tilde{x}}$	tol_s
$\begin{bmatrix} r_x(t_0) \\ r_y(t_0) \\ r_z(t_0) \end{bmatrix} = \begin{bmatrix} 0.004\,949\,43 \\ 0 \\ 0 \end{bmatrix}$	$\begin{bmatrix} r_x(t_f) \\ r_y(t_f) \\ r_z(t_f) \end{bmatrix} = \begin{bmatrix} 0.029\,551\,71 \\ 0.370\,590\,66 \\ 0 \end{bmatrix}$	$\dfrac{\pi}{5}$	50	$\dfrac{\pi}{40}$	1×10^{-5}	1×10^{-5}

8.6　本章小结

本章以 Runge - Kutta 法求解二元机翼振动模型为例，展示了经典 Runge - Kutta 法在求解非线性动力学模型长期响应中小步长依赖的缺陷，通过结合 Henon 法提出了提高 Runge - Kutta 法求解非线性动力学问题长周期响应性能的 RK - Henon 法。针对 Runge - Kutta 法及其衍生算法严重依赖小步长的固有缺陷，提出了能够实现大步长高效、高精度求解非线性动力学系统的局部变分迭代法，文中以轨道递推及 Lambert 问题为例，通过使用第一类 Chebyshev 多项式作为基函数，提出了适合轨道递推的反馈加速 Picard 迭代法。算例表明，反馈加速 Picard 迭代法能够精确高效地对摄动轨道问题进行积分求解。

为了进一步提高局部变分迭代法的计算效率，本章将变步长思想引入局部变分迭代法，介绍了用于求解复杂实际问题的变步长局部变分迭代法，提供了一种精确高效的摄动 Lambert 问题新型解法——QL - LVIM。通过采用拟线性化方法，将非线性的摄动 Lambert 问题转化为两个迭代形式的初值问题，并通过局部变分迭代法对初值问题进行求解。在 LEO 和 HEO 情形下，将本章 QL - LVIM 与 Newton - RK4、Newton - LVIM、QL - RK4、FAPI 进行对比，结果表明，QL - LVIM 在计算效率方面具有明显优势。最后，在地-月三体转移问题中进一步验证了 QL - LVIM 的有效性。近期研究表明，QL - LVIM 在计算效率和收敛域方面均具有优势，即使在计算能力较弱的星载计算机也能快速计算出变轨结果[21]，较少消耗星载计算机的计算资源，同时克服了牛顿打靶法小收敛域缺陷。

8.7 本章附录

附录 1

$a_{21}=f_0(d_0c_4-c_0d_4)$ $\quad a_{22}=f_0(d_0c_3-c_0d_3)$

$a_{24}=f_0(d_0c_2-c_0d_2)$ $\quad a_{25}=f_0(d_0c_5-c_0d_5)$

$a_{26}=f_0(d_0c_6-c_0d_6)$ $\quad m_2=-f_0c_0d_7$

$g_2=f_0d_0c_7$

$a_{41}=-f_0(d_1c_4-c_1d_4)$ $\quad a_{42}=-f_0(d_1c_3-c_1d_3)$

$a_{44}=-f_0(d_1c_2-c_1d_2)a_{45}=-f_0(d_1c_5-c_1d_5)$ $\quad a_{46}=-f_0(d_1c_6-c_1d_6)$

$m_4=f_0c_1d_7g_4=-f_0d_1c_7$

$a_{51}=[f_0(c_1d_4-d_1c_4)+f_0f_1(d_0c_4-c_0d_4)]\psi_1$

$a_{52}=[f_0(c_1d_3-d_1c_3)+f_0f_1(d_0c_3-c_0d_3)+1]\psi_1$

$a_{54}=[f_0(c_1d_2-d_1c_2)+f_0f_1(d_0c_2-c_0d_2)]\psi_1$

$a_{55}=-\epsilon_1+[f_0(c_1d_5-d_1c_5)+f_0f_1(d_0c_5-c_0d_5)]\psi_1$

$a_{56}=[f_0(c_1d_6-d_1c_6)+f_0f_1(d_0c_6-c_0d_6)]\psi_1$ $\quad m_5=\psi_1f_0(c_1d_7-f_1c_0d_7)$

$g_5=\psi_1f_0(f_1d_0c_7-d_1c_7)$

$a_{61}=[f_0(c_1d_4-d_1c_4)+f_0f_1(d_0c_4-c_0d_4)]\psi_2$

$a_{62}=[f_0(c_1d_3-d_1c_3)+f_0f_1(d_0c_3-c_0d_3)]\psi_2$

$a_{64}=[f_0(c_1\mathrm{d}_2-\mathrm{d}_2c_2)+f_0f_1(d_0c_2-c_0d_2)]\psi_2$

$a_{65}=[f_0(c_1\mathrm{d}_5-\mathrm{d}_1c_5)+f_0f_1(d_0c_5-c_0d_5)]\psi_2$

$a_{66}=-\epsilon_2+[f_0(c_1\mathrm{d}_6-d_1c_6)+f_0f_1(d_0c_6-c_0d_6)]\psi_2$

$m_6=\psi_2f_0(c_1d_7-f_1c_0d_7)$

$g_6 = \psi_2 f_0(f_1 d_0 c_7 - d_1 c7)$

其中，

$$c_0 = 1 + \frac{1}{\mu} \qquad d_0 = \frac{x_\alpha \mu - a_h}{\mu r_\alpha^2}$$

$$f_0 = \frac{1}{c_0 d_1 - c_1 d_0} \qquad c_1 = x_\alpha - \frac{a_h}{\mu}$$

$$d_1 = 1 + \frac{1 + 8a_h^2}{8\mu r_\alpha^2} \qquad f_1 = \frac{1}{2} - a_h$$

$$c_2 = 2\left(\zeta_\xi \frac{\bar{\omega}}{U^*} + \frac{1}{\mu}\right) d_2 = -\frac{1 + 2a_h}{\mu r_\alpha^2} \qquad c_3 = \frac{2(1 - a_h)}{\mu}$$

$$d_3 = 2\frac{\zeta_\alpha}{U^*} - \frac{a_h(1 - 2a_h)}{\mu r_\alpha^2} \qquad c_4 = \frac{2}{\mu}$$

$$d_4 = \frac{1 + 2a_h}{\mu r_\alpha^2} \qquad c_5 = c_6 = - c_4 d_5 = d_6 = - d_4$$

$$c_7 = \left(\frac{\bar{\omega}}{U^*}\right)^2 \qquad d_7 = \left(\frac{1}{U^*}\right)^2$$

附录 2

冷启动方案为，已知航天器在 t_0 时刻位于初始位置 $\boldsymbol{r}_0$，t_f 时刻位于末位置 $\boldsymbol{r}_f$，假设航天器在起点和终点之间做匀速直线运动，则航天器在 t 时刻的状态信息 $\boldsymbol{x}(t)$ 为

$$\boldsymbol{x}(t) = \begin{bmatrix} \boldsymbol{r}(t) \\ \boldsymbol{v}(t) \end{bmatrix} = \begin{bmatrix} \boldsymbol{r}_0 + (t - t_0)\boldsymbol{v}_0 \\ \boldsymbol{v}_0 \end{bmatrix}$$

其中，$\boldsymbol{v}_0 = (\boldsymbol{r}_f - \boldsymbol{r}_0)/t_f$，$\boldsymbol{x}(t)$ 由 t 时刻的位置矢量 $\boldsymbol{r}(t)$ 和速度矢量 $\boldsymbol{r}(t)$ 组成。

参考文献

[1] Liu L, Dowell E H. The secondary bifurcation of an aeroelastic airfoil motion: Effect of high harmonics[J]. Nonlinear Dynamics, 2004, 37(1): 31 - 49.
[2] Nayfeh A H, Mook D T. Nonlinear Oscillations[M]. New York: John Wiley & Sons, 1979.
[3] Dai H H, Schnoor M, Atluri S N. A simple collocation scheme for obtaining the periodic solutions of the duffing equation, and its equivalence to the high dimensional harmonic balance method: Subharmonic oscillations[J]. CMES: Computer Modeling in Engineering &

Sciences, 2012, 84(5): 459 - 497.

[4] Dai H H, Yue X K, Yuan J P. A time domain collocation method for obtaining the third superharmonic solutions to the duffing oscillator[J]. Nonlinear Dynamics, 2013, 73(1 - 2): 593 - 609.

[5] Yue X K, Dai H H, Liu C S. Optimal scale polynomial interpolation technique for obtaining periodic solutions to the duffing oscillator[J]. Nonlinear Dynamics, 2014, 77(4): 1455 - 1468.

[6] Liu L, Wong Y, Lee B. Non-linear aeroelastic analysis using the point transformation method, part 1: Freeplay model[J]. Journal of Sound and Vibration, 2002, 253(2): 447 - 469.

[7] Conner M D, Virgin L N, Dowell E H. Accurate numerical integration of state-space models for aeroelastic systems with free play[J]. AIAA Journal, 1996, 34(10): 2202 - 2205.

[8] Henon M. On the numerical computation of poincare maps[J]. Physica D: Nonlinear Phenomena, 1982, 5(2 - 3): 412 - 414.

[9] Price S J, Alighanbari H, Lee B H K. The aeroelastic response of a two-dimensional airfoil with bilinear and cubic structural nonlinearities[J]. Journal of Fluids and Structures, 1995, 9(2): 175 - 193.

[10] Moon F C. Chaotic Vibrations: An Introduction for Applied Scientists & Engineers[M]. Hoboken: John Wiley & Sons, 1987.

[11] Wolf A, Swift J B, Swinney, et al. Determining Lyapunov exponents from a time series[J]. Physica D:Nonlinear Phenomena, 1985,16(3): 285 - 317.

[12] Sprott J C. Chaos and Time-series Analysis[M]. Oxford: Oxford University Press, 2003.

[13] Berry M, Healy L. Comparison of accuracy assessment techniques for numerical integration [C]. The 13th Annual AAS/AIAA Space Flight Mechanics Meeting, AAS 03 - 171, Ponce, 2003.

[14] Na T Y. Computational Methods in Engineering Boundary Value Problems[M]. New York: Academic Press, 1979.

[15] Wang X C, Atluri S N. A novel class of highly efficient and accurate time-integrators in nonlinear computational mechanics[J]. Computational Mechanics, 2017, 59(5): 861 - 876.

[16] 汪雪川.非线性系统的反馈 Picard 迭代-配点方法及应用[D].西安: 西北工业大学,2017.

[17] 刘林,胡松杰,王歆.航天动力学引论[M].南京: 南京大学出版社,2006.

[18] 张大力.近地空间目标高精度轨道预报算法研究[D].哈尔滨: 哈尔滨工业大学,2015.

[19] Wang X C, Yue X K, Dai H H, et al. Feedback-accelerated picard iteration for orbit propagation and Lambert's problem[J]. Journal of Guidance, Control, and Dynamics, 2017, 40(10): 2442 - 2451.

[20] 王威,于志坚.航天器轨道确定: 模型与算法[M].北京: 国防工业出版社,2007.

[21] 陆士强,梁赫光,刘东洋.国产化星载计算机技术现状和发展思考[J].电脑知识与技术, 2018(6): 126 - 129.